2019年

JJF

中华人民共和国工业和信息化部
电子计量技术规范

（17项合订本）

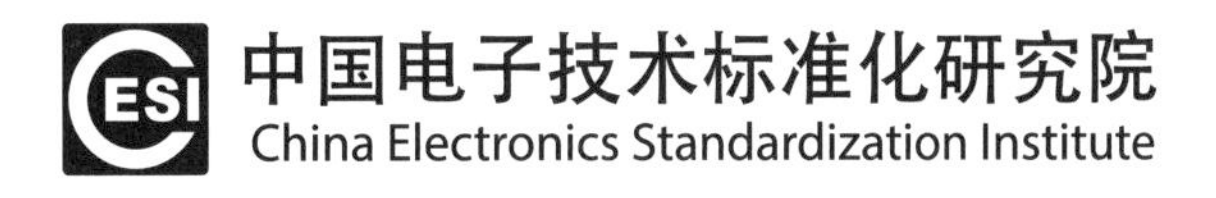

图书在版编目（CIP）数据

中华人民共和国工业和信息化部电子计量技术规范：17项合订本 / 中国电子技术标准化研究院著. —北京：中国发展出版社，2020.12

ISBN 978-7-5177-1152-0

Ⅰ.①中… Ⅱ.①中… Ⅲ.①无线电计量—技术规范—中国 Ⅳ.①TB973-65

中国版本图书馆CIP数据核字（2020）第270136号

书　　名：中华人民共和国工业和信息化部电子计量技术规范：17项合订本
著作责任者：中国电子技术标准化研究院
责 任 编 辑：雒仁生
出 版 发 行：中国发展出版社
联 系 地 址：北京经济技术开发区荣华中路22号亦城财富中心1号楼8层（100176）
标 准 书 号：ISBN 978-7-5177-1152-0
经　销　者：各地新华书店
印　刷　者：河北鑫兆源印刷有限公司
开　　本：889mm × 1230mm　1/16
印　　张：23
字　　数：496千字
版　　次：2020年12月第1版
印　　次：2020年12月第1次印刷
定　　价：680.00元

联 系 电 话：（010）68990630　68990692
购 书 热 线：（010）68990682　68990686
网 络 订 购：http://zgfzcbs. tmall. com
网 购 电 话：（010）88333349　68990639
本 社 网 址：http://www.develpress. com
电 子 邮 件：370118561@qq.com

前言

根据《中华人民共和国计量法》的有关规定，按照工业和信息化部行业计量规范制修订管理工作的要求，中国电子技术标准化研究院组织制定了《低损耗介质材料复介电常数标准样片校准规范》等17项电子计量校准规范，并经电子计量技术委员会审查通过，工业和信息化部以2019年第48号公告正式批准发布实施。

计量校准是随着社会生产和科学技术的发展而发展的，是现代化生产的重要支柱之一。随着社会的发展，计量越来越被人们所认识、利用，计量校准在企业生产中起着基础性作用，是企业提高经济效益的重要手段。此次颁布实施的17项电子计量校准规范，是根据电子科研生产的实际需要和特点，主要解决当前电子计量各专业开展计量试验验证和校准急需，有效提升了技术基础支撑能力，是增强行业核心竞争力、加快产业发展转型升级的基石，为计量校准规范的应用推广、支撑产业技术创新、提质增效升级、加强国际竞争力发挥促进作用。

电子计量技术规范的编制是一项技术含量高、劳动强度大的工作，承担编制工作的单位为此付出了很多心血，在此表示诚挚的感谢。同时，希望各单位在使用中如有问题，请及时与我们沟通，以便在今后的编制工作中加以改进和完善。

中国电子技术标准化研究院

2020年10月

目 录

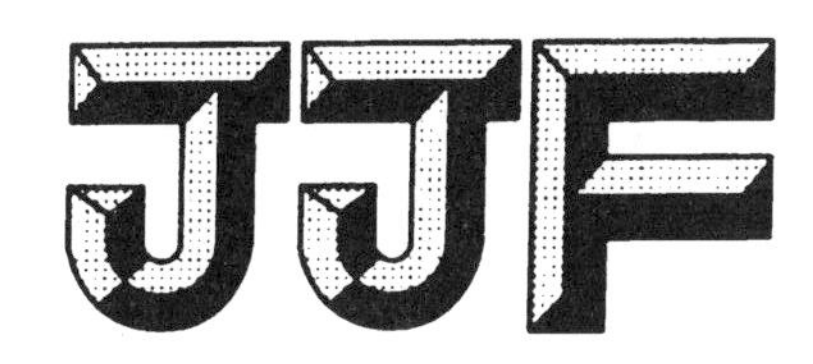

中华人民共和国工业和信息化部
电子计量技术规范

JJF（电子）0028—2019

低损耗介质材料复介电常数标准样片校准规范

Calibration Specification of the Standard Samples of the Complex Permittivity of Low – loss Dielectric Materials

2019 – 08 – 26 发布　　2019 – 12 – 01 实施

中华人民共和国工业和信息化部　发布

低损耗介质材料复介电常数标准样片校准规范

JJF（电子）0028—2019

Calibration Specification of the Standard Samples of the Complex Permittivity of Low - loss Dielectric Materials

归 口 单 位：中国电子技术标准化研究院

主要起草单位：中国电子技术标准化研究院

参加起草单位：中国计量科学研究院

西安邮电大学

本规范技术条文委托起草单位负责解释

本规范主要起草人：

赵　飞（中国电子技术标准化研究院）

裴　静（中国电子技术标准化研究院）

徐　沛（中国电子技术标准化研究院）

参加起草人：

刘欣萌（中国计量科学研究院）

汤　琦（西安邮电大学）

低损耗介质材料复介电常数标准样片校准规范

目　　录

引　　言

本规范依据JJF1071—2010《国家计量校准规范编写规则》和JJF1059.1—2012《测量不确定度评定与表示》编写。

本规范为首次在国内发布。

低损耗介质材料复介电常数标准样片校准规范

1 范围

本校准规范适用于频率范围在 2GHz ~ 33GHz 的各向同性的扁平状低损耗介质材料复介电常数标准样片的校准。标准样片的相对介电参数和损耗角正切值的测量与计算基于分离圆柱体谐振腔原理，基于该原理的其他频率范围的标准样片也可参照本规范进行校准。

2 引用文件

DIN EN 62562 空腔共振器法测量低损耗电介质板的复介电常数(Cavity resonator method to measure the complex permittivity of low - loss dielectric plates (IEC62562);German version EN62562)

注：凡是注日期的引用文件，仅注日期的版本适用于本规范；凡是不注日期的引用文件，其最新版本(包括所有的修改单)适用于本规范。

3 术语和计量单位

3.1 复介电常数 complex permittivity

物质相对于真空来说增加电容器电容能力的度量。在恒定电场作用下介质电流与电压相位相同，介电常数为一恒定值；但在交变电场中，如果介质中存在松弛极化，则介质电流与电压之间存在相位差，导致介电常数为一个复数，即所谓的复介电常数，单位为 F/m。

3.2 相对介电常数 relative permittivity

介质在外加电场时会产生感应电荷而削弱电场，介质中的电场减小与原外加电场(真空中)的比值即为相对介电常数，又称诱电率，与频率相关。相对介电常数与真空中绝对介电常数的乘积即为介电常数，也就是复介电常数的实数部分。

3.3 损耗角正切值 loss angle tangent value

损耗角正切值是损耗因子与介电常数的比值，它表示材料与微波的耦合能力，损耗角正切值越大，材料与微波的耦合能力就越强。其中，损耗因子就是复介电常数的虚数部分，其物理意义是指由于物质的分散程度使能量损失的大小，它是由材料内部的各种转向极化跟不上外高频电场变化而引起的各种弛豫极化所致。

4 概述

低损耗介质材料广泛应用于航空航天、通信和电子信息领域，其复介电常数是表征微波介质介电性能的重要特性参数。低损耗介质材料复介电常数标准样片是一组在特定微波频率下具有特定复介电常数量值的实物标准，主要用于校准微波复介电常数测试系统，或者在电路设计、器件设计中用于器件其他导出参数(例如,在片校准样片的阻抗参数、新型超构表面器件的结构电容参数等)的校准或检验。

5 计量特性

5.1 标准样片厚度

标称值范围:0.5 mm ~5 mm,最大允许误差:±(0.003 ~0.006)mm。

5.2 相对介电常数

标称值范围:2 ~100,最大允许误差:±(0.5% ~1.5%)。

5.3 损耗角正切值

标称值范围:1×10^{-5} ~1×10^{-2},最大允许误差:±(5×10^{-5} ~1×10^{-3})。

注:以上指标不是用于合格判别,仅供参考。

6 校准条件

6.1 环境条件

6.1.1 环境温度:23℃ ±2℃;

6.1.2 相对湿度:20% ~80%;

6.1.3 电源要求:(220 ±11)V、(50 ±1)Hz;

6.1.4 周围无影响仪器正常工作的电磁干扰和机械振动;

6.1.5 保证校准过程中对静电有严格的防护措施(如仪器的良好接地、防静电工作服及手环使用、样片的防静电存放等),以免损害校准用设备。

6.2 测量标准及其他设备

6.2.1 网络分析仪及参考同轴线

频率测量范围:1GHz ~40GHz,最大允许误差:±0.0001%;

S_{21}幅度测量范围:0dB ~70dB,最大允许误差:±0.25dB。

6.2.2 专用测试夹具

圆柱体空腔 TE_{011} 谐振频率:10GHz ~ 35GHz 中的任一固定量值,最大允许误差:±(0.02% ~0.2%);

圆柱体空腔 TE_{011} 品质因数,即 Q 值:8000 ~25000,最大允许误差:±(2% ~5%)。

6.2.3 数显外径千分尺、非接触式测厚仪或其他满足要求的设备

测量范围:0.5 mm ~5 mm,最大允许误差:±(0.001 ~0.002)mm。

7 校准项目和校准方法

7.1 外观检查

7.1.1 被校标准样片可以是圆形、矩形、正方形等,其直径或最短边长应不小于所用夹具谐振腔内直径的1.2倍;

7.1.2 被校标准样片外观结构完好,两侧表面应光滑、无明显缺陷;

7.1.3　被校标准样片名称、制造厂家、型号和编号等均应有明确标记；

7.1.4　被校标准样片的相对介电常数和损耗角正切值的标称值应正确无误；

7.1.5　被校标准样片在恒温室内放置4h后再进行校准；

上述检查结果记录于附录A表A.1中。

7.2　样片厚度

用数显外径千分尺、非接触式测厚仪或其他满足要求的设备测量被校样片的厚度，连续测量3次取平均值，过程及结果均记录于附录A表A.2中。

7.3　相对介电常数

7.3.1　所用测量标准装置组成如图1所示。将网络分析仪的两个测试端口与参考同轴线的两个同轴端口相连接，在校准所需的全频段进行直通校准。

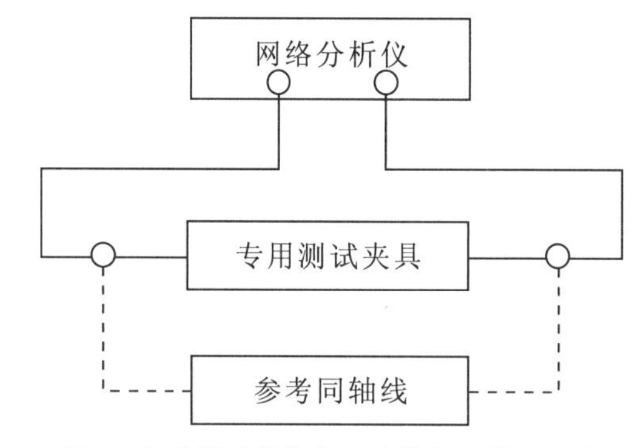

图1　标准样片的复介电常数校准装置组成

7.3.2　如图1所示，再将网络分析仪的两个测试端与专用测试夹具的两个同轴端口相连，专用测试夹具的空腔状态如图2所示。根据图3所示的圆柱体谐振腔的电磁振荡模式图，可以事先估算出所用专用测试夹具在空腔状态下的TE_{011}谐振模式的谐振频率f_1和TE_{012}谐振模式的谐振频率f_2的大致范围，在网络分析仪上分别显示两个谐振峰，再通过调节图2所示的发射端和接收端的耦合环插入谐振腔内的距离来调节插入损耗，使峰值频率处的插入损耗处于−30dB以下。

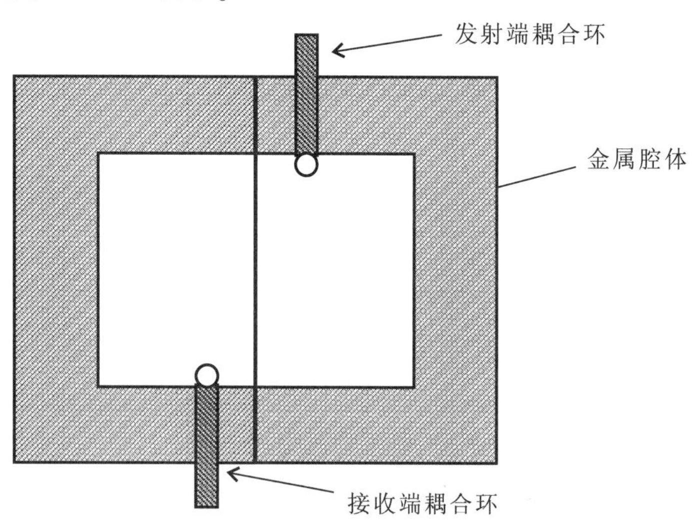

图2　专用测试夹具校准空腔的结构示意

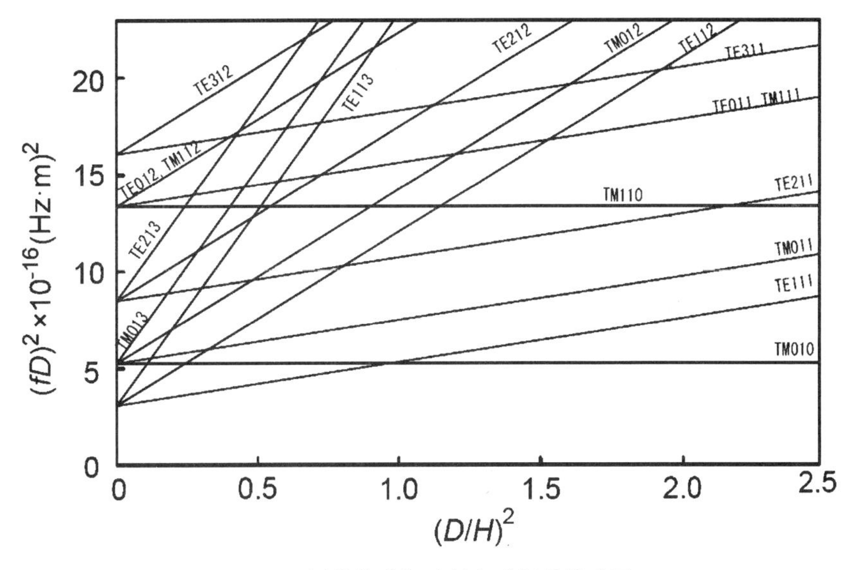

图3　圆柱体谐振腔的电磁振荡模式图

图中，D 和 H 分别为圆柱体谐振腔的直径和长度，单位是 m，f 为各模式的谐振频率，单位为 Hz

7.3.3　在计算相对介电常数之前，还需要先行计算出所用专用测试夹具的谐振腔直径、长度及谐振腔内的金属相对电导率等参数。

先测量 TE_{011} 谐振峰的谐振频率 f_1、插入损耗 IL_1 和 3dB 带宽 f_{BW1}，具体测量方法如图4所示。再用类似的方法，测量 TE_{012} 谐振峰的谐振频率 f_2、插入损耗 IL_2 和 3dB 带宽 f_{BW2}，然后，按式（1）和式（2）分别计算谐振腔的直径和长度，按式（3）和式（4）分别计算得到 TE_{011} 谐振峰的无载 Q 值和有载 Q 值，按式（5）计算谐振腔内的金属相对电导率。

如已预先用上述方法测定了所用专用测试夹具的谐振腔直径、长度及谐振腔内的金属相对电导率参数的量值，则可跳过相应计算过程。

$$D=\frac{cj'_{01}}{\pi}\sqrt{\frac{3}{4f_1^2-f_2^2}} \tag{1}$$

$$H=\frac{c}{2}\sqrt{\frac{3}{f_2^2-f_1^2}} \tag{2}$$

$$Q_{u1}=\frac{Q_{L1}}{1-10^{IL_1(\mathrm{dB})/20}} \tag{3}$$

$$Q_{L1}=\frac{f_1}{f_{BW1}} \tag{4}$$

$$\sigma_r=\frac{4\pi f_1 Q_{u1}^2\left\{j'^2_{01}+2\pi^2\left(\frac{D}{2H}\right)^3\right\}^2}{\sigma_0\mu_0c^2\left\{j'^2_{01}+\left(\frac{\pi D}{2H}\right)^2\right\}^3} \tag{5}$$

式中：

D ——所用夹具的谐振腔直径，m；

H ——所用夹具的谐振腔长度，m；

σ_r ——所用夹具的谐振腔内导体的相对电导率，无单位；

c ——真空中的光速（$c=2.9979\times10^{8}$ m/s）；

j'_{01} ——第一类零阶贝塞尔函数导数的第一个解，数值约等于3.83173；

f_1 ——TE_{011}谐振峰的谐振频率，Hz；

f_2 ——TE_{012}谐振峰的谐振频率，Hz；

Q_{u1} ——TE_{011}谐振峰的无载Q值，无单位；

Q_{L1} ——TE_{011}谐振峰的有载Q值，无单位；

σ_0 ——真空电导率（$\sigma_0=5.8\times10^{7}$ S/m）；

μ_0 ——真空磁导率（$\mu_0=4\pi\times10^{7}$N/A^2）；

IL_1 ——TE_{011}谐振峰对应的插入损耗，dB；

f_{BW1} ——TE_{011}谐振峰的3dB带宽，Hz。

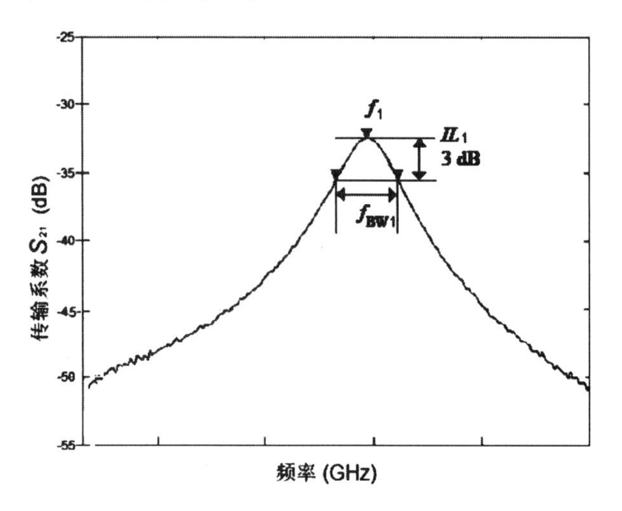

图4　专用测试夹具TE_{011}模的典型传输系数频谱

7.3.4　如图5所示将被校样片加载到专用测试夹具上。根据图6所示可以先粗略估计出加载被校样片后TE_{011}谐振模式的谐振频率f_s的大致范围，将网络分析仪设置到该频率范围，分别测量加载被校样片后的TE_{011}谐振峰的谐振频率f_s、插入损耗IL_s和3dB带宽f_{BWs}。

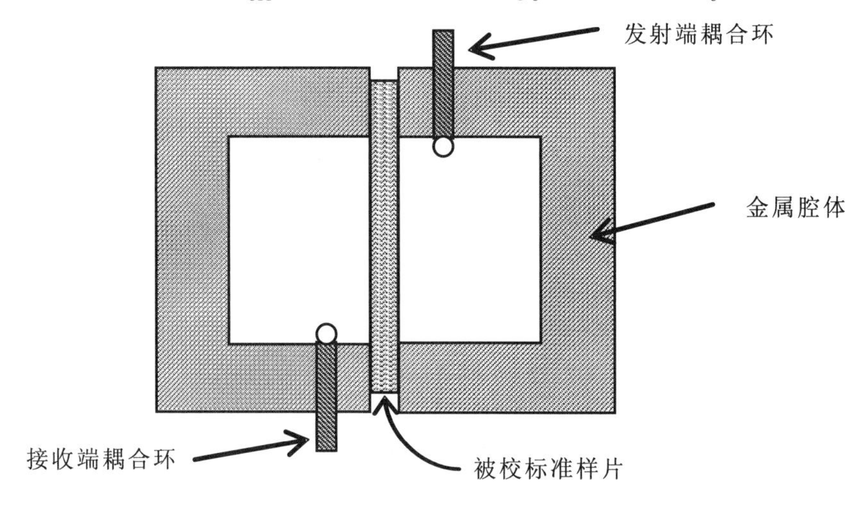

图5　专用测试夹具加载标准样片的结构示意

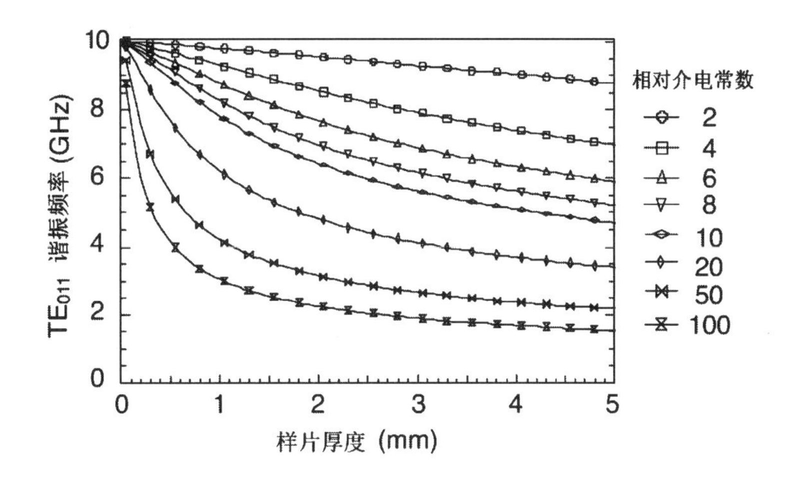

图6　TE_{011}谐振频率f_1与样片厚度及样片相对介电常数的关系(以10GHz空腔谐振夹具为例)

7.3.5　加载被校样片后的TE_{011}谐振峰的无载Q值和有载Q值仍可以分别通过式(6)和式(7)计算得到。

$$Q_{us}=\frac{Q_{Ls}}{1-10^{IL_s(\mathrm{dB})/20}} \tag{6}$$

$$Q_{Ls}=\frac{f_s}{f_{BWs}} \tag{7}$$

式中：

f_s ——加载样片后的TE_{011}谐振峰的谐振频率，Hz；

Q_{us} ——加载样片后的TE_{011}谐振峰的无载Q值，无单位；

Q_{Ls} ——加载样片后的TE_{011}谐振峰的有载Q值，无单位；

IL_s ——加载样片后的TE_{011}谐振峰对应的插入损耗，dB；

f_{BWs} ——加载样片后的TE_{011}谐振峰的3dB带宽，Hz。

7.3.6　被校样片的相对介电常数可以通过附录D中的方法进行计算，结果记录于附录A表A.3中。

7.4　损耗角正切值

利用7.3中的校准结果，并按照附录D中的方法进行损耗角正切值的计算，结果记录于附录A表A.3中。

8　校准结果表达

校准后，出具校准证书。校准证书至少应包含以下信息：

a）标题："校准证书"；

b）实验室名称和地址；

c）进行校准的地点（如果与实验室的地址不同）；

d）证书的唯一性标识（如编号），每页及总页数的标识；

e）客户的名称和地址；

f）被校对象的描述和明确标识；

g）进行校准的日期，如果与校准结果的有效性和应用有关时，应说明被校对象的接收日期；

h）如果与校准结果的有效性应用有关时，应对被校样品的抽样程序进行说明；

i）校准所依据的技术规范的标识，包括名称及代号；

j）本次校准所用测量标准的溯源性及有效性说明；

k）校准环境的描述；

l）校准结果及其测量不确定度的说明；

m）对校准规范的偏离的说明；

n）校准证书签发人的签名、职务或等效标识；

o）校准结果仅对被校对象有效的说明；

p）未经实验室书面批准，不得部分复制证书的声明。

9 复校时间间隔

复校时间间隔由用户根据使用情况自行确定，一般推荐为1年。

10 附录

附录A 原始记录格式

附录B 校准证书内页格式

附录C 不确定度评定示例

附录D 相对介电常数和损耗角正切值的具体计算方法

附录 A

原始记录格式

A.1　外观检查

表 A.1　外观检查

项目	检查结果
外观检查	

A.2　样片厚度

表 A.2　样片厚度的校准记录表

<table>
<tr><th>样片序号</th><th>标称值/mm</th><th>单次测量值 t/mm</th><th>厚度平均值 $\bar{t}$/mm</th><th>测量不确定度($k=2$)</th></tr>
<tr><td rowspan="3">S_{11}</td><td rowspan="3"></td><td></td><td rowspan="3"></td><td rowspan="3"></td></tr>
<tr><td></td></tr>
<tr><td></td></tr>
<tr><td rowspan="3">S_{12}</td><td rowspan="3"></td><td></td><td rowspan="3"></td><td rowspan="3"></td></tr>
<tr><td></td></tr>
<tr><td></td></tr>
</table>

A.3　相对介电常数和损耗角正切值

表 A.3　相对介电常数的校准记录表

<table>
<tr><th colspan="8">空腔参数</th></tr>
<tr><td colspan="2">TE_{011}频率
f_1/GHz</td><td>TE_{011}的 3dB
带宽 f_{bw1}/GHz</td><td>TE_{012}频率
f_2/GHz</td><td>TE_{012}的 3dB
带宽 f_{bw2}/GHz</td><td>谐振腔长度/mm</td><td>谐振腔直径/mm</td><td></td></tr>
<tr><td colspan="2"></td><td></td><td></td><td></td><td></td><td></td><td></td></tr>
<tr><td>样片
序号</td><td>加载后 TE_{011}
谐振频率 f_s/GHz</td><td>加载后 TE_{011}
的 3dB 带宽
f_{bw1}/GHz</td><td>参数</td><td>标称值</td><td>计算值</td><td>测量不确定度
($k=2$)</td><td></td></tr>
<tr><td rowspan="2"></td><td rowspan="2"></td><td rowspan="2"></td><td>ε'</td><td></td><td></td><td></td><td></td></tr>
<tr><td>$\tan\delta$</td><td></td><td></td><td></td><td></td></tr>
<tr><td rowspan="2"></td><td rowspan="2"></td><td rowspan="2"></td><td>ε'</td><td></td><td></td><td></td><td></td></tr>
<tr><td>$\tan\delta$</td><td></td><td></td><td></td><td></td></tr>
</table>

附录 B

校准证书内页格式

B.1 外观检查

表 B.1 外观检查

项目	检查结果
外观检查	

B.2 样片厚度

表 B.2 样片厚度的校准记录表

样片序号	标称值/mm	厚度平均值 $\bar{t}$/mm	测量不确定度（$k=2$）

B.3 相对介电常数和损耗角正切值

表 B.3 相对介电常数的校准记录表

样片序号	谐振频率 f_0/GHz	参数	标称值	计算值	测量不确定度（$k=2$）
		ε'			
		$\tan\delta$			
		ε'			
		$\tan\delta$			

附录 C

测量不确定度评定示例

C.1 相对介电常数的结果不确定度的评定

以 10GHz 谐振腔测量夹具对相对介电常数标称值为 3.83 的标准样片的校准为例。

C.1.1 测量模型

根据附录 D 所述的相关物理模型及其数学表达式可知，相对介电常数 ε 可以用如下抽象的函数表达式来表示：

$$\varepsilon' = g(f, R, M, t) \qquad (C.1)$$

式中：

f ——TE_{011} 谐振峰的谐振频率；

R ——谐振腔的半径；

M ——谐振腔长度 H 的一半；

t ——被校样片的厚度。

C.1.2 不确定度来源

a）谐振频率 f 的测量不准确引入的标准不确定度分量 u_{B1}；

b）谐振腔内腔的半腔体长度 M 的测量不准确引入的标准不确定度分量 u_{B2}；

c）谐振腔内腔的半径 R 的测量不准确引入的标准不确定度分量 u_{B3}；

d）样片厚度 t 的测量不准确引入的标准不确定度分量 u_{B4}；

e）测量重复性变化引入的不确定度分量 u_A。

C.1.3 标准不确定度评定

C.1.3.1 谐振频率 f 的测量不准确引入的标准不确定度分量 u_{B1}

用 B 类方法对标准不确定度评定。谐振频率的测量不确定度主要由频率测量准确度和频率测量重复性决定。经实验研究表明，10GHz 谐振腔的测量不确定度约为 0.00065GHz，利用自编软件可以计算出频率极限变化量对应的相对介电常数的极限变化量，即相对介电常数的区间半宽度为 $a = 0.0026$，概率分布为均匀分布，则 $k = \sqrt{3}$，故其不确定度分量 $u_{B1} = a/k = 0.0015$。

C.1.3.2 谐振腔内腔的半腔体长度 M 的测量不准确引入的标准不确定度分量 u_{B2}

用 B 类方法对标准不确定度评定。谐振腔内腔的半腔体长度 M 是用谐振频率 TE_{011} 和 TE_{012} 计算得到的，因此其测量不确定度主要由频率测量准确度和频率测量重复性决定。实验研究表明，谐振频率 TE_{011} 和 TE_{012} 的测量不确定度分别约为 0.00065GHz 和 0.00095GHz，从而可以得到谐振腔内腔的半腔体长度 M 的极限变化量不会大于 ±0.0025mm，再利用自编软件可以计算出半腔体长度 M 的极限变化量对应的相对介电常数的极限变化量，即相对介电常数的区间半宽度为 $a=0.00014$，概率分布为三角分布，则 $k=\sqrt{6}$，故其不确定度分量 $u_{B2}=a/k=0.000057$。

C.1.3.3 分离圆柱谐振腔内腔的半径 R 的测量不准确引入的标准不确定度分量 u_{B3}

用B类方法对标准不确定度评定。谐振腔内腔的半腔体半径 R 是用谐振频率 TE_{011} 和 TE_{012} 计算得到的，因此其测量不确定度主要由频率测量准确度和频率测量重复性决定。实验研究表明，谐振频率 TE_{011} 和 TE_{012} 的测量不确定度分别约为 0.00065GHz 和 0.00095GHz，因此可以得到，谐振腔内腔的半腔体半径 $2R$ 的极限变化量不会大于 ±0.005mm，利用自编软件可以计算出半腔体半径 R 的极限变化量对应的相对介电常数的极限变化量，即相对介电常数的区间半宽度为 $a=0.0085$，概率分布为梯形分布，按角参数 β 约为0.71计算，则 $k=2$，故其不确定度分量 $u_{B3}=a/k=0.0043$。

C.1.3.4 样片厚度 t 的测量不准确引入的标准不确定度分量 u_{B4}

用B类方法对标准不确定度评定。样片厚度 t 的测量不确定度主要由厚度测量用的数字千分尺的准确度和厚度测量重复性决定。实验研究表明，样片厚度 t 的极限变化量不会大于 ±0.0023mm，利用自编软件可以计算出样片厚度 t 的极限变化量对应的相对介电常数的极限变化量，即相对介电常数的区间半宽度为 $a=0.0061$，概率分布为均匀分布，则 $k=\sqrt{3}$，故其不确定度分量 $u_{B4}=a/k=0.0035$。

C.1.3.5 测量重复性变化引入的不确定度分量 u_A

按A类方法评定，进行独立重复测量10次，重复性测试数据见下表：

$$u_A=s_n(x)=\sqrt{\frac{\sum_{i=1}^{10}(x_i-\bar{x})^2}{n-1}}=0.0021$$

x_1	x_2	x_3	x_4	x_5	x_6	x_7	x_8	x_9	x_{10}	$\bar{x}$	$s_n(x)$
3.828	3.831	3.833	3.833	3.834	3.831	3.833	3.830	3.828	3.832	3.8313	0.0021

C.1.4 合成标准不确定度

由于各分量之间的敏感系数无法准确计算，将与频率有关的分量全部按正相关处理，而其余分量按独立不相关处理，则可以根据下面公式，合成标准不确定度为：

$$u_c=\sqrt{(u_{B1}+u_{B2}+u_{B2})^2+(u_{B4})^2+(u_A)^2}\approx 0.0071$$

C.1.5 扩展不确定度

取 $k=2$，则扩展不确定度 $U=u_c\times k=0.014$，相对扩展不确定度为 $U_{rel}=0.4\%$。

C.2 损耗角正切值的结果不确定度的评定

以10GHz谐振腔测量夹具对损耗角正切值标称值为 2×10^{-4} 的标准样片的校准为例。

C.2.1 测量模型

根据附录D所述的相关物理模型及其数学表达式可知，损耗角正切值 $\tan\delta$ 可以用如下抽象的函数表达式来表示：

$$\tan\delta = h(f, R, \sigma, Q_u, M, t) \quad \text{(C.2)}$$

式中：

f ——TE_{011}谐振峰的谐振频率；

R ——谐振腔的半径；

σ ——谐振腔内腔体电导率；

Q_u ——谐振腔的无载品质因数；

M ——谐振腔长度 H 的一半；

t ——被校样片的厚度。

C.2.2 不确定度来源

a）谐振频率 f 的测量不准确引入的标准不确定度分量 u_{B1}；

b）谐振腔内腔体电导率 σ 的测量不准确引入的标准不确定度分量 u_{B2}；

c）谐振腔的无载品质因数 Q_u 的测量不准确引入的标准不确定度分量 u_{B3}；

d）谐振腔内腔的半腔体长度 M 的测量不准确引入的标准不确定度分量 u_{B4}；

e）谐振腔内腔的半径 R 的测量不准确引入的标准不确定度分量 u_{B5}；

f）样片厚度 t 的测量不准确引入的标准不确定度分量 u_{B6}；

g）测量重复性变化引入的不确定度分量 u_A。

C.2.3 标准不确定度评定

C.2.3.1 谐振频率 f 的测量不准确引入的标准不确定度分量 u_{B1}

用B类方法对标准不确定度评定。谐振频率的测量不确定度主要由频率测量准确度和频率测量重复性决定。经实验研究表明，10GHz 谐振腔的测量不确定度约为0.00065GHz，利用自编软件可以计算出频率极限变化量对应的损耗角正切值的极限变化量，即损耗角正切值的区间半宽度为 $a < 1 \times 10^{-6}$，概率分布为均匀分布，则 $k = \sqrt{3}$，故其不确定度分量 $u_{B1} = a/k < 0.6 \times 10^{-6}$。

C.2.3.2 谐振腔内腔体电导率 σ 的测量不准确引入的标准不确定度分量 u_{B2}

用B类方法对标准不确定度评定。谐振腔内腔体电导率 σ 是由 TE_{011} 的谐振频率、品质因数、半谐振腔的长度、内腔的半径等参数计算得到的，因此其测量不确定度主要由上述参数的测量准确度所决定。实验研究表明，谐振腔内腔体电导率 σ 的极限变化量不会大于 0.31×10^7 S/m，利用自编软件可以计算出谐振腔内腔体电导率 σ 的极限变化量对应的损耗角正切值的极限变化量，即损耗角正切值的区间半宽度为 $a = 5 \times 10^{-6}$，概率分布为均匀分布，则 $k = \sqrt{3}$，故其不确定度分量 $u_{B2} = a/k = 2.9 \times 10^{-6}$。

C.2.3.3 谐振腔的无载品质因数 Q_u 的测量不准确引入的标准不确定度分量 u_{B3}

用B类方法对标准不确定度评定。谐振腔的无载品质因数 Q_u 的测量不确定度主要由 TE_{011} 的谐振频率、传输系数 S_{21} 模值的准确度以及测量重复性所决定。实验研究表明，谐振腔的无载品质因数 Q_u 的测量不确定度约为846（相对于谐振腔的无载品质因数

28982 而言），利用自编软件可以计算出谐振腔的无载品质因数 Q_u 的测量不确定度对应的损耗角正切值的极限变化量，即损耗角正切值的区间半宽度为 $a=8\times10^{-6}$，概率分布为均匀分布，则 $k=\sqrt{3}$，故其不确定度分量 $u_{B3}=a/k=4.6\times10^{-6}$。

C.2.3.4　谐振腔内腔的半腔体长度 M 的测量不准确引入的标准不确定度分量 u_{B4}

用 B 类方法对标准不确定度评定。谐振腔内腔的半腔体长度 M 是用谐振频率 TE_{011} 和 TE_{012} 计算得到的，因此其测量不确定度主要由频率测量准确度和频率测量重复性决定。实验研究表明，谐振频率 TE_{011} 和 TE_{012} 的测量不确定度分别约为 0.00065GHz 和 0.00095GHz，从而可以得到谐振腔内腔的半腔体长度 M 的极限变化量不会大于 ±0.005mm，再利用自编软件可以计算出半腔体长度 M 的极限变化量对应的损耗角正切值的极限变化量，即损耗角正切值的区间半宽度为 $a<1\times10^{-6}$，概率分布为三角分布，则 $k=\sqrt{6}$，故其不确定度分量 $u_{B4}=a/k<0.4\times10^{-6}$。

C.2.3.5　分离圆柱谐振腔内腔的半径 R 的测量不准确引入的标准不确定度分量 u_{B5}

用 B 类方法对标准不确定度评定。谐振腔内腔的半腔体半径 R 是用谐振频率 TE_{011} 和 TE_{012} 计算得到的，因此其测量不确定度主要由频率测量准确度和频率测量重复性决定。实验研究表明，谐振频率 TE_{011} 和 TE_{012} 的测量不确定度分别约为 0.00065GHz 和 0.00095GHz，因此可以得到，谐振腔内腔的半腔体半径 $2R$ 的极限变化量不会大于 ±0.005mm，利用自编软件可以计算出半腔体半径 R 的极限变化量对应的损耗角正切值的极限变化量，即损耗角正切值的区间半宽度为 $a<1\times10^{-6}$，概率分布为梯形分布，按角参数 β 约为 0.71 计算，则 $k=2$，故其不确定度分量 $u_{B5}=a/k=0.5\times10^{-6}$。

C.2.3.6　样片厚度 t 的测量不准确引入的标准不确定度分量 u_{B6}

用 B 类方法对标准不确定度评定。样片厚度 t 的测量不确定度主要由厚度测量用的数字千分尺的准确度和厚度测量重复性决定。实验研究表明，样片厚度 t 的极限变化量不会大于 ±0.0023mm，利用自编软件可以计算出样片厚度 t 的极限变化量对应的损耗角正切值的极限变化量，即损耗角正切值的区间半宽度为 $a<1\times10^{-6}$，概率分布为均匀分布，则 $k=\sqrt{3}$，故其不确定度分量 $u_{B6}=a/k<0.6\times10^{-6}$。

C.2.3.7　测量重复性变化引入的不确定度分量 u_A

按 A 类方法评定，进行独立重复测量 10 次，重复性测试数据见下表：

$$u_A=s_n(x)=\sqrt{\frac{\sum_{i=1}^{10}(x_i-\bar{x})^2}{n-1}}=4.0\times10^{-5}$$

x_1 $(\times10^{-4})$	x_2 $(\times10^{-4})$	x_3 $(\times10^{-4})$	x_4 $(\times10^{-4})$	x_5 $(\times10^{-4})$	x_6 $(\times10^{-4})$	x_7 $(\times10^{-4})$	x_8 $(\times10^{-4})$	x_9 $(\times10^{-4})$	x_{10} $(\times10^{-4})$	$\bar{x}$ $(\times10^{-4})$	$s_n(x)$ $(\times10^{-4})$
1.6	1.7	1.5	2.0	1.9	2.1	1.7	2.1	1.9	1.7	1.82	0.2

C.2.4　合成标准不确定度

由于各分量之间的敏感系数无法准确计算，将与频率有关的分量全部按正相关处理，

而其余分量按独立不相关处理,则可以根据下面公式,合成标准不确定度为:

$$u_c = \sqrt{(u_{B1} + u_{B2} + u_{B3} + u_{B4} + u_{B5})^2 + (u_{B6})^2 + (u_A)^2} \approx 2 \times 10^{-5}$$

C.2.5 扩展不确定度

取 $k=2$,则扩展不确定度 $U = u_c \times k = 4 \times 10^{-5}$。

附录 D

相对介电常数和损耗角正切值的具体计算方法

以下所述的相对介电常数和损耗角正切值的计算方法，参考了 DIN EN 62562 空腔共振器法测量低损耗电介质板的复介电常数中所述的原理和方法。也可以基于分离圆柱体谐振器法的基本测量原理，利用适合的微波分析方法，进行数值计算得到被校标准样片的相对介电常数和损耗角正切值。

D.1 计算模型

D.1.1 测量模型

本规范中使用的测量被校样片的复介电常数的谐振腔结构如图 D.1(a)所示。该谐振腔的直径为 D，长度 $H=2M$，左右两部分谐振腔长度相同。

测试时，需要将被校样片加载到两半截谐振腔之间，该样片的相对介电常数为 ε'、损耗角正切值为 $\tan\delta$、厚度为 t。

由于本规范中使用的 TE_{011} 模在样片平面的切线方向上只有电场分量，在样片与谐振腔交界处的空气间隙对电磁场本身没有影响。因此，基于刚性模式匹配分析，并且考虑到被校样片超出谐振腔直径以外的边缘区域的影响，就可以通过测量谐振腔的谐振频率 f_0 和无载 Q 值 Q_u 来计算被校样片的相对介电常数 ε' 和损耗角正切值 $\tan\delta$。通过严格的数值计算是可以的，但也可以适当简化为如下两个步骤进行相对介电常数和损耗角正切值的计算：

a）在忽略图 D.1(a)中所示谐振腔结构的边缘效应的情况下，可以将计算相对介电常数和损耗角正切值的谐振腔结构简化为图 D.1(b)，此时就可以利用测得的 f_0 和 Q_u 再通过简单公式计算得到被校样片近似的相对介电常数 ε'_a 和损耗角正切值 $\tan\delta_a$；

b）再使用基于刚性分析得到的比例图将近似的相对介电常数 ε'_a 和损耗角正切值 $\tan\delta_a$ 转化为精确的相对介电常数 ε' 和损耗角正切值 $\tan\delta$。

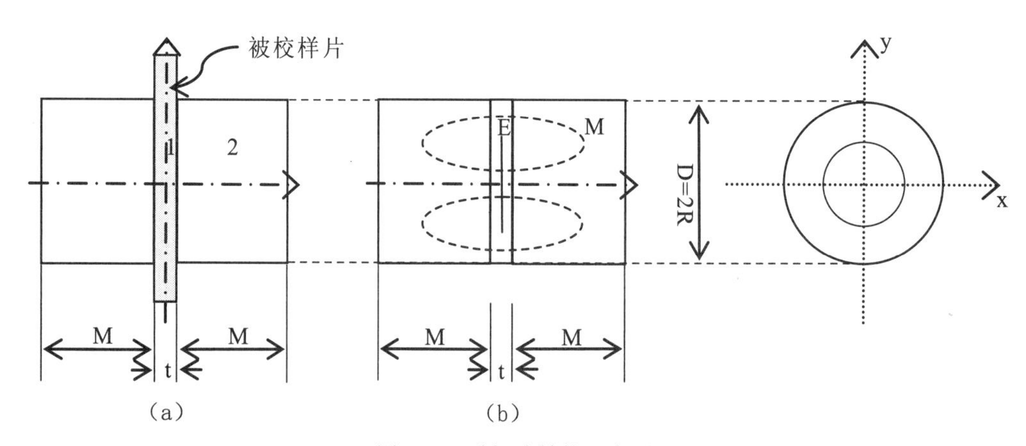

图 D.1 谐振腔结构示意图

(a)测试中实际使用的谐振腔结构，(b)计算 ε'_a 和 $\tan\delta_a$ 时用到的谐振腔结构

D.2 计算公式

D.2.1 近似相对介电常数的计算

近似的相对介电常数 ε_a' 可以用以下公式计算得到：

$$\varepsilon_a' = \left(\frac{c}{\pi \cdot t \cdot f_0}\right)^2 \left\{X^2 - Y^2 \left(\frac{t}{2M}\right)^2\right\} + 1 \qquad \text{(D.1)}$$

式中：

ε_a' ——被校样片的近似的相对介电常数，无单位；

c ——真空中的光速（$c = 2.9979 \times 10^8$ m/s）；

t ——被校样片的厚度，单位为 m；

M ——谐振腔长度 H 的一半，单位为 m。

上式中的 X 和 Y 则需要用如下公式计算：

$$X\tan X = \frac{t}{2M} Y\cot Y \qquad \text{(D.2)}$$

$$Y = M\sqrt{k_0^2 - k_r^2} = M\sqrt{\left(\frac{2\pi f_0}{c}\right)^2 - \left(\frac{j_{01}'}{R}\right)^2} = jY' \qquad \text{(D.3)}$$

式中：

f_0 ——TE_{011} 谐振峰的谐振频率，单位为 Hz；

j_{01}' ——第一类零阶贝塞尔函数导数的第一个解，数值约等于 3.83173；

M ——谐振腔长度 H 的一半，单位为 m；

R ——谐振腔的半径，单位为 m。

此外，当 $k_0 - k_r < 0$ 时，Y 用 jY' 代替。

D.2.2 近似损耗角正切值的计算

近似的损耗角正切值 $\tan\delta_a$ 可以用以下公式计算得到：

$$\tan\delta_a = \frac{A}{Q_u} - R_s B \qquad \text{(D.4)}$$

式中：

$\tan\delta_a$ ——被校样片的近似的损耗角正切值，无单位；

Q_u ——TE_{011} 谐振峰的无载 Q 值，无单位；

R_s ——谐振腔内导体的表面电阻，单位为 Ω 或 S^{-1}。

公式（D.4）中的表面电阻 R_s、常数 A 和 B 分别由以下公式计算得到：

$$R_s = \sqrt{\frac{\pi f_0 \mu}{\sigma_0 \sigma_r}} \qquad \text{(D.5)}$$

式中：

f_0 ——TE_{011} 谐振峰的谐振频率，单位为 Hz；

μ ——谐振腔内导体的磁导率；

σ_0 ——真空电导率($\sigma_0=5.8\times10^7$ S/m)；

σ_r ——谐振腔内导体的相对电导率，无单位。

公式(D.4)中的常数A和B分别由以下公式计算得到：

$$A=1+\frac{W_2^e}{W_1^e} \quad \text{(D.6)}$$

$$B=\frac{P_{cy1}+P_{cy2}+P_{end}}{\omega R_s W_1^e} \quad \text{(D.7)}$$

式中：

W_1^e ——在图D.1(a)中区域1的介质样片内所存储的电场能；

W_2^e ——在图D.1(a)中区域2的空气中所存储的电场能；

P_{cy1} ——在图D.1(a)中区域1的谐振腔圆柱体内壁的导体损耗；

P_{cy2} ——在图D.1(a)中区域2的谐振腔圆柱体内壁的导体损耗；

P_{end} ——在图D.1(a)中谐振腔圆柱体底部内壁的导体损耗；

ω ——TE_{011}谐振峰的谐振频率对应的角频率，单位为rad/s。

更具体地，公式(D.6)和公式(D.7)中的各个中间变量可以分别用以下公式计算得到：

$$W_1^e=\frac{\pi}{8}\varepsilon_0\varepsilon_a'\mu_0^2\omega^2 j_{01}'^2 J_0^2(j_{01}')t\left(1+\frac{\sin 2X}{2X}\right) \quad \text{(D.8)}$$

$$W_2^e=\frac{\pi}{4}\varepsilon_0\mu_0^2\omega^2 j_{01}'^2 J_0^2(j_{01}')M\left(1-\frac{\sin 2Y}{2Y}\right)\frac{\cos^2 X}{\sin^2 Y} \quad \text{(D.9)}$$

$$P_{cy1}=\frac{\pi}{4}R_s J_0^2(j_{01}')tRk_r^4\left(1+\frac{\sin 2X}{2X}\right) \quad \text{(D.10)}$$

$$P_{cy2}=\frac{\pi}{2}R_s J_0^2(j_{01}')MRk_r^4\left(1-\frac{\sin 2Y}{2Y}\right)\frac{\cos^2 X}{\sin^2 Y} \quad \text{(D.11)}$$

$$P_{end}=\frac{\pi}{2}R_s j_{01}'^2 J_0^2(j_{01}')\left(\frac{Y}{M}\right)\frac{\cos^2 X}{\sin^2 Y} \quad \text{(D.12)}$$

式中：

$k_r=j_{01}'/R$，X和Y分别是通过式(D.2)和(D.3)计算得到的值；

ε_0 ——真空介电常数($\varepsilon_0=8.8542\times10^{-12}$ F/m)；

μ_0 ——真空磁导率($\mu_0=4\pi\times10^7$N/A^2)；

ω ——TE_{011}谐振峰的谐振频率对应的角频率，单位为rad/s；

j_{01}' ——第一类零阶贝塞尔函数导数的第一个解，数值约等于3.83173；

$J_0(x)$ ——第一类零阶贝塞尔函数；

ε_a' ——被校样片近似的相对介电常数，无单位；

t ——被校样片的厚度，单位为m；

M ——谐振腔长度H的一半，单位为m；

R_s ——谐振腔内导体的表面电阻，单位为Ω或S^{-1}；

R ——谐振腔的半径，单位为 m。

D.2.3 精确的相对介电常数和损耗角正切值的计算

精确的相对介电常数 ε 和损耗角正切值 $\tan\delta$ 则可以分别用如下公式计算得到：

$$\varepsilon' = \varepsilon'_{\mathrm{a}}\left(1-\frac{\Delta\varepsilon'}{\varepsilon'_{\mathrm{a}}}\right) \quad \cdots\cdots\cdots\cdots\cdots\cdots\cdots\cdots\cdots\cdots \text{(D.13)}$$

$$\tan\delta = \frac{A}{Q_{\mathrm{u}}}\left(1+\frac{\Delta A}{A}\right) - R_{\mathrm{s}}B\left(1+\frac{\Delta B}{B}\right) \quad \cdots\cdots\cdots\cdots\cdots\cdots\cdots\cdots \text{(D.14)}$$

式中各参数的定义与 D.2.2 中相同，其中的 $\frac{\Delta\varepsilon'}{\varepsilon'_{\mathrm{a}}}$、$\frac{\Delta A}{A}$ 和 $\frac{\Delta B}{B}$ 都是对谐振腔的边缘效应的修正项，是基于刚性模式匹配分析，用 Ritz－Galerkin 方法数值计算得到的，具体量值变化关系如图 D.2 和 D.3 所示，上述关系图是在样片直径 d 与谐振腔直径 D 之比 $d/D>1.5$ 的条件下通过数值计算得到的。相关研究表明，当 $d/D>1.2$ 时，TE_{011} 的谐振频率 f_0 将收敛于固定值，也就是说，只要满足 $d/D>1.2$ 的条件，上述修正项适用于任意形状的样片。

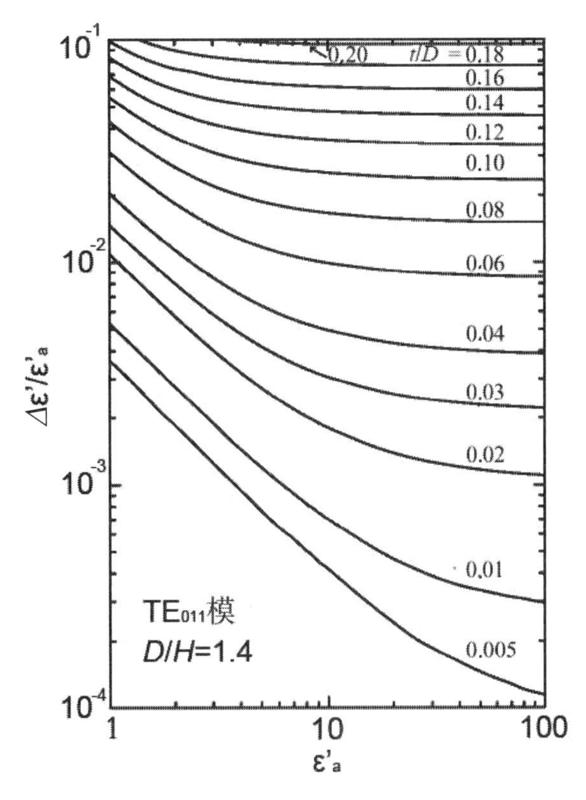

图 D.2 谐振腔的边缘效应修正项 $\Delta\varepsilon'/\varepsilon'_{\mathrm{a}}$ 与近似的相对介电常数 $\varepsilon'_{\mathrm{a}}$ 的关系

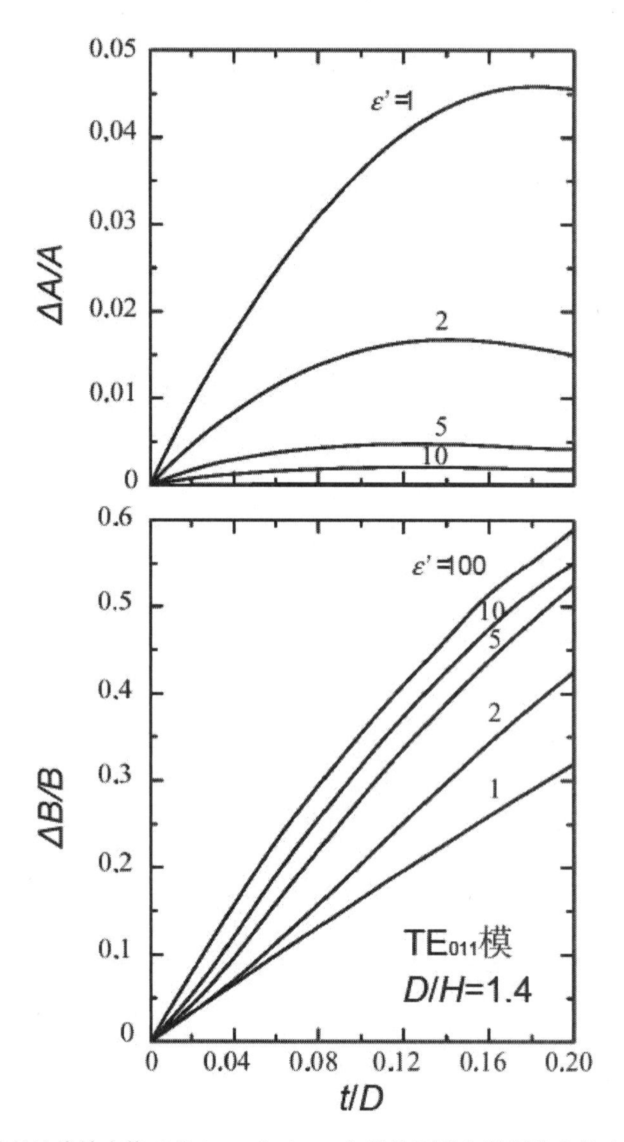

图 D.3　谐振腔的边缘效应修正项 $\Delta A/A$ 和 $\Delta B/B$ 与样片厚度和谐振腔直径比 t/D 的关系图

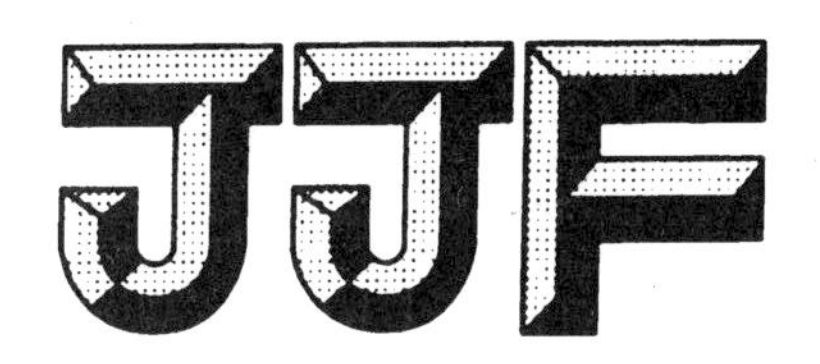

中华人民共和国工业和信息化部
电子计量技术规范

JJF（电子）0029—2019

全球导航卫星系统（GNSS）信号转发器校准规范

Calibration Specification for GNSS Signal Transponders

2019－08－26 发布　　　　2019－12－01 实施

中华人民共和国工业和信息化部　发布

全球导航卫星系统(GNSS)信号转发器校准规范

JJF（电子）0029—2019

Calibration Specification for GNSS Signal Transponders

归 口 单 位：中国电子技术标准化研究院

主要起草单位：中国电子科技集团公司第二十研究所

本规范技术条文委托起草单位负责解释

本规范主要起草人：

杨　帆（中国电子科技集团公司第二十研究所）

田炳樟（中国电子科技集团公司第二十研究所）

张　伟（中国电子科技集团公司第二十研究所）

张斯媛（中国电子科技集团公司第二十研究所）

陆　强（中国电子科技集团公司第二十研究所）

王胜奎（中国电子科技集团公司第二十研究所）

全球导航卫星系统(GNSS)信号转发器校准规范

目　录

引　　言

本规范依据 JJF 1071—2010《国家计量校准规范编写规则》编制，其中测量结果不确定度的评定依据 JJF 1059.1—2012《测量不确定度评定与表示》进行。

本规范为首次在国内发布。

全球导航卫星系统(GNSS)信号转发器校准规范

1 范围

本校准规范适用于全球导航卫星系统(GNSS)信号转发器(以下简称信号转发器)的校准。

2 引用文件

JJF(军工) 29—2012 微波功率放大器校准规范

GB/T 19391—2003 全球定位系统(GPS)术语及定义

注:凡是注日期的引用文件,仅注日期的版本适用于本规则;凡是不注日期的引用文件,其最新版本(包括所有的修改单)适用于本规范。

3 术语和计量单位

3.1 全球导航卫星系统(Global Navigation Satellite System,GNSS)

能在全球范围内提供导航服务的导航卫星系统的通称。(引用 GB/T 19391—2003 2.4)

3.2 接收通道数 number of receiving

信号转发器同时接收 GNSS 卫星信号并实现跟踪、处理的最大数量。

3.3 最大输出功率 maximal output power

信号转发器在线性放大区输出的最大功率,单位为 dBm。

3.4 相对频率偏差 fractional frequency deviation

信号转发器工作频段范围内输出频率与标称频率的差值与标称值之比。

3.5 带外抑制 band rejection

对有用信号带宽以外信号转发器引入杂散信号的抑制程度,单位为 dBc。

4 概述

信号转发器将室外天线接收到的 GNSS 导航卫星信号进过滤波、放大、转发等环节,完成信号放大和变换处理并合成发射。

原理框图如图 1 所示。

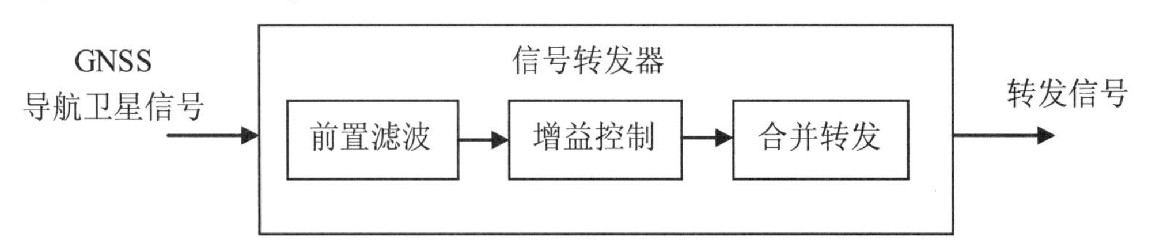

图 1 信号转发器原理框图

信号转发器一般由前置滤波单元、增益控制单元和合成转发单元等组成。

信号转发器是卫星导航接收机检测工作中重要检测标准设备之一，也是卫星导航接收机研发、设计、试验过程中的重要调试设备，主要使用在无法接收到真实卫星信号的室内、微波暗室、试验箱中，信号转发器对卫星导航接收机进行定位功能、通道测量、启动时间等参数检测，以验证设备的性能指标。

5 计量特性

5.1 接收通道数

≥10

5.2 频率范围

包含 GNSS 系统所有频点：北斗系统 S（下行信号）、B1、B2、B3，GPS 系统 L1、L2、L5（Galileo 系统 L1、E5b、E5a），GLONASS 系统 L1、L2。频率列表如下：

表 1 GNSS 系统频点分布表

导航系统	频点名称	工作频率	带宽
BD1	S（下行信号）	2491.75MHz	4.08MHz
BD2	B1	1561.098MHz	2.046MHz
	B2	1207.52MHz	2.046MHz
	B3	1268.52MHz	10.23MHz
GPS/Galileo	L1/L1	1575.42MHz	1.023MHz
	L2/E5b	1227.6MHz 1207.14MHz	1.023MHz
	L5/E5a	1176.45MHz	1.023MHz
GLONASS	L1	1602.5625MHz	4MHz
	L2	1246.4375MHz	4MHz

5.3 接收灵敏度

（－130～－90）dBm

5.4 噪声系数

（3～10）dB

5.5 输入端电压驻波比

≤2.0

5.6 最大输出功率

（－90～－20）dBm

5.7 相对频率偏差

优于 1×10^{-6}

5.8 增益

范围：（0～60）dB，分辨率：0.5dB～1dB，最大允许误差：±（0.5dB～2dB）

5.9　带外抑制

f_c ± 相应带宽外 200kHz 范围内，优于 -20dBc

注：以上指标不适用于合格性判别，仅供参考。

6　校准条件

6.1　环境条件

6.1.1　环境温度：23℃ ±5℃；

6.1.2　相对湿度：20% ~80%；

6.1.3　电源要求：(220 ±11) V，(50 ±1) Hz；

6.1.4　周围无影响仪器正常工作的电磁干扰和机械振动。

6.2　校准用设备

6.2.1　全球导航卫星系统（GNSS）信号模拟器

频点覆盖范围：北斗系统 S（下行信号）、B1、B2、B3，GPS 系统 L1、L2、L5（Galileo 系统 L1、E5b、E5a），GLONASS 系统 L1、L2；

每个频点通道数：≥12（S 频点≥10）；

信号电平控制：-150dBm ~ -90dBm，分辨率：≤0.2dB；

信号电平输出最大允许误差：±0.5dB；

信号精度：伪距精度：≤0.05m；

通道时延一致性：≤0.1m。

6.2.2　频率计数器

频率范围：300MHz ~3.6GHz；

频率测量偏差：优于 5×10^{-8}。

6.2.3　测量接收机

频率范围：300MHz ~3.6GHz；

电平测量范围：(-130 ~10) dBm；最大允许误差：±(0.5 ~ 0.15) dB。

6.2.4　频谱分析仪

频率范围：300MHz ~4GHz；

时基准确度：优于 1×10^{-8}；

电平范围：(-130 ~ +30) dBm；

电平测量最大允许误差：±1dB。

6.2.5　噪声系数分析系统

频率范围：300MHz ~4GHz；

噪声系数范围：(0 ~10) dB；

允许误差极限：±(0.05 ~0.10) dB。

6.2.6　网络分析仪

频率范围：300MHz ~4GHz；

频率分辨率：1Hz；

输出功率：≥ −85dBm。

6.2.7 信号源

频率范围：10MHz～4GHz；

功率输出范围：（−110～10）dBm；

允许误差极限：±（0.1～1）dB；

相对频率偏差：优于 5×10^{-8}；

信号质量：谐波及杂波抑制优于 −50dBc。

6.2.8 负载

频率范围：1GHz～4GHz，匹配 50Ω；

驻波比：优于 1.5。

7 校准项目和校准方法

7.1 校准项目

表 2 信号转发器校准项目一览表

编号	项目名称	校准方法的条款号
1	外观及工作正常性	7.2.1
2	接收通道数	7.2.2
3	频率范围	7.2.3
4	接收灵敏度	7.2.4
5	噪声系数	7.2.5
6	输入端电压驻波比	7.2.6
7	最大输出功率	7.2.7
8	相对频率偏差	7.2.8
9	增益	7.2.9
10	带外抑制	7.2.10

7.2 校准方法

部分参数校准利用信号转发器自带屏幕或软件显示输出，若无屏幕显示或软件输出，需要配合通用设备（如频谱分析仪）来读取参数响应。被校设备预热 30 分钟，以下方法均在预热后进行。

7.2.1 外观及工作正常性

被校信号转发器应外观完好并无影响正常工作的机械损伤，产品名称、型号、编号、制造厂家应有明确标记，通电检查仪器能正常工作。

7.2.2 接收通道数

7.2.2.1 按图 2 连接仪器。

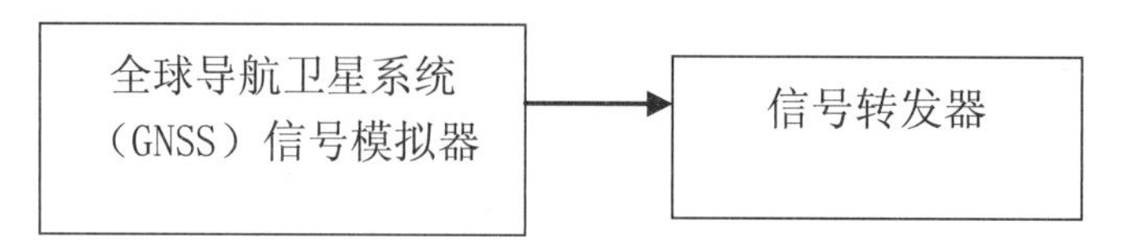

图2　转发器接收通道数校准的连接示意图

7.2.2.2　将被校信号转发器设置于工作状态，调节控制面板或控制软件。

7.2.2.3　设置全球导航卫星系统（GNSS）信号模拟器卫星信号仿真场景，该场景设置为对应表1中待校导航系统频点，仿真场景设置全通道（即全球导航卫星系统（GNSS）信号模拟器仿真的最大通道数），设置全球导航卫星系统（GNSS）信号模拟器输出功率为信号转发器标称最低接收灵敏度。

7.2.2.4　观察信号转发器控制面板或控制软件显示的接收通道数结果，并将结果记录至附录A表A.1中。

7.2.2.5　改变全球导航卫星系统（GNSS）信号模拟器输出导航信号频点，重复7.2.2.3、7.2.2.4步骤。

7.2.3　频率范围

7.2.3.1　按图3连接仪器。

图3　接收频率校准的连接示意图

7.2.3.2　将信号源设置为待校导航系统频点的频率（表1），输出波形为单载波，输出功率调整为信号转发器输入端最大输入功率，若信号转发器未标注最大输入功率，则将信号源输出功率调节为 -90dBm；

7.2.3.3　将被校信号转发器设置于接收工作状态，调节增益控制，使被校信号转发器输出最大功率；

7.2.3.4　观察频谱分析仪信号转发器输出信号并记录输出信号频率值，改变信号源频率设置，重复7.2.3.3~7.2.3.4步骤，记录测量结果至附录A表A.2中。

7.2.4　接收灵敏度

7.2.4.1　按图3连接仪器；

7.2.4.2　将信号源设置为待校导航系统频点的频率（表1），输出波形为单载波，输出功率调整为信号转发器输入端最大输入功率，若信号转发器未标注最大输入功率，则将信号源输出功率调节为 -90dBm；

7.2.4.3　将被校信号转发器设置于工作状态，使用频谱分析仪测量信号转发器输出信号的功率，记录输出信号功率值。

7.2.4.4　改变信号源输出功率设置，以5dB为步进单位逐步减小输入功率，重复7.2.4.3~7.2.4.4步骤，直到频谱分析仪无法测量到信号转发器输出信号，再调整信号源输出功率，以1dB为步进单位逐步增大输入功率，频谱分析仪接收到被校信号转发器输出信号功率时，记录当前信号源输出功率设置值，为该设备的接收灵敏度，记录测量结果至附录 A 表 A.3 中。

7.2.4.5　当信号源输出功率为 -130dBm，频谱分析仪仍能接收被校信号转发器输出信号功率时，停止测试，记录 -130dBm 为该设备的接收灵敏度。

7.2.5　噪声系数

7.2.5.1　按图 4 连接仪器；

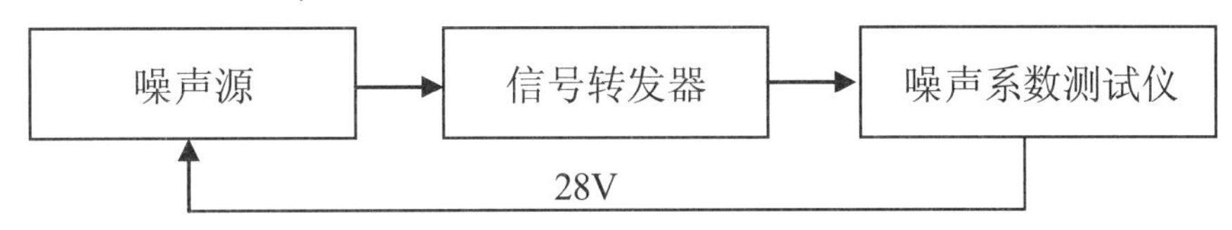

图 4　噪声系数校准的连接示意图

7.2.5.2　噪声系数分析系统由噪声系数测试仪与噪声源组成，将噪声系数测试仪与噪声源通过驱动电缆相连，将噪声源的超噪比输入或自动载入噪声系数测试仪；

7.2.5.3　根据被校信号转发器的测试频率范围设置噪声系数测试仪的频率范围，按照噪声系数测试仪进行参数设置；

7.2.5.4　读取相应频点设置下噪声系数测试仪的噪声系数，将结果记录于附录 A 表A.4 中。

7.2.6　输入端电压驻波比

7.2.6.1　根据信号转发器输出的频率范围设置网络分析的起始频率和终止频率，即频率范围：0.8GHz ~ 3.0GHz，再根据被校信号转发器的输入功率设置合适的网络分析仪的源功率，设为测试功率 -5dBm，然后用校准件对网络分析仪进行单端口校准。

7.2.6.2　按图 5 连接仪器；

图 5　输入端电压驻波比校准的连接示意图

7.2.6.3　在校测过程中要调节被校信号转发器的增益，从最小增益至最大增益，均匀选取 5 个点，记录带宽内最大输入电压驻波比及对应的增益设定值至附录 A 表 A.5 中。

7.2.6.4　测试完毕后把增益旋钮仍放在最小位置，先断开被校信号转发器和网络分析仪的连接，再取下被校信号转发器输出端的负载。

7.2.7　最大输出功率

7.2.7.1　对测量接收机进行调零和自校准。

7.2.7.2　按图 6 连接仪器；

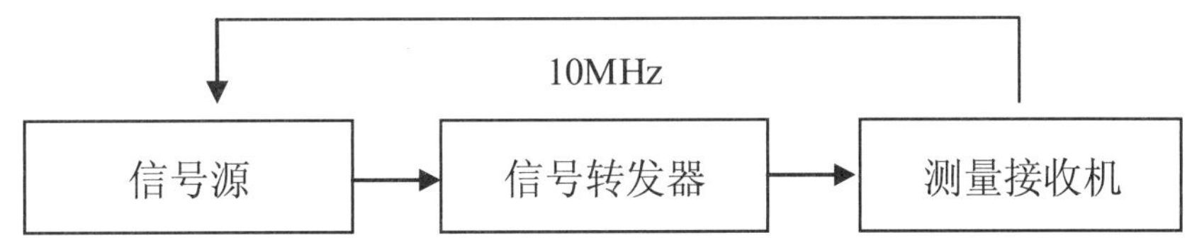

图 6　最大输出功率、增益校准的连接示意图

7.2.7.3　根据被校信号转发器输入功率范围设置信号源输出功率，根据被校信号转发器待校卫星系统频点确定信号源输出频率，详见附录 A 表 A.5，输出波形为正弦波；

7.2.7.4　将被校信号转发器增益调至最大值，逐渐增大信号源的输出功率，使得转发器输出功率增至不变，即到达信号转发器线性放大区域的最大输出值，记录测量接收机读数，即为最大输出功率；

7.2.7.5　改变信号源输出频率，重复步骤7.2.7.3～7.2.7.4并记录在附录A表A.6中。

7.2.8　相对频率偏差

7.2.8.1　按图7连接仪器；

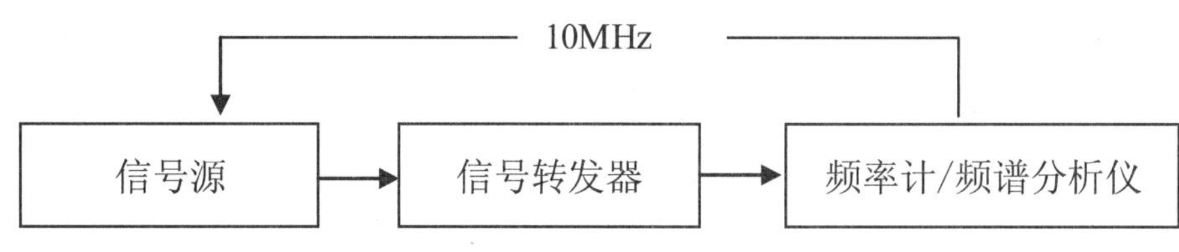

图7　接收频率校准的连接示意图

7.2.8.2　将信号源频率设置为待校导航系统频点的频率，输出波形为单载波，输出功率调整为信号转发器输入端最大接收功率，若转发器未标注最大接收功率，则将信号源输出功率调节为－90dBm；

7.2.8.3　调节增益控制旋钮或通过软件控制，使被校信号转发器输出最大功率；

7.2.8.4　使用频率计数器测量信号转发器输出信号的频率，改变信号源频率设置，重复7.2.8.2～7.2.8.3步骤，记录测量结果至附录A表A.7中；

7.2.8.5　相对输出频率偏差按公式（1）计算，计算结果记录至附录A表A.7中；

$$\delta_f = \frac{f - f_0}{f_0} \times 100\% \quad \cdots\cdots (1)$$

式中：

δ_f——频率相对误差；

f——频率标称值，单位MHz；

f_0——频率测量值，单位MHz。

7.2.8.6　如果信号转发器输出幅度低于频率计数器触发幅度，则用频谱分析仪代替频率计数器，将频谱分析仪设置为计数模式，读取信号转发器输出信号的频率。

7.2.9　增益

7.2.9.1　按图7连接仪器；

7.2.9.2　对测量接收机进行调零和自校准，根据被校信号转发器输入功率范围设置信号源输出功率，根据被校信号转发器待校卫星系统频点（详见附录A表A.8），设置信号源输出该频点单载波信号；

7.2.9.3　将被校信号转发器增益调至最大值，设置测量接收机读取峰值功率，记录测量读数为P_{max}，即为最大输出功率；

7.2.9.4　将被校信号转发器增益调至最小值，设置测量接收机读取峰值功率，记录测量读数为P_{min}，即为最小输出功率；

7.2.9.5　增益控制范围$G_{adj} = P_{max} - P_{min}$，重复步骤7.2.9.2～7.2.9.4，并记录在附录A

表 A.8 中；

7.2.9.6 将被校信号转发器增益控制调至最小值，然后以最小控制步进调整信号转发器输出，记录测量接收机读数 P'，$\Delta P = P' - P_{min}$，即为增益控制最小分辨率并记录在附录 A 表 A.8 中；

7.2.9.7 将被校信号转发器增益控制调至最小值，设置测量接收机读取峰值功率，记录测量接收机读数 P_1，设置信号转发器相应增益 G_{ad}，详见附录 A 表 A.8，记录测量接收机读数 P_2。相应设置增益测量值：$G_{ad}' = P_2 - P_1$，即为增益控制变化量，根据公式(2)计算得到增益控制偏差，并记录在附录 A 表 A.8 中。

$$G = G_{ad} - G_{ad}' \quad (2)$$

式中：

G ——增益设置偏差，单位 dB；

G_{ad} ——增益标称值，单位 dB；

$G_{ad'}$——增益测量值，单位 dB。

7.2.10 带外抑制

7.2.10.1 按图 8 连接仪器；

图 8 带外抑制校准的连接示意

7.2.10.2 根据被校信号转发器待校卫星系统频点确定信号源输出单载波，设置频率为被校信号中心频率，调节信号源输出功率为信号转发器输入端最大接收功率，控制信号转发器增益控制调至最大值；

7.2.10.3 设置频谱分析仪参考电平、中心频率、跨度(SPAN)，在频谱分析仪上读取最大带(表 1 中相应频点标称带宽)外 200kHz 以内最大杂波与中心频率基波的幅度差，及为带外抑制 λ(dBc)并记录在附录 A 表 A.9 中。

8 校准结果表达

校准完成后的测试仪应出具校准证书。校准证书应至少包含以下信息：

a) 标题："校准证书"；

b) 实验室名称和地址；

c) 进行校准的地点(如果与实验室的地址不同)；

d) 证书的唯一性标识(如编号)，每页和总页数的标识；

e) 客户的名称和地址；

f) 被校对象的描述和明确标识；

g) 进行校准的日期，如果与校准结果的有效性和应用有关时，应说明被校对象的接收日期；

h) 如果与校准结果有效性应用有关时，应对被校样品的抽样程序进行说明；

i）校准所依据的技术规范的标识,包括名称及代号;

j）本次校准所用测量标准的溯源性及有效性说明;

k）校准环境的描述;

l）校准结果及其测量不确定度的说明;

m）对校准规范的偏离的说明;

n）校准证书或校准报告签发人的签名、职务或等效标识;

o）校准结果仅对被校对象有效的声明;

p）未经实验室书面批准,不得部分复制证书的声明。

9 复校时间间隔

信号转发器的复校时间间隔一般不超过12个月。由于复校时间间隔的长短是由仪器的使用情况、使用者、仪器本身质量等诸因素所决定的,因此,送校单位可根据实际使用情况自主决定复校时间间隔。

附录 A

原始记录格式

A.1　外观及工作正常性检查

A.2　校准结果

表 A.1　接收通道数

频点	通道数标称值	通道数测量值
B1		
B2		
B3		
S		
GPS/ Galileo L1		
GPS/ Galileo L2/E5b		
GPS/ Galileo L5/E5a		
GLONASS L1		
GLONASS L2		

表 A.2　频率范围

频点	频率标称值/MHz	测量值/MHz
B1	1561.098MHz	
B2	1207.52MHz	
B3	1268.52MHz	
S	2491.75MHz	
GPS/ Galileo L1	1575.42MHz	
GPS/ Galileo L2/E5b	1227.6MHz 1207.14MHz	
GPS/ Galileo L5/E5a	1176.45MHz	
GLONASS L1	1602.5625MHz	
GLONASS L2	1246.4375MHz	

表 A.3 接收灵敏度

频点	输入功率/dBm	增益设置/dB	输出功率/dBm
B1 B2 B3 S GPS/ Galileo L1 GPS/ Galileo L2/E5b GPS/ Galileo L5/E5a GLONASS L1 GLONASS L2	-90		
	-95		
	-100		
	-105		
	-110		
	-115		
	-120		
	-125		
	-130		

表 A.4 噪声系数

频点	噪声系数/dB	
B1		
B2		
B3		
S		
GPS/ Galileo L1		
GPS/ Galileo L2/E5b		
GPS/ Galileo L5/E5a		
GLONASS L1		
GLONASS L2		

表 A.5 输入端电压驻波比

频点	电压驻波比	
B1		
B2		
B3		
S		
GPS/ Galileo L1		
GPS/ Galileo L2/E5b		
GPS/ Galileo L5/E5a		
GLONASS L1		
GLONASS L2		

表 A.6　最大输出功率

频点	最大输出功率/dBm	
B1		
B2		
B3		
S		
GPS/ Galileo L1		
GPS/ Galileo L2/E5b		
GPS/ Galileo L5/E5a		
GLONASS L1		
GLONASS L2		

表 A.7　相对频率偏差

频点	相对频率偏差	
B1		
B2		
B3		
S		
GPS/ Galileo L1		
GPS/ Galileo L2/E5b		
GPS/ Galileo L5/E5a		
GLONASS L1		
GLONASS L2		

表 A.8　增益

标称值/dB	增益/dB								
	B1	B2	B3	S	GPS/ Galileo L1	GPS/ Galileo L2/E5b	GPS/ Galileo L5/E5a	GLONASS L1	GLONASS L2
0.5									
1									
2									
3									
4									
5									
10									
20									
30									
40									
50									
60									

表 A.9　带外抑制

频点	带宽/MHz	带外抑制(200kHz)/dBc
B1	4.092	
B2	4.092	
B3	20.46	
S	8.16	
GPS/ Galileo L1	2.046	
GPS/ Galileo L2/E5b	2.046	
GPS/ Galileo L5/E5a	2.046	
GLONASS L1	8.3345	
GLONASS L2	6.7095	

附录 B

校准证书内页格式

B.1 外观及工作正常性检查

B.2 接收通道数

频点	通道数标称值	通道数测量值
B1	12	
B2	12	
B3	12	
S	12	
GPS/ GalileoL1	12	
GPS/ GalileoL2/E5b	12	
GPS/ GalileoL5/E5a	10	
GLONASS L1	10	
GLONASS L2	10	

B.3 接收频率

频点	频率标称值/MHz	测量值/MHz
B1	1561.098MHz	
B2	1207.52MHz	
B3	1268.52MHz	
S	2491.75MHz	
GPS/ Galileo L1	1575.42MHz	
GPS/ Galileo L2/E5b	1227.6MHz 1207.14MHz	
GPS/ Galileo L5/E5a	1176.45MHz	
GLONASSL1	1602.5625MHz	
GLONASSL2	1246.4375MHz	

B.4 接收灵敏度

频点	输入功率/dBm	增益设置/dB	输出功率/dBm
B1	−90		
	−95		
	−100		
	−105		
	−110		
	−115		
	−120		
	−125		
	−130		

B.5 噪声系数

频点	噪声系数/dB
B1	
B2	
B3	
S	
GPS/ Galileo L1	
GPS/ Galileo L2/E5b	
GPS/ Galileo L5/E5a	
GLONASSL1	
GLONASSL2	

B.6　输入端电压驻波比

频点	电压驻波比
B1	
B2	
B3	
S	
GPS/ Galileo L1	
GPS/ Galileo L2/E5b	
GPS/ Galileo L5/E5a	
GLONASSL1	
GLONASSL2	

B.7　最大输出功率

	频点	最大输出功率/dBm
B1		
B2		
B3		
S		
GPS/ Galileo L1		
GPS/ Galileo L2/E5b		
GPS/ Galileo L5/E5a		
GLONASSL1		
GLONASSL2		

功率测量不确定度 $U=$　　（$k=2$）

B.8 相对频率偏差

频点	相对频率偏差	测量不确定度($k=2$)
B1		
B2		
B3		
S		
GPS/ Galileo L1		
GPS/ Galileo L2/E5b		
GPS/ Galileo L5/E5a		
GLONASSL1		
GLONASSL2		

B.9 增益

标称值/dB	增益/dB								
	B1	B2	B3	S	GPS/ Galileo L1	GPS/ Galileo L2/E5b	GPS/ Galileo L5/E5a	GLONASS L1	GLONASS L2
0.5									
1									
2									
3									
4									
5									
10									
20									
…									

功率测量不确定度 $U=$ 　　　($k=2$)

B.10 带外抑制

频点	带宽/MHz	带外抑制(200kHz)/dBc
B1	4.092	
B2	4.092	
B3	20.46	
S	8.16	
GPS/ Galileo L1	2.046	
GPS/ Galileo L2/E5b	2.046	
GPS/ Galileo L5/E5a	2.046	
GLONASSL1	8.3345	
GLONASSL2	6.7095	

附录 C

测量结果不确定度评定

C.1 相对频率偏差的校准的不确定度评定

C.1.1 测量方法

相对频率偏差的测量使用的标准仪器为53132A频率计。用直接测量的方法。因此建立稳态直流电压输出量 y 与输入量 x 的测量模型为：

$$y = x$$

则灵敏度系数为：

$$\frac{\partial y}{\partial x} = 1$$

C.1.2 相对频率偏差测量的不确定度来源

C.1.2.1 测量结果的重复性引入的不确定度 u_1；

C.1.2.2 53132A频率计的误差极限引入的不确定度 u_2；

C.1.2.3 测量方法引入的不确定度 u_3；

C.1.2.4 测量环境和人员引入的不确定度 u_4；

C.1.3 相对频率偏差测量结果的不确定度评定

C.1.3.1 重复性引入的不确定度：

在1561.098MHz重复测量10次(单位:MHz)

1561.0980011596,1561.0980011593,1561.0980011578,1561.0980011589,

1561.0980011574,1561.0980011580,1561.0980011578,1561.0980011562,

1561.0980011565,1561.0980011563

$\overline{X} = 10.0000011578\text{MHz}, s(x) = 0.0012\text{Hz}$

则相对标准不确定度 $u_1 = s(x)/\overline{X} = 1.2 \times 10^{-10}$

C.1.3.2 输入量 x_s 的标准不确定度 u_2 的评定

输入量 x_s 的标准不确定度主要来自计数器测试频率的不确定度,采用B类方法进行评定。

标准器内部时基引入的不确定度分量

直接用计数器53132A进行测量时,根据检定证书,区间半宽度 $a = 3 \times 10^{-8}$,服从均匀分布 $k_j = \sqrt{3}$,$u_2 = 1.8 \times 10^{-8}$。

C.1.3.3 测量环境和人员引入的不确定度 u_3,按B类评定,在测量时实验室环境条件满足检定规程和校准方法中规定的要求,人员操作也按照检定规程和校准方法中的规定要求,因此由测量环境和人员引入的不确定度可以忽略,假设为均匀分布($k = \sqrt{3}$),则：

$$u_3=0$$

C.1.3.4　测量方法引入的不确定度 u_4，按 B 类评定，在测量时，按照校准方法中的规定用直接测量方法，因此由测量方法引入的不确定度可以忽略，假设为均匀分布（$k=\sqrt{3}$），则：

$$u_4=0$$

C.1.4　相对频率偏差测量结果的合成不确定度 u_c

由 B.1.3.1 和 B.1.3.2 分量引起的不确定度分量完全相关，该分量间按不确定度代数和法合成，其他引起的不确定度分量不相关，分量间按不确定度方和根法合成。

$$u_c=\sqrt{((u_1+u_2)^2+u_3^2+u_4^2)}=1.8\times10^{-8}$$

C.1.5　相对频率偏差测量结果的扩展不确定度 U_{rel}

$k=2$，则：

$$U_{rel}=ku_c=k\sqrt{((u_1+u_2)^2+u_3^2+u_4^2)}=3.6\times10^{-8}$$

C.2　输出功率校准及增益校准的不确定度评定

C.2.1　测量方法

输出功率及增益的测量使用的标准仪器为 FMSR26 测量接收机。用直接测量的方法。因此建功率输出量 y 与输入量 x 的测量模型为：

$$y=x$$

则灵敏度系数为：

$$\frac{\partial y}{\partial x}=1$$

测量原理如图 9 所示：

图 9　输出功率及增益测量原理

C.2.1.1　输出功率电平 <0dBm；频率≤1300MHz。

C.2.1.1.1　重复性引入的不确定度：

在频率 1GHz，电平 −60dBm 重复测量 10 次（单位：dBm）

−60.035，−60.009，−60.022，−60.017，−60.020，

−60.022，−60.057，−60.022，−60.014，−60.032

$\overline{X}=-10.025$dBm，$s(x)=0.014$dB

则标准不确定度 $u_A=s(x)=0.014$dB

C.2.1.1.2　输入量 x_s 的标准不确定度 u_B 的评定

输入量 x_s 的标准不确定度主要来自 HP8902A 功率和 TRFL 测量的不确定度以及由于失配的影响带来的不确定度，采用 B 类方法进行评定。

C.2.1.1.3　RF 到 TRFL 转换引入的不确定度分量

根据技术说明书，区间半宽度 $a=0.06\text{dB}$，服从均匀分布 $k_j=\sqrt{3}$，$u_{B1}=0.04\text{dB}$

C.2.1.1.4　检波器线性引入的不确定度分量

根据技术说明书，区间半宽度 $a=0.01\text{dB}$，服从均匀分布 $k_j=\sqrt{3}$，$u_{B2}=0.006\text{dB}$

C.2.1.1.5　RF 量程转变引入的不确定度分量

根据技术说明书，区间半宽度 $a=0.04\text{dB}/$量程，服从均匀分布 $k_j=\sqrt{3}$，$u_{B3}=0.02\text{dB}/$量程，经过 2 次射频量程转变，则 $u_{B3}=0.04\text{dB}$

C.2.1.1.6　IF 量程转换引入的不确定度分量

根据技术说明书，区间半宽度 $a=0.02\text{dB}/$量程，服从均匀分布 $k_j=\sqrt{3}$，$u_{B4}=0.01\text{dB}/$量程，经过 2 次 IF 量程转换，则 $u_{B4}=0.02\text{dB}$

C.2.1.1.7　频率漂移引入的不确定度分量

根据技术说明书，区间半宽度 $a=0.05\text{dB/kHz}$，服从均匀分布，$k_j=\sqrt{3}$，$u_{B5}=0.03\text{dB}$

C.2.1.1.8　噪声引入的不确定度分量（$<-120\text{dBm}$）

因为电平 $>-120\text{dBm}$，所以 $u_{B6}=0.02\text{dB}$

C.2.1.1.9　混频器线性度引入的不确定度分量（频率 $>1300\text{MHz}$）

因为频率 $\leqslant 1300\text{MHz}$，$u_{B7}=0.02\text{dB}$

C.2.1.1.10　失配带来的不确定度分量

根据源电压驻波比求出 $\varGamma_g=0.13$，由功率探头驻波比求出 $\varGamma_L=0.14$，由公式 $M_u=20\lg(1+\varGamma_g\varGamma_L)=0.16$ 计算失配误差，服从反正弦分布 $k_j=\sqrt{2}$，$u_{B8}=M_u/k_j=0.11\text{dB}$

C.2.1.1.11　功率测量带来的不确定度分量（0dBm）

C.2.1.1.11.1　校准因子引入的不确定度分量

根据技术说明书，区间半宽度 $a=0.13\text{dB}$，服从均匀分布 $k_j=\sqrt{3}$，$u_{B91}=0.08\text{dB}$

C.2.1.1.11.2　失配带来的不确定度分量

根据源电压驻波比求出 $\varGamma_g=0.13$，由功率探头驻波比求出 $\varGamma_L=0.07$，由公式 $M_u=20\lg(1+\varGamma_g\varGamma_L)=0.079$ 计算失配误差，服从反正弦分布 $k_j=\sqrt{2}$，$u_{B92}=M_u/k_j=0.056\text{dB}$

C.2.1.1.11.3　功率头校准及指示器不准引入的不确定度分量

根据技术说明书，区间半宽度 $a=1.27\%=0.11\text{dB}$，服从均匀分布 $k_j=\sqrt{3}$，$u_{B93}=0.064\text{dB}$

C.2.1.1.11.4　功率测量带来的不确定度 $u_{B9}=\sqrt{u_{B91}^2+u_{B92}^2+u_{B93}^2}=0.12\text{dB}$

C.2.1.1.12　合成标准不确定度

以上各项互不相关，合成得：

$$u_c=\sqrt{u_A^2+u_{B1}^2+u_{B2}^2+u_{B3}^2+u_{B4}^2+u_{B5}^2+u_{B6}^2+u_{B7}^2+u_{B8}^2+u_{B9}^2}=0.34\text{dB}$$

C.2.1.1.13　扩展不确定度的确定

取 $k=2$，则 $U=ku_c=0.68\text{dB}$

C.2.1.2.1　频率 $>1300\text{MHz}$

C.2.1.2.2　重复性引入的不确定度：

在频率1.5GHz，电平 −60dBm 重复测量10次（单位：dBm）

−60.062，−60.081，−60.095，−60.088，−60.080，

−60.096，−60.105，−60.103，−60.121，−60.119

$\overline{X}=-60.095\text{dBm}$，$s(x)=0.018\text{dB}$

则标准不确定度 $u_A=s(x)=0.018\text{dB}$

C.2.1.2.3　输入量 x_s 的标准不确定度 u_B 的评定

输入量 x_s 的标准不确定度主要来自HP8902A功率和TRFL测量的不确定度以及由于失配的影响带来的不确定度，采用B类方法进行评定。

C.2.1.2.4　RF到TRFL转换引入的不确定度分量

根据技术说明书，区间半宽度 $a=0.06\text{dB}$，服从均匀分布 $k_j=\sqrt{3}$，$u_{B1}=0.04\text{dB}$

C.2.1.2.5　检波器线性引入的不确定度分量

根据技术说明书，区间半宽度 $a=0.01\text{dB}$ ，服从均匀分布 $k_j=\sqrt{3}$，$u_{B2}=0.006\text{dB}$

C.2.1.2.6　RF量程转变引入的不确定度分量

根据技术说明书，区间半宽度 $a=0.04\text{dB}$/量程，服从均匀分布 $k_j=\sqrt{3}$，$u_{B3}=0.02\text{dB}$/量程，经过2次射频量程转变，则 $u_{B3}=0.04\text{dB}$

C.2.1.2.7　IF量程转换引入的不确定度分量

根据技术说明书，区间半宽度 $a=0.02\text{dB}$/量程，服从均匀分布 $k_j=\sqrt{3}$，$u_{B4}=0.01\text{dB}$/量程，经过2次IF量程转换，则 $u_{B4}=0.02\text{dB}$

C.2.1.2.8　频率漂移引入的不确定度分量

根据技术说明书，区间半宽度，$a=0.05\text{dB/kHz}$，服从均匀分布，$k_j=\sqrt{3}$，$u_{B5}=0.03\text{dB}$

C.2.1.2.9　噪声引入的不确定度分量（< −120dBm）

因为电平 > −120dBm，$u_{B6}=0.02\text{dB}$

C.2.1.2.10　混频器线性度引入的不确定度分量

因为幅度 < −10dBm，$u_{B7}=0.02\text{dB}$

C.2.1.2.11　失配带来的不确定度分量

根椐源电压驻波比求出 $\varepsilon_g=0.2$，由功率探头驻波比求出 $\varepsilon_L=0.14$，由公式 $M_u=20\lg(1+\varepsilon_g\varepsilon_L)=0.24$ 计算失配误差，服从反正弦分布 $k_j=\sqrt{2}$，$u_{B8}=M_u/k_j=0.17\text{dB}$

C.2.1.2.12　功率测量带来的不确定度分量（0dBm）

C.2.1.2.12.1　校准因子引入的不确定度分量

根据技术说明书，区间半宽度 $a=0.13\text{dB}$，服从均匀分布 $k_j=\sqrt{3}$，$u_{B91}=0.08\text{dB}$

C.2.1.2.12.2　失配带来的不确定度分量

根椐源电压驻波比求出 $\varepsilon_g=0.2$，由功率探头驻波比求出 $\varepsilon_L=0.11$，由公式 $M_u=20\lg(1+\varepsilon_g\varepsilon_L)=0.19$ 计算失配误差，服从反正弦分布 $k_j=\sqrt{2}$，$u_{B92}=M_u/k_j=0.14\text{dB}$

C.2.1.2.12.3　功率头校准及指示器不准引入的不确定度分量

根据技术说明书,区间半宽度 $a=1.27\%=0.11\text{dB}$,服从均匀分布 $k_j=\sqrt{3}$,

$$u_{B93}=0.064\text{dB}$$

C.2.1.2.12.4　功率测量带来的不确定度 $u_{B9}=\sqrt{u_{B91}^2+u_{B92}^2+u_{B93}^2}=0.17\text{dB}$

C.2.1.2.13 合成标准不确定度

以上各项互不相关,合成得:

$$u_c=\sqrt{u_A^2+u_{B1}^2+u_{B2}^2+u_{B3}^2+u_{B4}^2+u_{B5}^2+u_{B6}^2+u_{B7}^2+u_{B8}^2+u_{B9}^2}=0.42\text{dB}$$

C.2.1.2.14　扩展不确定度的确定

取 $k=2$,则 $U=ku_c=0.84\text{dB}$

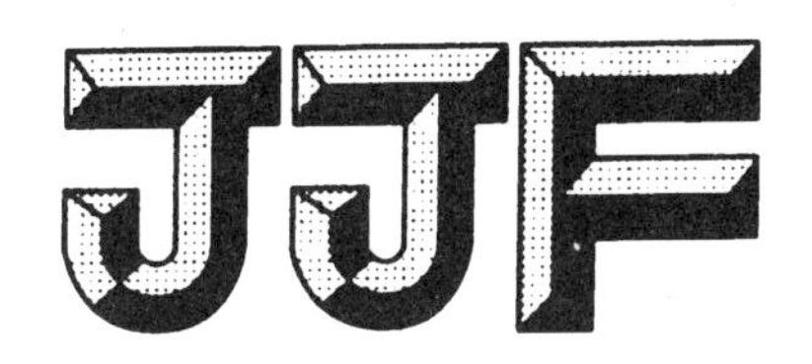

中华人民共和国工业和信息化部电子计量技术规范

JJF（电子）0030—2019

脉冲电流源校准规范

Calibration Specification of Pulse Current Sources

2019－08－26 发布　　2019－12－01 实施

中华人民共和国工业和信息化部　发布

脉冲电流源校准规范

Calibration Specification of Pulse Current Sources

JJF（电子）0030—2019

归 口 单 位：中国电子技术标准化研究院

主要起草单位：中国电子科技集团公司第十三研究所

参加起草单位：工业和信息化部电子工业标准化研究院

本规范技术条文委托起草单位负责解释

本规范主要起草人：

孙晓颖（中国电子科技集团公司第十三研究所）

乔玉娥（中国电子科技集团公司第十三研究所）

梁法国（中国电子科技集团公司第十三研究所）

参加起草人：

刘　冲（工业和信息化部电子工业标准化研究院）

刘　晨（中国电子科技集团公司第十三研究所）

王一帮（中国电子科技集团公司第十三研究所）

脉冲电流源校准规范

目　　录

引　　言

本规范依据 JJF 1071—2010《国家计量校准规范编写规则》、JJF 1059.1—2012《测量不确定度评定与表示》编写。

本规范为首次在国内发布。

脉冲电流源校准规范

1 范围

本规范适用于脉冲电流幅度10mA～225A、脉冲重复频率≤50kHz的脉冲电流源的校准。脉冲IV测试系统中的脉冲电流源部分，可参照本规范进行校准。

2 引用文件

本规范引用了下列文件：

JJF 1188 无线电计量名词术语及定义

GB/T 9317 脉冲信号发生器通用规范

JJF 1636—2017 交流电阻箱校准规范

注：凡是注日期的引用文件，仅注日期的版本适用于本规范；凡是不注日期的引用文件，其最新版本（包括所有的修改单）适用于本规范。

3 术语和计量单位

脉冲电流信号作为时间函数的图形表示见图1。

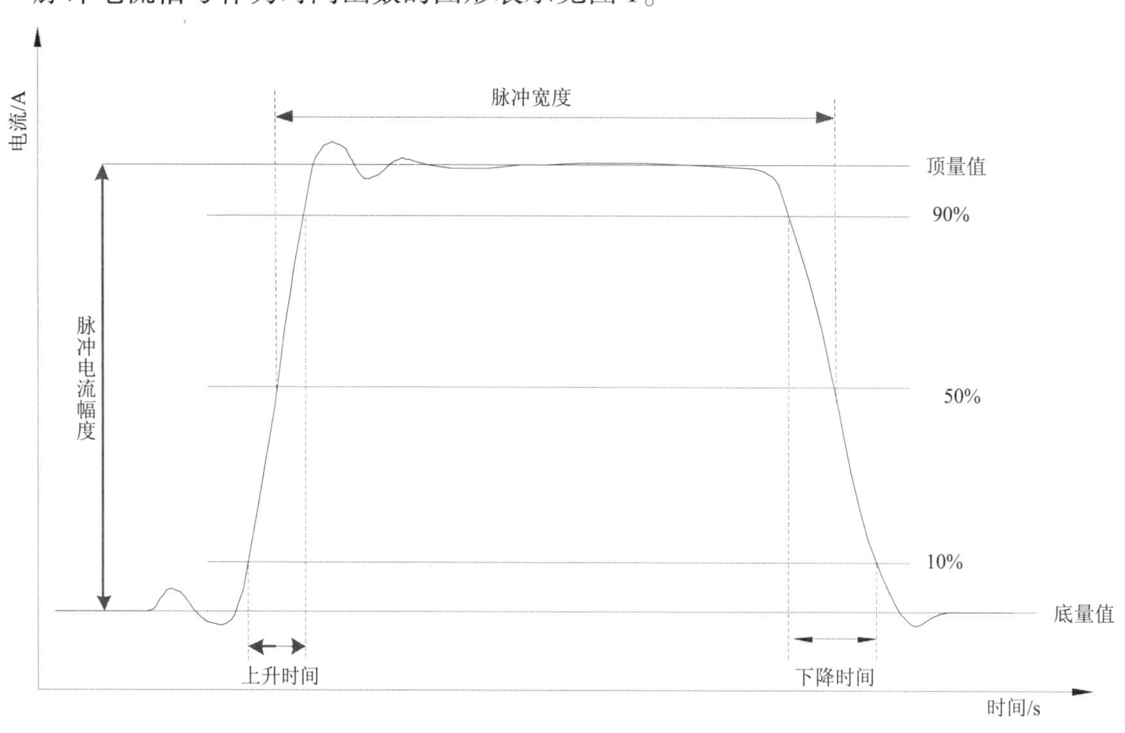

图1 典型的脉冲电流波形图

下列术语和定义适用于本规范。

3.1 脉冲电流幅度 pulse current amplitude

脉冲电流信号的顶量值与底量值的代数差。

3.2 脉冲电流重复频率 pulse current repetition frequency

连续重复的脉冲电流信号脉冲周期的倒数。

3.3 其他术语和定义

JJF 1188—2008 第 11 章 脉冲确立的“脉冲”“顶量值”“底量值”等术语和定义适用于本规范。

GB/T 9317—2012 第 3 章 术语和定义确立的“脉冲周期”“脉冲宽度”“占空比”“上升/下降时间”等术语和定义适用于本规范。

4 概述

脉冲电流源，是以矩形脉冲信号形式输出的电流源，主要由脉冲电流产生部分和反馈控制部分组成。脉冲电流产生部分产生矩形脉冲电流去驱动负载设备，反馈控制部分通过反馈网络控制脉冲电流的稳定输出。脉冲电流的产生有多种实现形式，总体可分为利用元器件储能释放输出脉冲电流、利用直流斩波原理输出脉冲电流、利用逆变将直流变换为脉冲电流输出。

脉冲电流源主要应用于微波、受控核聚变、大功率能量发生器、生物医疗、新材料制备、环保等领域。本规范涉及的脉冲电流源主要有以下几种应用方式：激光电源、电镀电源、测试电源。激光电源主要为大功率半导体激光器提供电能；电镀电源主要应用于脉冲电镀工艺；测试电源为被测设备提供脉冲电流信号。

5 计量特性

5.1 脉冲电流幅度

脉冲电流幅度范围：10mA ~ 225A；

最大允许误差：±(1% ~ 15%)。

5.2 脉冲电流重复频率或周期

重复频率范围：1Hz ~ 50kHz；

周期范围：1s ~ 20μs；

最大允许误差：$\pm(1\times10^{-6} \sim 1\times10^{-3})$。

5.3 脉冲电流宽度

脉冲宽度范围：1μs ~ 999ms；

最大允许误差：±1%。

5.4 脉冲电流上升/下降时间

上升/下降时间范围：50ns ~ 1ms。

6 校准条件

6.1 环境条件

a) 环境温度：(23 ± 5)℃；

b）环境相对湿度：≤80 %；

c）供电电源：220V □11V；50Hz □1Hz；

d）周围无影响正常工作的电磁干扰和机械振动。

6.2 测量标准及其他设备

6.2.1 数字多用表

a）采样速率：100kSa/s；

b）直流电压范围：±（1mV ~300V）；

最大允许误差：±（0.005% ~0.03%）；

c）交流电压范围：1mV ~300V（10Hz ~100kHz）；

最大允许误差：±（0.01% ~0.3%）。

6.2.2 示波器电流探头

a）频带宽度（ –3dB）：DC ~50MHz；

b）电流测量范围：10mA ~250A；

最大允许误差：±（1% ~5%）；

c）终端阻抗：匹配 1MΩ 或 50Ω；

d）上升时间应小于被校准脉冲电流源上升时间的 1/3。

6.2.3 数字示波器

a）频带宽度（ –3dB）：DC ~200MHz；

b）水平灵敏度：10ns/div ~10s/div；

时基最大允许误差：$\pm 5\times 10^{-5}$；

c）垂直灵敏度：2mV/div ~5V/div；

直流增益：±2% 满量程；

d）输入阻抗：1MΩ 或 50Ω；

e）上升时间应小于示波器电流探头上升时间的 1/3。

6.2.4 计数器

频率测量范围：100mHz ~100kHz；

周期测量范围：10s ~10μs；

最大允许误差：$\pm(1\times 10^{-7} \sim 1\times 10^{-4})$。

6.2.5 分流器

a）频率范围：DC ~100kHz；

b）电流测量范围：10mA ~100A；

电阻阻值范围：800Ω ~0.008Ω；

交直流转换差：±0.1%。

6.2.6 交流电阻

a）频率范围：DC ~100kHz；

b）电阻阻值：0.1Ω、0.2Ω、0.5Ω、1Ω、5Ω、10Ω；

最大允许误差：±（1% ~0.5%）。

7 校准项目和校准方法

7.1 校准项目

表1 校准项目一览

序号	校准项目	校准方法条款
1	脉冲电流幅度	7.3.1
2	脉冲电流重复频率或周期	7.3.2
3	脉冲电流宽度	7.3.3
4	脉冲电流上升/下降时间	7.3.4

7.2 外观及工作正常性检查

7.2.1 外观检查

设备外观应完好，附件配置齐全、完好，无影响正常工作的机械损伤；操作按钮、开关应灵活可调，功能显示和文字符号表示应清晰完整。

7.2.2 工作正常性检查

进行校准工作前，被校仪器和测量标准应按规定开机预热30分钟以上。通电后仪器应能正常工作，各种设置指示均正常；有自校准功能的，应能通过自校准检验。

7.3 校准方法

脉冲电流源的校准，应根据被校准脉冲电流的幅度、重复频率、脉冲宽度及最大允许误差、输出功率来选择合适的校准方法和负载电阻。负载电阻可以是分流器或交流电阻，也可以是用户提供的专用负载。

7.3.1 脉冲电流幅度

脉冲电流幅度的校准方法分为四类，根据被校准仪器和测量标准的实际条件选择合适的方法。

7.3.1.1 校准点的选取

a）按照用户要求或说明书保证技术指标点设定。

b）选择重复频率最低点和最高点，脉冲电流幅度设定值覆盖量程范围的低、中、高不少于三个校准点。

c）应记录校准脉冲电流幅度时的重复频率或周期、脉冲宽度的设定值。

7.3.1.2 方法一：示波器电流探头读电流法

按以下步骤进行：

a）按图2连接仪器。

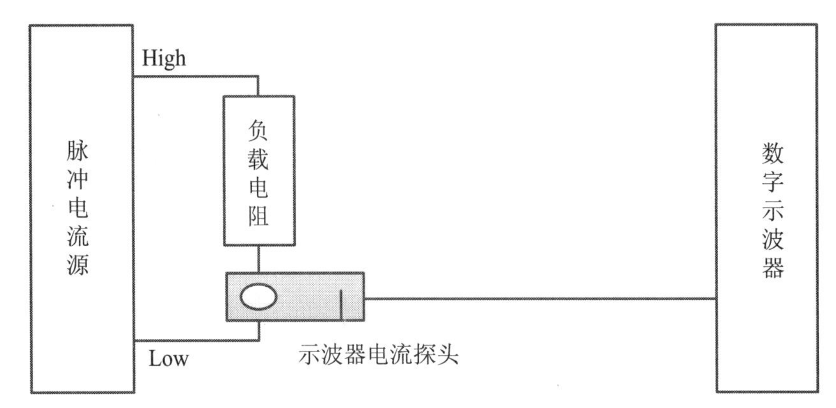

图2 使用示波器电流探头的连接示意

b）将脉冲电流源置于连续输出模式；设置脉冲电流源的输出电压满足脉冲电流源驱动要求。

c）根据所选校准点，设置脉冲电流源的频率（周期）、脉宽（或占空比）；设置脉冲电流源的电流脉冲幅度值为 I_0。

d）根据脉冲电流输出功率选取合适的负载电阻或调节负载电阻至合适量程。

e）若为可调负载，调节可调负载至标称负载值，或调节到用户要求的负载值；启动脉冲电流源输出开关，待其输出稳定。

f）根据示波器电流探头终端阻抗匹配要求，数字示波器输入阻抗应选择 50Ω 或 1MΩ；按示波器电流探头的输出电压比（衰减系数）设置数字示波器衰减比，设置数字示波器使显示波形占屏幕的 80%，读取或通过计算得到脉冲电流幅度值 I_1。

g）脉冲电流幅度示值误差按公式（1）计算：

$$\delta_1 = \frac{I_0 - I_1}{I_1} \times 100\% \qquad (1)$$

式中：

δ_1 ——脉冲电流源的脉冲电流幅度示值误差；

I_0 ——脉冲电流源的脉冲电流幅度设定值，A；

I_1 ——数字示波器测得的或计算得到脉冲电流幅度值，A。

h）选取其他校准点，重复 7.3.1.2 b）~ g）步骤中的方法。

注：当数字示波器读取的为脉冲电压幅度值时，脉冲电流幅度值计算公式为：$I_1 = V_1/K$；式中，V_1 为数字示波器测得的脉冲电压幅度值，A；K 为示波器电流探头输出电压比，V/A。

7.3.1.3 方法二：数字示波器读电压法

按以下步骤进行：

a）按图 3 连接仪器。

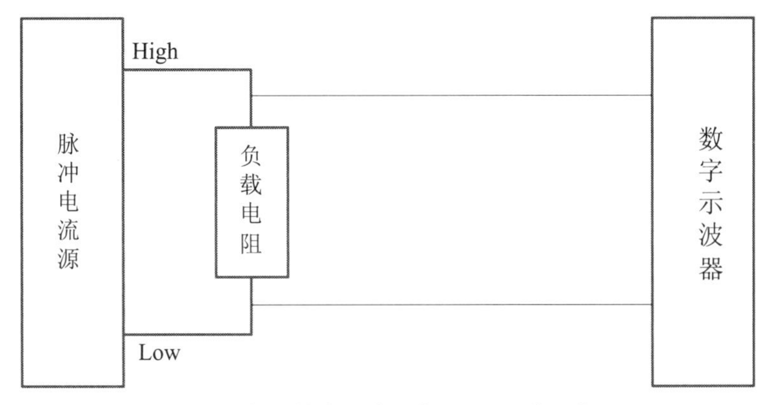

图3　使用数字示波器读电压的连接示意

b）按7.3.1.2 b）～ e)进行操作。

c）数字示波器选择输入阻抗为1MΩ;设置数字示波器使显示波形占屏幕的80%，读取数字示波器测得的脉冲电压幅度值 V_2。

d）脉冲电流幅度计算值和示值误差分别按公式(2)和公式(3)计算：

$$I_2 = \frac{V_2}{R} \tag{2}$$

$$\delta_2 = \frac{I_0 - I_2}{I_2} \times 100\% \tag{3}$$

式中：

δ_2　——脉冲电流源的脉冲电流幅度示值误差；

I_0　——脉冲电流源的脉冲电流幅度设定值,A；

V_2　——数字示波器测得的脉冲电压幅度值,V；

I_2　——计算得到的脉冲电流幅度值,A；

R　——负载电阻的定标值,Ω。

注：负载电阻的定标值可按照《JJF 1636—2017 交流电阻箱校准规范》进行现场定标；也可使用负载电阻溯源证书的定标值。

e）选取其他校准点,重复7.3.1.3 b）～ d)步骤中的方法。

7.3.1.4　方法三：数字多用表采样电压法

按以下步骤进行：

a）按图4连接仪器。

b）按7.3.1.2 b）～ e)进行操作。

c）先使用数字示波器观察负载电阻两端的脉冲电压波形,波形参数显示正常,无异常畸变。

d）断开数字示波器连接,将负载电阻两端的脉冲电压连接至数字多用表。数字多用表设置“DCV,采样测量”功能,量程设置为满度值最接近校准点的量程,触发电平为被测幅度50%；根据被测信号频率设置NPLC工频周期数；分别设置延迟时间为被测正、负脉冲宽度的50%处,使其分别对脉冲电压的顶量值和底量值进行采样。读取数字多用表采样测得的脉冲电压底量值 V_{31} 与顶量值 V_{32}。

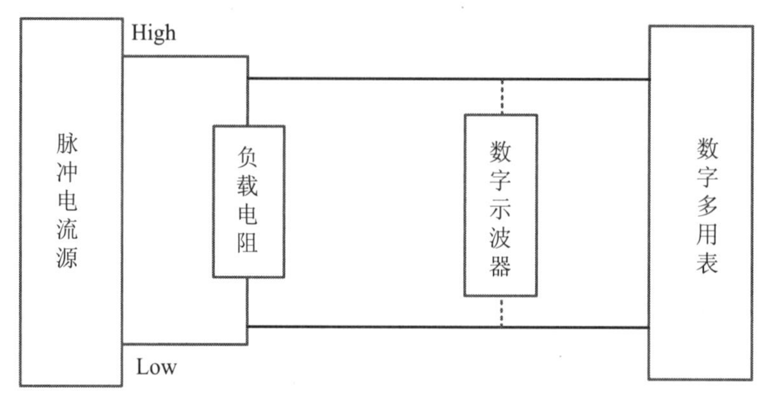

图4　使用数字多用表的连接示意

e）脉冲电流幅度计算值和示值误差分别按公式(4)和公式(5)计算：

$$I_3=\frac{V_{32}-V_{31}}{R} \quad (4)$$

$$\delta_3=\frac{I_0-I_3}{I_3}\times 100\% \quad (5)$$

式中：

δ_3 ——脉冲电流源的脉冲电流幅度示值误差；

I_0 ——脉冲电流源的脉冲电流幅度设定值，A；

V_{32} ——数字多用表采样测得的脉冲电压顶量值，V；

V_{31} ——数字多用表采样测得的脉冲电压底量值，V；

I_3 ——计算得到的脉冲电流幅度值，A；

R ——负载电阻的定标值，Ω。

f）选取其他校准点，重复7.3.1.4 b)～e)步骤中的方法。

注：1. 负载电阻的定标值可按照《JJF 1636—2017 交流电阻箱校准规范》进行现场定标；也可使用负载电阻溯源证书的定标值。

2. 供电电源频率为50Hz，NPLC＝1时，测量采样周期为0.02s。设置NPLC应使采样速率大于信号频率2倍。

7.3.1.5　方法四：交流有效值法

脉冲电流可设置为有效值的脉冲电流源，按以下步骤进行：

a）按图5连接仪器。

b）将脉冲电流源置于连续输出模式；设置脉冲电流源的输出电压满足脉冲电流源驱动要求。

c）根据所选校准点，设置脉冲电流源的频率（周期）、脉宽（或占空比）；设置脉冲电流源输出电流有效值为I_0。

d）根据脉冲电流输出功率选取合适的负载电阻或调节负载电阻至合适量程。

e）若为可调负载，调节可调负载至标称负载值，或调节到用户要求的负载值；启动脉冲电流源输出开关，待其输出稳定。

f）先使用数字示波器观察测得的脉冲信号波形，波形参数显示正常，无异常畸变。

g）使用数字多用表或者数字示波器读取转换后的脉冲电压有效值 V_4。

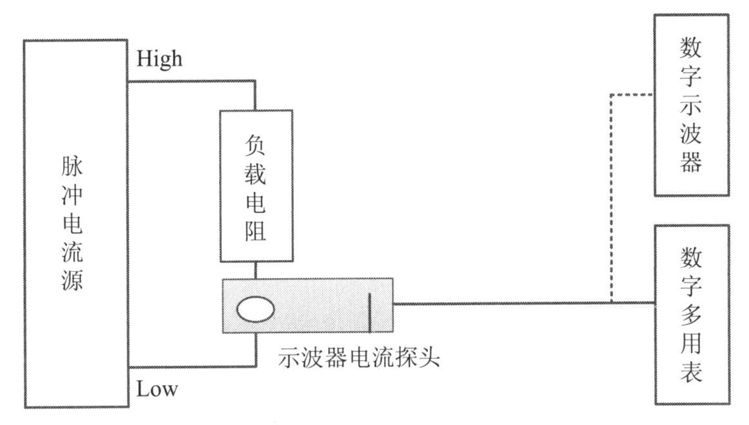

图5　使用示波器电流探头读有效值的连接示意

h）脉冲电流计算值和示值误差分别按公式(6)和公式(7)计算：

$$I_4 = \frac{V_4}{K} \tag{6}$$

$$\delta_4 = \frac{I_0 - I_4}{I_4} \times 100\% \tag{7}$$

式中：

δ_4 ——脉冲电流源的脉冲电流示值误差；

I_0 ——脉冲电流源设定的脉冲电流有效值，A；

V_4 ——数字多用表或数字示波器测得的脉冲电压有效值，V；

I_4 ——计算得到的脉冲电流有效值，A；

K ——示波器电流探头输出电压比，V/A。

i）选取其他校准点，重复7.3.1.5 b）～ h）步骤中的方法。

7.3.2　脉冲电流重复频率或周期

7.3.2.1　校准点的选取

a）按照用户要求或说明书保证技术指标点设定。

b）重复频率或周期设定值覆盖范围的低、中、高不少于三个校准点。

c）脉冲电流幅度按用户实际工作电流设定或设定5A。

7.3.2.2　脉冲电流重复频率或周期校准方法

按以下步骤进行：

a）使用数字示波器读频率(周期)按图2或图3连接仪器；使用计数器读频率(周期)按图6连接仪器。

b）将脉冲电流源置于连续输出模式；设置脉冲电流源的输出电压满足脉冲电流源驱动要求。

c）根据所选校准点，设置相应的脉冲电流幅度值；设置脉冲电流源的输出频率 f_1(周期 t_1)、脉冲宽度 T_{W1}。

d）根据脉冲电流输出功率选取合适的负载电阻或调节负载电阻至合适量程。

e）若为可调负载，调节可调负载至标称负载值，或调节到用户要求的负载值；启动脉冲电流源输出开关，待其输出稳定。

f）使用数字示波器或计数器读取脉冲电流重复频率值 f_2 或周期值 t_2。

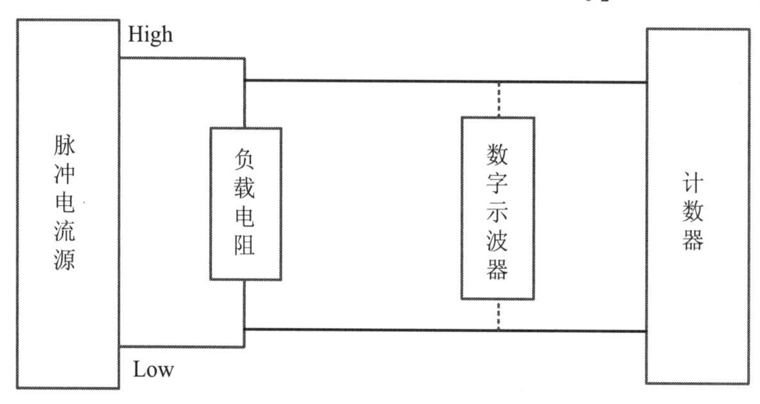

图 6　使用计数器读频率的连接示意

g）脉冲电流重复频率示值误差按公式(8)计算：

$$\delta_f = \frac{f_1 - f_2}{f_2} \times 100\% \quad (8)$$

式中：

δ_f ——脉冲电流源的脉冲电流重复频率示值误差；

f_1 ——脉冲电流源的脉冲电流重复频率设定值，Hz；

f_2 ——数字示波器或计数器测得的脉冲电流重复频率值，Hz。

h）脉冲电流周期示值误差按公式(9)计算：

$$\delta_t = \frac{t_1 - t_2}{t_2} \times 100\% \quad (9)$$

式中：

δ_t ——脉冲电流源的脉冲电流周期示值误差；

t_1 ——脉冲电流源的脉冲电流周期设定值，s；

t_2 ——数字示波器或计数器测得的脉冲电流周期值，s。

i）更换校准点，重复 7.3.2.2 c）～ h）步骤中的方法。

7.3.3　脉冲电流宽度

7.3.3.1　校准点的选取

a）按照用户要求或说明书保证技术指标点设定。

b）脉冲宽度设定值覆盖范围的低、中、高不少于三个校准点。

c）脉冲电流幅度按用户实际工作电流设定或设定 5A。

7.3.3.2　脉冲电流宽度校准方法

按以下步骤进行：

a）按图 2 或图 3 连接仪器。

b）按 7.3.2.2 b）～ e）进行操作。

c）使用数字示波器读取脉冲电流宽度值 T_{W2}。

d）脉冲电流宽度示值误差按公式(10)计算：

$$\delta_{tw}=\frac{T_{W1}-T_{W2}}{T_{W2}}\times 100\% \quad (10)$$

式中：

δ_{tw} ——脉冲电流源的脉冲电流宽度示值误差；

T_{W1} ——脉冲电流源的脉冲电流宽度设定值，s；

T_{W2} ——数字示波器测得的脉冲电流宽度值，s。

e）更换校准点，重复7.3.3.2 b) ~ d)步骤中的方法。

7.3.4 脉冲电流上升/下降时间

按以下步骤进行：

a）按图2或图3连接仪器；恒流脉冲电流源推荐按图7连接仪器。

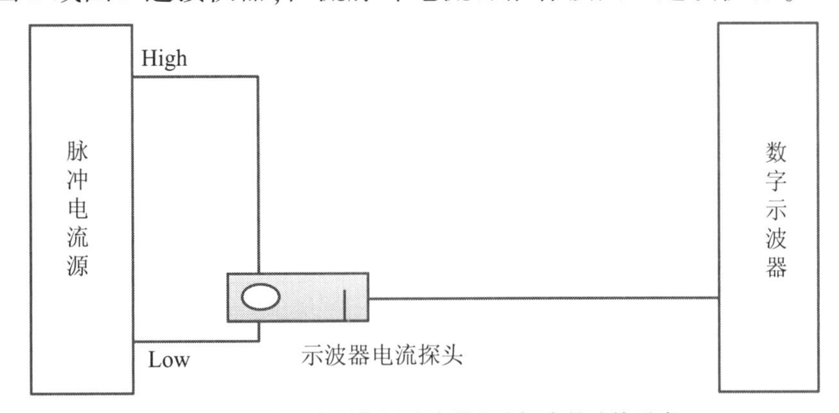

图7 恒流电流源使用示波器电流探头的连接示意

b）按7.3.2.2 b) ~ e)进行操作。

c）记录数字示波器测得的脉冲电流上升/下降时间值。

d）若上升/下降时间可调，更换校准点（选点覆盖范围的低、中、高不少于三点），重复7.3.4 b) ~ c)步骤中的方法。

注：除说明书另有规定，上升/下降时间默认为幅度10% ~90%的上升/下降时间；若说明书有规定，则按说明书设置读取。

8 校准结果表达

校准完成后的脉冲电流源应出具校准证书。校准证书应至少包含以下信息：

a）标题："校准证书"；

b）实验室名称和地址；

c）进行校准的地点；

d）证书的唯一性标识（如编号），每页和总页数的标识；

e）客户的名称和地址；

f）被校对象的描述和明确标识；

g）进行校准的日期，如果与校准结果的有效性和应用有关时，应说明被校对象的接收日期；

h）如果与校准结果有效性应用有关时，应对被校样品的抽样程序进行说明；

i）校准所依据的技术规范的标识，包括名称及代号；

j）本次校准所用测量标准的溯源性及有效性说明；

k）校准环境的描述；

l）校准结果及其测量不确定度的说明；

m）对校准规范的偏离的说明；

n）校准证书或校准报告签发人的签名、职务或等效标识；

o）校准结果仅对被校对象有效的声明；

p）未经实验室书面批准，不得部分复制证书的声明。

9 复校时间间隔

建议复校时间间隔为12个月。由于复校时间间隔的长短是由仪器的使用情况、使用者、仪器本身质量等诸多因素所决定的，因此，送校单位可根据实际使用情况自主决定复校时间间隔。

10 附录

附录A 原始记录格式

附录B 校准证书内页格式

附录C 测量不确定度评定示例

附录 A

原始记录格式

A.1 外观及工作正常性检查

表 A.1 外观及工作正常性检查

项目	检查结果
外观检查	
工作正常性检查	

A.2 脉冲电流幅度

表 A.2.1 脉冲电流幅度(方法一:示波器电流探头读电流法)

频率(周期)设定值/Hz(s)	脉冲宽度设定值/s	电流幅度设定值/A	电流幅度测得值/A	示值误差	不确定度($k=2$)

表 A.2.2 脉冲电流幅度(方法二:数字示波器读电压法)

频率(周期)设定值/Hz(s)	脉冲宽度设定值/s	负载电阻定标值/Ω	电流幅度设定值/A	电压幅度测得值/V	电流幅度计算值/A	示值误差	不确定度($k=2$)

表 A.2.3 脉冲电流幅度(方法三:数字多用表采样电压法)

频率(周期)设定值/Hz(s)	脉冲宽度设定值/s	负载电阻定标值/Ω	电流幅度设定值/A	电压顶量值测得值/V	电压底量值测得值/V	电流幅度计算值/A	示值误差	不确定度($k=2$)

表 A.2.4　脉冲电流幅度（方法四：交流有效值法）

频率（周期）设定值/Hz(s)	脉冲宽度设定值/s	电流探头输出电压比/(V/A)	电流有效值设定值/A	电压有效值测得值/V	电流有效值计算值/A	示值误差	不确定度($k=2$)

A.3　脉冲电流重复频率或周期

表 A.3　脉冲电流重复频率或周期

设定值/Hz(s)	测得值/Hz(s)	示值误差	不确定度($k=2$)

A.4　脉冲电流宽度

表 A.4　脉冲电流宽度

设定值/s	测得值/s	示值误差	不确定度($k=2$)

A.5　脉冲电流上升/下降时间

表 A.5　脉冲电流上升/下降时间

上升时间	设定值/s	测得值/s	不确定度($k=2$)
下降时间	设定值/s	测得值/s	不确定度($k=2$)

附录 B

校准证书内页格式

B.1 外观及工作正常性检查

表 B.1 外观及工作正常性检查

项目	检查结果
外观检查	
工作正常性检查	

B.2 脉冲电流幅度

表 B.2.1 脉冲电流幅度（方法一：示波器电流探头读电流法）

频率（周期）设定值/Hz（s）	脉冲宽度设定值/s	电流幅度设定值/A	电流幅度测得值/A	示值误差	不确定度（$k=2$）

表 B.2.2 脉冲电流幅度（方法二：数字示波器读电压法）

频率（周期）设定值/Hz（s）	脉冲宽度设定值/s	负载电阻定标值/Ω	电流幅度设定值/A	电压幅度测得值/V	电流幅度计算值/A	示值误差	不确定度（$k=2$）

表 B.2.3 脉冲电流幅度（方法三：数字多用表采样电压法）

频率（周期）设定值/Hz（s）	脉冲宽度设定值/s	负载电阻定标值/Ω	电流幅度设定值/A	电压顶量值测得值/V	电压底量值测得值/V	电流幅度计算值/A	示值误差	不确定度（$k=2$）

表 B.2.4 脉冲电流幅度(方法四:交流有效值法)

频率(周期)设定值/Hz(s)	脉冲宽度设定值/s	电流探头输出电压比/(V/A)	电流有效值设定值/A	电压有效值测得值/V	电流有效值计算值/A	示值误差	不确定度($k=2$)

B.3 脉冲电流重复频率或周期

表 B.3 脉冲电流重复频率或周期

设定值/Hz(s)	测得值/Hz(s)	示值误差	不确定度($k=2$)

B.4 脉冲电流宽度

表 B.4 脉冲电流宽度

设定值/s	测得值/s	示值误差	不确定度($k=2$)

B.5 脉冲电流上升/下降时间

表 B.5 脉冲电流上升/下降时间

上升时间	设定值/s	测得值/s	不确定度($k=2$)
下降时间	设定值/s	测得值/s	不确定度($k=2$)

附录 C

测量不确定度评定示例

脉冲电流源有关时间参数(重复频率或周期、脉冲宽度、上升/下降时间)的测量不确定度评定过程与脉冲信号发生器类似,故本规范仅对脉冲电流幅度给出测量不确定度评定示例。

C.1 方法一:示波器电流探头读电流法

C.1.1 测量模型

$$Y = I \qquad (C.1)$$

式中:

Y ——脉冲电流幅度校准值;

I ——示波器电流探头测得的脉冲电流幅度。

C.1.2 不确定度来源

根据测量模型,分析其测量不确定度来源为:

a) 标准器的不准确引入的标准不确定度分量 u_1;

b) 测量重复性引入的标准不确定度分量 u_2。

C.1.3 标准不确定度评定

a) 标准器的不准确引入的标准不确定度分量 u_1

标准器为示波器电流探头和数字示波器,其最大允许误差取二者中最大(来源于电流探头厂家技术支持)。以(带宽100kHz、100A)示波器电流探头为例:在10A处最大允许误差为±(3% +50mA),即±0.35A,设其服从均匀分布,则 $k=\sqrt{3}$,则其标准不确定度分量计算过程如下:

$$u_1 = 0.35\text{A}/\sqrt{3} = 0.202\ \text{A} \qquad (C.2)$$

b) 测量重复性引入的标准不确定度分量 u_2

在重复性测量条件下,采用贝塞尔公式对10次测量数据的标准偏差进行计算。

例如,在10A点10次测量结果为:

10.10	10.20	10.26	10.26	10.20	单位:A
10.15	10.12	10.24	10.28	10.30	

则其标准不确定度分量计算过程如下:

$$u_2 = s = 0.07\text{A} \qquad (C.3)$$

表 C.1 示波器电流探头读电流法标准不确定度分量一览

标准不确定度分量	不确定度来源	评定方法	k 值	标准不确定度	灵敏系数
u_1	标准器的不准确	B 类	$\sqrt{3}$	0.202 A	1
u_2	测量重复性	A 类	——	0.07A	1

C.1.4 合成标准不确定度

上述各分量独立不相关，则合成标准不确定度为：

$$u_c = \sqrt{u_1^2 + u_2^2} = 0.22\text{A} \quad \cdots\cdots (\text{C}.4)$$

C.1.5 扩展不确定度

采用简易法评定扩展不确定度，取包含因子 $k=2$，其扩展不确定度为：

$$U = 2 \times u_c = 0.44\text{A}, U_{rel} = 4.4\%\ (10\text{A}, 1\text{kHz}) \quad \cdots\cdots (\text{C}.5)$$

C.2 方法二：数字示波器读电压法

C.2.1 测量模型

$$Y = I = U/R \quad \cdots\cdots (\text{C}.6)$$

式中：

Y ——脉冲电流幅度校准值；

I ——脉冲电流幅度计算值；

U ——数字示波器测得的脉冲电压幅度；

R ——负载电阻的定标值。

C.2.2 不确定度来源

根据测量模型，分析其测量不确定度来源为：

a）数字示波器读数的不准确引入的标准不确定度分量 u_1；

b）电阻定标值的不准确引入的标准不确定度分量 u_2；

c）测量重复性引入的标准不确定度分量 u_3。

C.2.3 标准不确定度评定

a）数字示波器读数的不准确引入的标准不确定度分量 u_1

标准器为数字示波器。脉冲电流幅度 10A，交流电阻 0.1Ω，测得脉冲电源幅度值为 1V。按数字示波器说明书技术指标，在 1V 幅度值读数处最大允许误差为 ±（2% 读数 +0.05格），即 $\pm(2\% \times 1\text{V} + 0.05 \times 0.2\text{V}) = \pm 0.03\text{V}$，设其服从均匀分布，则 $k=\sqrt{3}$，则其标准不确定度分量计算过程如下：

$$u_1 = 0.03\text{V}/\sqrt{3} = 0.0173\text{V} \quad \cdots\cdots (\text{C}.7)$$

b）电阻定标值的不准确引入的标准不确定度分量 u_2

交流电阻为标称值 0.1Ω，1kHz 定标值为 0.0996Ω，其定标值不确定度为 0.3%（$k=2$），则置信区间为 0.0996Ω×0.3%，计算修约为 0.0003Ω。其标准不确定度分量计算过程如下：

$$u_2 = 0.0003\Omega/2 = 0.00015\Omega \quad \cdots\cdots (C.8)$$

c）测量重复性引入的标准不确定度分量 u_3

在重复性测量条件下，采用贝塞尔公式对10次测量数据的标准偏差进行计算。例如：在10A点10次测量电压结果为：

1.010	1.008	1.009	1.006	1.010	单位：V
1.008	1.008	1.009	1.005	1.009	

即计算电流幅度为：

10.14	10.12	10.13	10.10	10.14	单位：A
10.12	10.12	10.13	10.09	10.13	

则其标准不确定度分量计算过程如下：

$$u_3 = s = 0.016\text{A} \quad \cdots\cdots (C.9)$$

表 C.2　数字示波器读电压法标准不确定度分量一览

标准不确定度分量	不确定度来源	评定方法	k 值	标准不确定度	灵敏系数
u_1	数字示波器读数的不准确	B类	$\sqrt{3}$	0.0173V	$\frac{1}{R}$
u_2	电阻定标值的不准确	B类	2	0.00015Ω	$\frac{U}{R^2}$
u_3	测量重复性	A类	——	0.016A	1

C.2.4　合成标准不确定度

上述各分量独立不相关，按测量模型推导公式则合成标准不确定度为：

$$u_c = \sqrt{\left(\frac{u_1}{R}\right)^2 + \left(\frac{U}{R^2}u_2\right)^2 + {u_3}^2} = 0.175\text{A} \quad \cdots\cdots (C.10)$$

C.2.5　扩展不确定度

采用简易法评定扩展不确定度，取包含因子 $k = 2$，其扩展不确定度为：

$$U = 2 \times u_c \approx 0.35\text{A}, U_{\text{rel}} = 3.5\% \ (10\text{A}, 1\text{kHz}) \quad \cdots\cdots (C.11)$$

C.3　方法三：数字多用表采样电压法

C.3.1　测量模型

$$Y = I = U/R = (U_2 - \text{U}_1)/\ R \quad \cdots\cdots (C.12)$$

式中：

Y ——脉冲电流幅度校准值；

I ——脉冲电流幅度计算值；

U_2 ——数字多用表测得的脉冲电压顶量值；

U_1 ——数字多用表测得的脉冲电压底量值；

U ——脉冲电压幅度计算值；

R ——负载电阻的定标值。

C.3.2 不确定度来源

根据测量模型，分析其测量不确定度来源为：

a）数字多用表采样读数的不准确引入的标准不确定度分量 u_1；

b）电阻定标值的不准确引入的标准不确定度分量 u_2；

c）测量重复性引入的标准不确定度分量 u_3。

C.3.3 标准不确定度评定

a）数字多用表采样读数的不准确引入的标准不确定度分量 u_1

脉冲电流幅度10A（正方波），交流电阻0.1Ω，脉冲电源幅度值为1V。在正方波1V幅值，测得电压底量值约10mV，按数字多用表说明书，数字多用表读数的最大允许误差为 $\pm(9\times10^{-6}\times10\text{mV}+5\times10^{-6}\times100\text{mV})=\pm5.9\times10^{-4}\text{V}$；电压顶量值约1V，数字多用表读数的最大允许误差为 $\pm(8\times10^{-6}\times1\text{V}+0.3\times10^{-6}\times1\text{V})=\pm8.3\times10^{-6}\text{V}$。设其服从均匀分布，则 $k=\sqrt{3}$，则由电压底量值和电压顶量值测量不准确引入的标准不确定度分量计算过程如下：

$$u_{11}=5.9\times10^{-4}\text{V}/\sqrt{3}=3.4\times10^{-4}\text{V} \quad\cdots\cdots\quad (\text{C}.13)$$

$$u_{12}=8.3\times10^{-6}\text{V}/\sqrt{3}=4.8\times10^{-6}\text{V} \quad\cdots\cdots\quad (\text{C}.14)$$

u_{11} 和 u_{12} 独立不相关，则数字多用表采样读脉冲电压幅度不准确引入的标准不确定度为：

$$u_1=\sqrt{{u_{11}}^2+{u_{12}}^2}=3.4\times10^{-4}\text{V} \quad\cdots\cdots\quad (\text{C}.15)$$

b）电阻定标值的不准确引入的标准不确定度分量 u_2

交流电阻为标称值0.1Ω，1kHz定标值为0.0996Ω，其定标值不确定度为0.3%（$k=2$），则置信区间为0.0996Ω×0.3%，计算修约为0.0003Ω。其标准不确定度分量计算过程如下：

$$u_2=0.0003\Omega/2=0.00015\Omega \quad\cdots\cdots\quad (\text{C}.16)$$

c）测量重复性引入的标准不确定度分量 u_3

在重复性测量条件下，采用贝塞尔公式对10次测量数据的标准偏差进行计算。例如：在10A点10次测量电压结果为：

电压底量值	10.1	10.1	10.1	10.1	10.1	单位：mV
	10.1	10.1	10.1	10.1	10.1	
电压顶量值	1.0086	1.0088	1.0084	1.0086	1.0084	单位：V
	1.0082	1.0082	1.0084	1.0086	1.0088	

即计算电流幅度为：

10.025	10.027	10.023	10.025	10.023	单位：A
10.021	10.021	10.023	10.025	10.027	

则其标准不确定度分量计算过程如下：

$$u_3 = s = 0.0022\text{A} \qquad (\text{C}.17)$$

表 C.3　数字多用表采样电压法标准不确定度分量一览

标准不确定度分量	不确定度来源	评定方法	k 值	标准不确定度	灵敏系数
u_1	数字多用表采样读数的不准确	B 类	$\sqrt{3}$	3.4×10^{-4}V	$\frac{1}{R}$
u_2	电阻定标值的不准确	B 类	2	0.00015Ω	$\frac{U}{R^2}$
u_3	测量重复性	A 类	——	0.0022A	1

C.3.4　合成标准不确定度

上述各分量独立不相关，按测量模型推导公式则合成标准不确定度为：

$$u_c = \sqrt{\left(\frac{u_1}{R}\right)^2 + \left(\frac{U}{R^2}u_2\right)^2 + u_3^{\,2}} = 0.0155\text{A} \qquad (\text{C}.18)$$

C.3.5　扩展不确定度

采用简易法评定扩展不确定度，取包含因子 $k=2$，其扩展不确定度为：

$$U = 2\times u_c \approx 0.031\text{A},\ U_{\text{rel}} = 0.31\%\ (10\text{A},1\text{kHz}) \qquad (\text{C}.19)$$

C.4　方法四：交流有效值法

按图 5 连接仪器，使用示波器电流探头和数字示波器读脉冲电流有效值，参见 C.1 方法一，其评定过程类似。

以下给出按图 5 连接仪器，使用示波器电流探头和数字多用表读交流有效值的不确定度评定示例。

C.4.1　测量模型

$$Y = I = U/K \qquad (\text{C}.20)$$

式中：

Y ——脉冲电流有效值校准值；

I ——计算得到的脉冲电流有效值；

U ——测得的脉冲电压有效值；

K ——示波器电流探头输出电压比。

C.4.2　不确定度来源

根据测量模型，分析其测量不确定度来源为：

a）示波器电流探头的不准确引入的标准不确定度分量 u_1；

b）测量重复性引入的标准不确定度分量 u_2。

C.4.3　标准不确定度评定

a）示波器电流探头的不准确引入的标准不确定度分量 u_1

以（100MHz、30A）示波器电流探头为例，按说明书，其最大允许误差为 ±（1% +10mA），对20A 即置信区间为0.21A。设其服从均匀分布，则 $k=\sqrt{3}$，由示波器电流探头的不准确引入的标准不确定度分量计算过程如下：

$$u_1 = 0.21\text{A}/\sqrt{3} = 0.12\text{A} \quad \text{(C.21)}$$

b）测量重复性引入的标准不确定度分量 u_2

在重复性测量条件下，采用贝塞尔公式对 10 次测量数据的标准偏差进行计算。例如：在20A 点 10 次测量电压有效值结果为：

2.0035	2.0034	2.0026	2.0033	2.0021	单位：V
2.0028	2.0024	2.0022	2.0031	2.0028	

电流探头输出电压比 $K=100\text{mV/A}$，计算电流有效值为：

20.035	20.034	20.026	20.033	20.021	单位：A
20.028	20.024	20.022	20.031	20.028	

则其标准不确定度分量计算过程如下：

$$u_2 = s = 0.005\text{A} \quad \text{(C.22)}$$

表 C.4　电流探头和数字多用表读有效值法标准不确定度分量一览

标准不确定度分量	不确定度来源	评定方法	k 值	标准不确定度	灵敏系数
u_1	示波器电流探头的不准确	B 类	$\sqrt{3}$	0.12A	1
u_2	测量重复性	A 类	——	0.005A	1

C.4.4　合成标准不确定度

上述各分量独立不相关，按测量模型推导公式则合成标准不确定度为：

$$u_c = \sqrt{{u_1}^2 + {u_2}^2} = 0.12\text{A} \quad \text{(C.23)}$$

C.4.5　扩展不确定度

采用简易法评定扩展不确定度，取包含因子 $k=2$，其扩展不确定度为：

$$U = 2 \times u_c \approx 0.24\text{A},\ U_{\text{rel}} = 1.2\%\ (\text{20A 有效值,400Hz}) \quad \text{(C.24)}$$

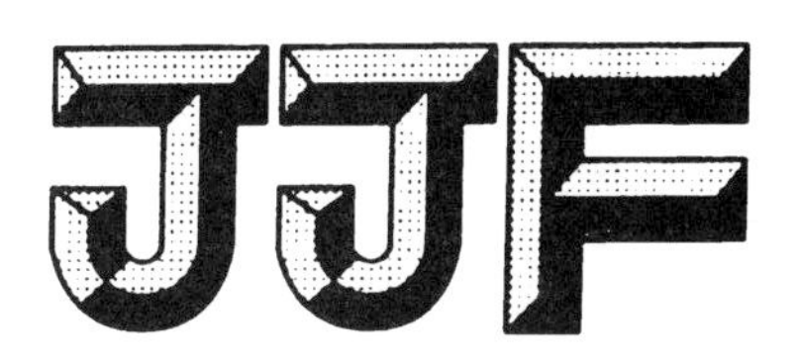

中华人民共和国工业和信息化部
电子计量技术规范

JJF（电子）0031—2019

电磁耦合钳校准规范

Calibration Specification of Electromagnetic Clamps

2019－08－26 发布　　　　2019－12－01 实施

中华人民共和国工业和信息化部　发布

电磁耦合钳校准规范

Calibration Specification of Electromagnetic Clamps

JJF（电子）0031—2019

归 口 单 位：中国电子技术标准化研究院

主要起草单位：工业与信息化部电子第五研究所

广州赛宝计量检测中心服务有限公司

参加起草单位：中国电子技术标准化研究院

广州广电计量检测股份有限公司

本规范技术条文委托起草单位负责解释

本规范主要起草人：

陈　彦（工业与信息化部电子第五研究所）

张　成（工业与信息化部电子第五研究所）

刘琼芳（广州赛宝计量检测中心服务有限公司）

参加起草人：

徐　沛（中国电子技术标准化研究院）

张　辉（广州广电计量检测股份有限公司）

电磁耦合钳校准规范

目　　录

引　　言

本规范依据 JJF 1071—2010《国家计量校准规范编写规则》、JJF 1001—2011《通用计量名词术语》和 JJF 1059.1—2012《测量不确定度评定与表示》编写。

本规范为首次在国内发布。

电磁耦合钳校准规范

1 范围

本规范适用于100 kHz～1000 MHz频率范围电磁兼容试验用的电磁耦合钳的校准。

2 引用文件

GB/T 17626.6—2017 电磁兼容 试验和测量技术 射频场感应的传导骚扰抗扰度

注：凡是注日期的引用文件，仅注日期的版本适用于本校准方法；凡是不注日期的引用文件，其最新版本（包括所有的修改单）适用于本校准方法。

3 术语和计量单位

3.1 电磁耦合钳 electromagnetic clamp

容性和感性耦合相结合的注入装置。

[GB/T 17626.6—2017，术语和定义3.4.2]

3.2 耦合系数 coupling factor

在耦合装置的被测设备端口所获得的开路电压（电动势）与信号发生器输出端上的开路电压的比值，单位是dB。

[GB/T 17626.6—2017，术语和定义3.6]

3.3 输入阻抗 input impedance

当电磁耦合钳和规定的试验夹具整体被视为一个二端口装置时，阻抗特性可以通过使用网络分析仪在50 Ω系统中测量其S参数来表示，单位是Ω。

4 概述

电磁耦合钳是由电容和电感组合的注入装置，也叫电磁钳或电磁注入钳。电磁耦合钳通过耦合作用对电缆注入信号，通常用于射频感应场的传导骚扰抗扰度测量，是射频感应场传导骚扰抗扰度测量的主要设备。

电磁耦合钳原理如图1所示，主要部件有：

1 ——铁氧体管；

2 ——半圆环铜箔片；

3 ——包括在电磁耦合钳结构中的铁氧体管；

Z_1，Z_2——为优化频率响应和方向性而装配的电路；

G_1 ——试验信号发生器。

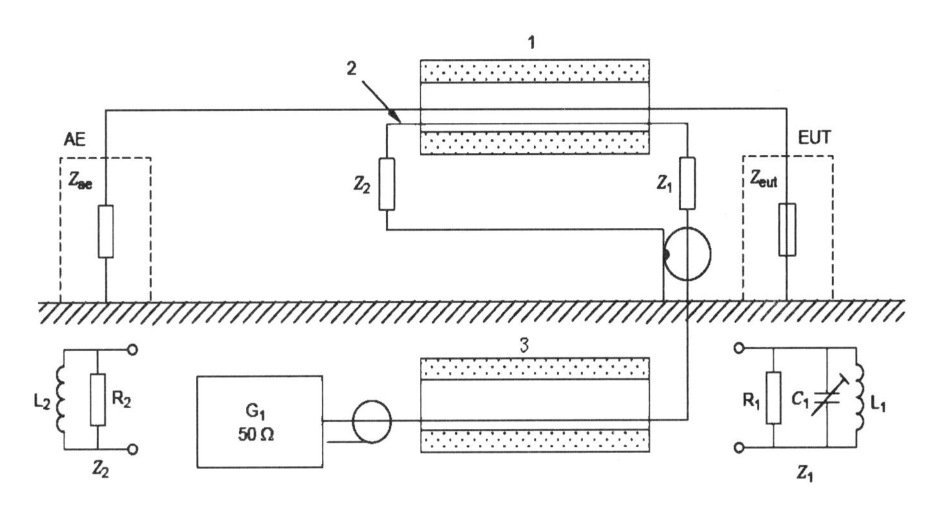

图 1　电磁耦合钳的原理

5　计量特性

5.1　输入阻抗

频率范围:0.1 MHz≤f < 10 MHz;最大允许误差：±30%；

频率范围:10 MHz≤f ≤100 MHz;最大允许误差：±50%；

输入阻抗标称值:参照 GB/T 17626.6 标准的输入阻抗特性曲线给出(图 2)。

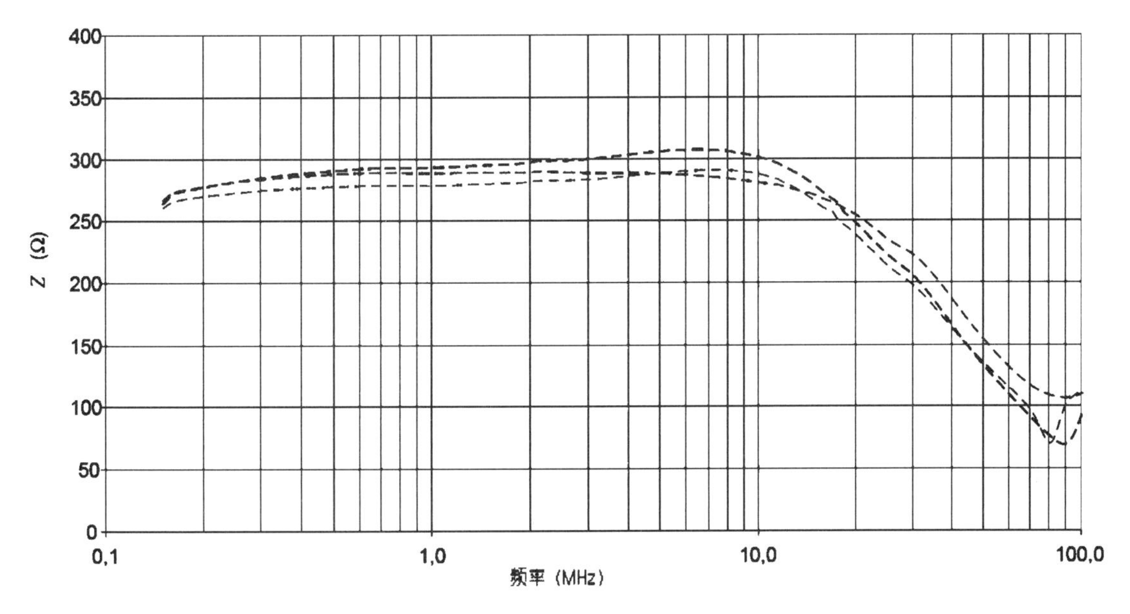

图 2　三种典型电磁耦合钳的输入阻抗特性曲线

5.2　去耦系数

频率范围:0.1 MHz≤f <10 MHz;最大允许误差：±4 dB;

频率范围:10 MHz≤f ≤ 100 MHz;最大允许误差：±6 dB;

去耦系数标称值:参照 GB/T 17626.6 标准的去耦系数特性曲线给出(图 3)。

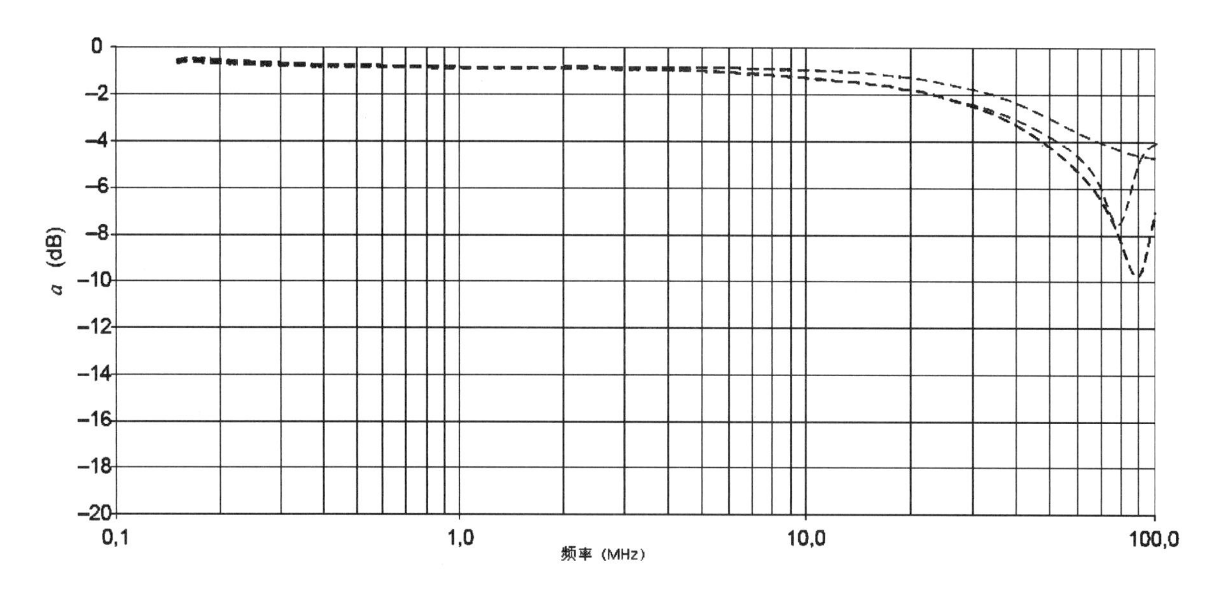

图3　三种典型电磁耦合钳的去耦系数特性曲线

5.3　耦合系数

频率范围：0.1 MHz≤f <0.3 MHz；最大允许误差：> −5 dB；

频率范围：0.3 MHz≤f ≤400 MHz；最大允许误差：0 dB ±3 dB；

频率范围：400 MHz <f ≤ 1000 MHz；最大允许误差：> −5 dB；

参照 GB/T 17626.6 标准给出的耦合系数曲线（图4）。

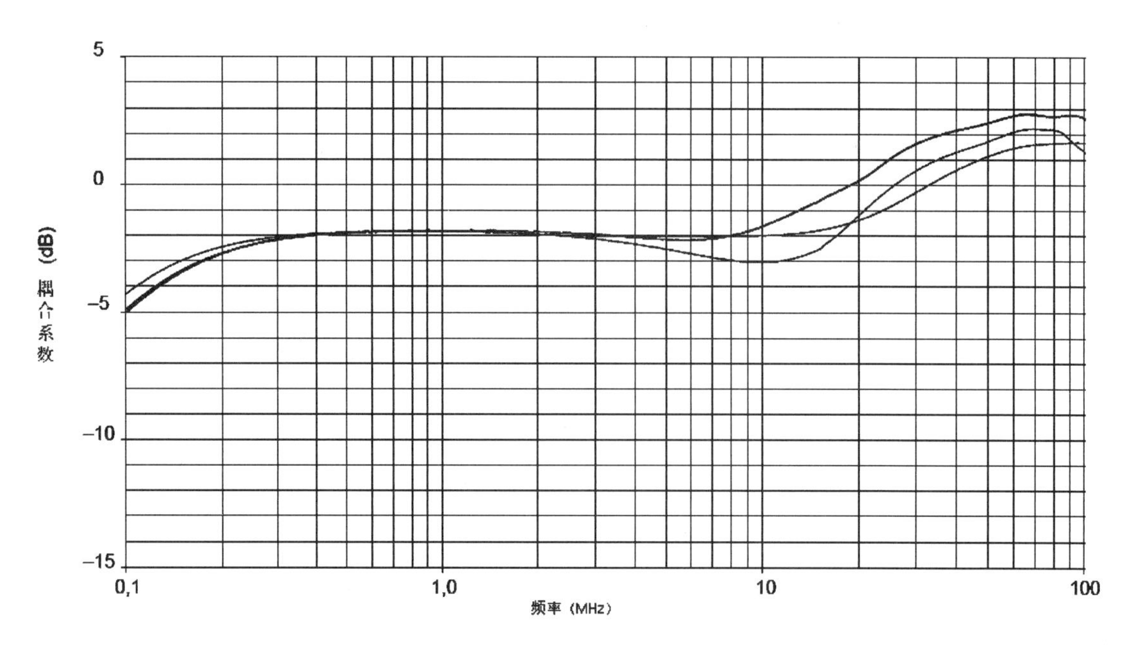

图4　三种典型电磁耦合钳的耦合系数曲线

注：由于校准不做合格与否的结论判定，上述要求的最大允许误差仅供参考。

6 校准条件

6.1 环境条件

6.1.1 环境温度：(23 ±5) ℃；

6.1.2 相对湿度：≤80%；

6.1.3 电源要求：(220 ±22) V、(50 ±1) Hz；

6.1.4 周围无影响仪器正常工作的电磁干扰和机械振动。

6.2 测量标准及其他设备

6.2.1 网络分析仪(具有 TRL 校准法选件)

频率范围：9 kHz ~ 1 GHz；

动态范围：>80 dB。

6.2.2 校准夹具(结构和尺寸参数要求详见附录 D)

6.2.3 50 Ω 终端负载

频率范围：9 kHz ~ 1 GHz；

电压驻波比：≤1.2。

6.2.4 10 dB 衰减器

频率范围：9 kHz ~ 1 GHz；

电压驻波比：≤1.2。

7 校准项目和校准方法

7.1 外观及工作正常性检查

7.1.1 被校准的电磁耦合钳带有必要的附件、说明书。

7.1.2 被校准的电磁耦合钳各部分应完整，无影响正常工作的机械损坏，开关旋钮、铁氧体环、半圆形铜箔片安装牢固，无脱落松动或开裂。

7.2 输入阻抗

7.2.1 校准布置及步骤

7.2.1.1 输入阻抗的校准使用附录 D 中定义的夹具，圆柱形金属杆的高度应处于钳开口的中心位置。依据校准夹具结构特性在网络分析仪上自定义 TRL 校准件。

7.2.1.2 从网络分析仪的校准菜单中调用 7.2.1.1 中自定义的 TRL 校准件，频率范围设置为 100 kHz ~ 100 MHz，中频带宽 1 kHz，按照 TRL 校准法的校准步骤和校准夹具连接方法，分别进行直通、反射、传输线的校准，以消除整套校准系统(包括网络分析仪、电缆、校准夹具)引入的影响量。

7.2.1.3 把被测的电磁耦合钳加入夹具中，见图 5。电磁耦合钳的位置应符合附录 D 中的要求，电磁耦合钳信号注入端口端接 50 Ω 负载(一般为 N 型或 BNC 型接口)。

7.2.1.4 网络分析仪分别测量 4 个 S 参数 S_{11}、S_{12}、S_{21}、S_{22} 的复数形式，记录于附录 A 中。

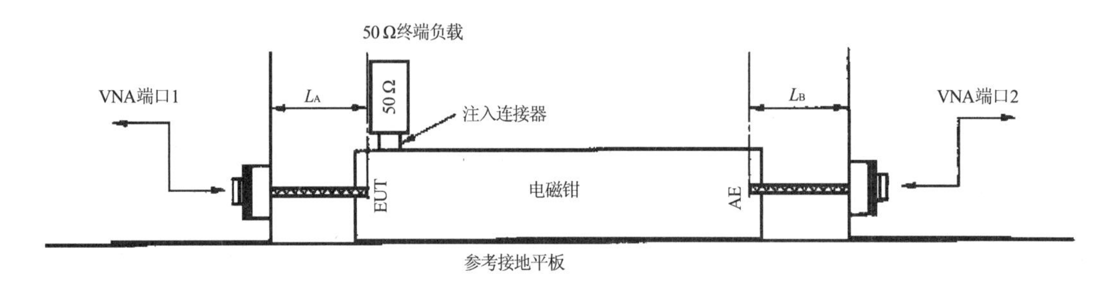

图5　输入阻抗/去耦系数的校准布置

7.2.2　测量数据转换

7.2.2.1 中的 S 参数是用网络分析仪在 50 Ω 系统中测量得到的，然而校准夹具的特性阻抗Z'_{ref}通常不是 50 Ω，取决于接地平板上方电磁耦合钳开口的高度。使用 A、B、C、D 参数进行转换，可使用公式（1）~（12）得到一组独立于Z_{ref}的转换参数：

注：所有计算 S 参数均为复数形式

$$Z_{ref}=50\ \Omega \tag{1}$$

$$A=\frac{(1+S_{11})(1-S_{22})+S_{12}S_{21}}{2\ S_{21}} \tag{2}$$

$$B=\frac{(1+S_{11})(1+S_{22})-S_{12}S_{21}}{2\ S_{21}}*Z_{ref} \tag{3}$$

$$C=\frac{(1-S_{11})(1-S_{22})-S_{12}S_{21}}{2\ S_{21}}/Z_{ref} \tag{4}$$

$$D=\frac{(1-S_{11})(1+S_{22})+S_{12}S_{21}}{2\ S_{21}} \tag{5}$$

以 A、B、C、D 参数为依据，可以计算出一组基于校准夹具特性阻抗Z'_{ref}的 S 参数。

$$Z'_{ref}=60\Omega\cosh^{-1}\left(\frac{2h}{d}\right) \tag{6}$$

上式中：d 为夹具的导体直径（定义为 4 mm）；

h 为夹具的导体中心在接地平板上方的高度。

$$B'=B/Z'_{ref} \tag{7}$$

$$C'=C*Z'_{ref} \tag{8}$$

$$S'_{11}=\frac{A+B'-C'-D}{A+B'+C'+D} \tag{9}$$

$$S'_{12}=\frac{2(AD-BC)}{A+B'+C'+D} \tag{10}$$

$$S'_{21}=\frac{2}{A+B'+C'+D} \tag{11}$$

$$S'_{22}=\frac{-A+B'-C'+D}{A+B'+C'+D} \tag{12}$$

7.2.3　输入阻抗的计算

输入阻抗由式(13)给出：

$$Z_{in} = Z'_{ref}\frac{1 + S'_{11}}{1 - S'_{11}} \quad (13)$$

7.3　去耦系数

使用7.2.1和7.2.2所述的校准布置步骤和数据转换方法，去耦系数由式(14)计算得到：

$$a[dB] = 20\log_{10}(ABS(S'_{21})) \quad (14)$$

7.4　耦合系数

7.4.1　耦合系数的校准夹具与附录D中描述的校准夹具结构尺寸一样，垂直参考平板两端各增加一个100 Ω适配器，圆柱形金属杆的高度调整为钳开口的底部位置，电缆连接校准夹具端各接入一个10 dB衰减器，以减小失配影响。

7.4.2　网络分析仪设置为S_{21}模式，频率范围设定为100 kHz～1000 MHz，将垂直参考平板通过圆柱形金属杆背对背连接在接地平板进行归一化校准(见图6)。

7.4.3　按图7在校准夹具中加入电磁耦合钳，电磁耦合钳的位置应符合附录D中的要求，把网络分析仪端口1的电缆连接到电磁耦合钳的信号注入端口，端口2保持不变，原来校准夹具连接端口1一端接50 Ω终端负载。

7.4.4　使用网络分析仪的mark功能，记录相应频率点的测量结果于附录A中，单位为dB。

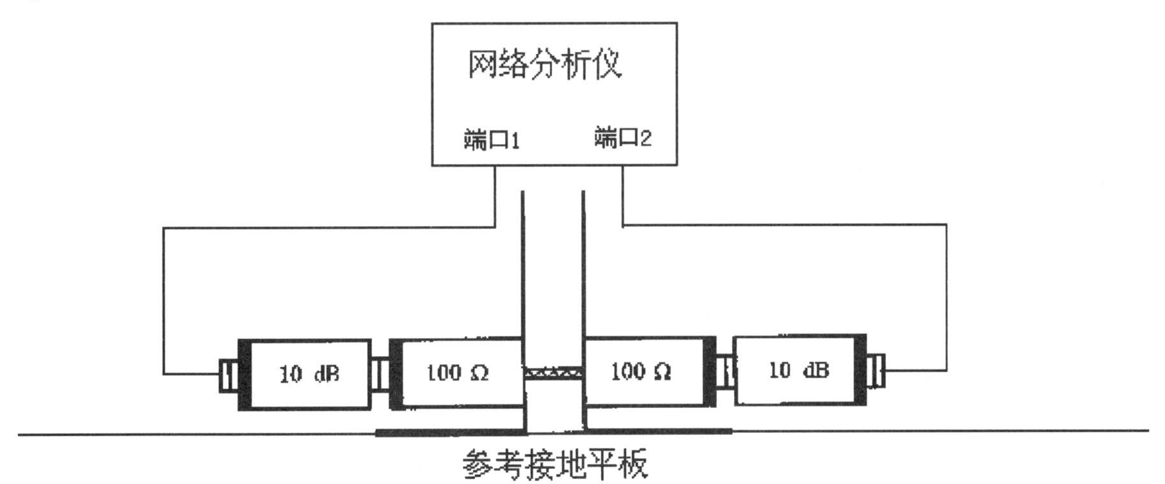

图6　耦合系数校准的归一化布置

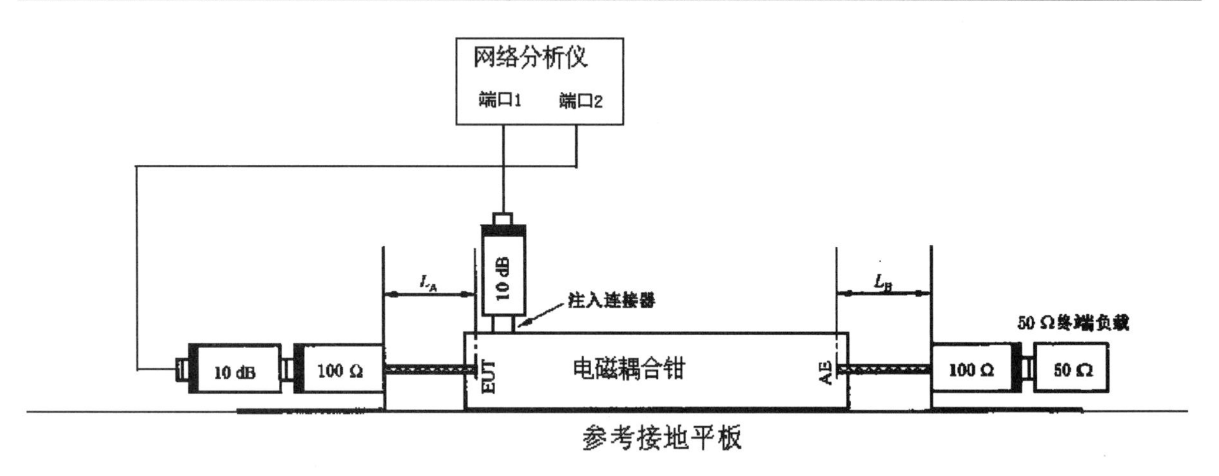

图7　耦合系数的校准布置

8　校准结果表达

校准后，出具校准证书。校准证书至少应包含以下信息：

a）标题：“校准证书”；

b）实验室名称和地址；

c）进行校准的地点（如果与实验室的地址不同）；

d）证书的唯一性标识（如编号），每页及总页数的标识；

e）客户的名称和地址；

f）被校对象的描述和明确标识；

g）进行校准的日期，如果与校准结果的有效性和应用有关时，应说明被校对象的接收日期；

h）如果与校准结果的有效性应用有关时，应对被校样品的抽样程序进行说明；

i）校准所依据的技术规范的标识，包括名称及代号；

j）本次校准所用测量标准的溯源性及有效性说明；

k）校准环境的描述；

l）校准结果及其测量不确定度的说明；

m）对校准规范的偏离的说明；

n）校准证书签发人的签名或等效标识；

o）校准结果仅对被校对象有效的说明；

p）未经实验室书面批准，不得部分复制证书的声明。

9　复校时间间隔

电磁耦合钳的复校时间间隔一般不超过12个月。由于复校时间间隔的长短是由仪器的使用情况、使用者、仪器本身质量等诸多因素所决定的，因此，送校单位可根据实际使用情况自主决定复校时间间隔。

附录 A

原始记录格式

A.1 外观及工作正常性检查

表 A.1 外观及工作正常性检查

项目	检查结果
外观检查	正常/不正常
工作正常性检查	正常/不正常

A.2 输入阻抗特性（S 参数记录复数，校准结果计算参照 7.2.2 与 7.2.3）

表 A.2 输入阻抗

频率/MHz	S_{11}	S_{12}	S_{21}	S_{22}	标称值/Ω	标准值/Ω	误差/Ω	扩展不确定度（$k=2$）
0.1								
…								
100								

A.3 去耦系数（S 参数记录复数，校准结果计算参照 7.2.2 与 7.3）

表 A.3 去耦系数

频率/MHz	S_{11}	S_{12}	S_{21}	S_{22}	标称值/ dB	标准值/ dB	误差/ dB	扩展不确定度（$k=2$）
0.1								
…								
100								

A.4 耦合系数

表 A.4 耦合系数

频率/MHz	标称值/ dB	标准值/ dB	误差/ dB	扩展不确定度（$k=2$）
0.1				
…				
1000				

注：原始记录可以通过网络分析仪的数据存储功能生成文件，再通过软件换算出最终结果。

附录 B

校准证书内页格式

B.1 外观及工作正常性检查

表 B.1 外观及工作正常性检查

项目	检查结果
外观检查	正常/不正常
工作正常性检查	正常/不正常

B.2 输入阻抗

表 B.2 输入阻抗

频率/MHz	标称值/Ω	标准值/Ω	误差/Ω	扩展不确定度($k=2$)
0.1	250			
0.3	275			
0.5	280			
1	278			
3	285			
5	290			
10	285			
30	210			
50	143			
100	95			

B.3 去耦系数

表 B.3 去耦系数

频率/MHz	标称值/ dB	标准值/dB	误差/dB	扩展不确定度($k=2$)
0.1	-0.3			
0.3	-0.5			
0.5	-0.7			
1	-0.8			
3	-0.9			
5	-1.0			
10	-1.2			
30	-2.5			
50	-3.8			
100	-6.0			

B.4 耦合系数

表 B.4 耦合系数

频率/MHz	标称值/dB	标准值/dB	误差/dB	扩展不确定度($k=2$)
0.1	0			
0.3	0			
0.5	0			
1	0			
3	0			
5	0			
10	0			
30	0			
100	0			
300	0			
500	0			
1000	0			

注：校准证书也可附加软件生成的曲线图。

附录 C

测量不确定度评定示例

C.1 耦合系数结果不确定度的评定

C1.1 测量模型

参照条款7.4的校准方法，耦合系数为空夹具时的插入损耗与加入电磁耦合钳时插入损耗的差值。

$$y=\delta y_1-\delta y_2 \qquad (C.1)$$

式中：

y ——耦合系数（dB）；

δy_1 ——空夹具时的插入损耗（dB）；

δy_2 ——加入电磁耦合钳后的插入损耗（dB）。

C.1.2 不确定度来源

由于耦合系数的测量结果为相对值，可以先连接适配器进行归一化校准，网络分析仪信号源电平输出最大允许误差、频率响应、电缆的衰减误差等可以忽略不计，它们的短期稳定性、网络分析仪噪声本底接近度的误差等因素引入的不确定度相比主要误差源引入的不确定度很小，故忽略不计。测量结果的主要不确定度来源如下：

a）测量重复性引入的不确定度分量 u_1；

b）网络分析仪与校准夹具之间端口失配引入的不确定度分量 u_2；

c）网络分析仪与电磁耦合钳之间端口失配引入的不确定度分量 u_3；

d）校准夹具传输线在钳开口中心的位置误差引入的不确定度分量 u_4；

e）校准夹具垂直板与钳参考点的距离误差引入的不确定度分量 u_5。

C.1.3 标准不确定度评定

C.1.3.1 测量重复性误差引入的不确定度分量 u_1

对型号EM101电磁耦合钳的10 MHz频率点的耦合系数进行10次重复性测量，结果如下：

单位：dB

1	2	3	4	5
1.57	1.23	1.66	1.15	1.35
6	7	8	9	10
1.30	1.76	1.90	1.36	1.80

算术平均值为：$\bar{x}_1=\frac{1}{10}\sum_{k=1}^{10}x_k=1.51\ \text{dB}$ (C.2)

$$标准不确定度：u_1=\sqrt{\frac{\sum_{k=1}^{10}(x_k-\bar{x}_1)^2}{9}}=0.26\ \text{dB} \quad (C.3)$$

C.1.3.2 网络分析仪与校准夹具之间端口失配引入的不确定度分量 u_2

网络分析仪与校准夹具之间端口失配误差由多次重复实验测量得出，为0.6 dB，服从反正弦分布，$k=\sqrt{2}$

$$u_2=0.6/\sqrt{2}=0.43\ \text{dB} \quad (C.4)$$

C.1.3.3 网络分析仪与电磁耦合钳之间端口失配引入的不确定度分量 u_3

网络分析仪与电磁耦合钳之间端口失配误差由多次重复实验测量得出，为0.6 dB，服从反正弦分布，$k=\sqrt{2}$

$$u_3=0.6/\sqrt{2}=0.43\ \text{dB} \quad (C.5)$$

C.1.3.4 校准夹具传输线在钳开口中心的位置误差引入的不确定度分量 u_4

校准夹具传输线的位置误差约为1.0 dB，服从均匀分布，$k=\sqrt{3}$

$$u_4=1/\sqrt{3}=0.58\ \text{dB} \quad (C.6)$$

C.1.3.5 校准夹具垂直板与钳参考点的距离误差引入的不确定度分量 u_5

校准夹具垂直板与钳参考点的距离误差为1.0 dB，服从均匀分布，$k=\sqrt{3}$

$$u_5=1/\sqrt{3}=0.58\ \text{dB} \quad (C.7)$$

C.1.3.6 标准不确定度分量一览表

不确定度来源分析，标准不确定度评定，标准不确定度分量一览表（推荐型式）

不确定度来源	标准不确定度		灵敏系数	标准不确定度分量
	符号	数值		
测量重复性	u_1	0.26 dB	1	0.26 dB
网络分析仪与校准夹具之间失配	u_2	0.43 dB	1	0.43 dB
网络分析仪与电磁耦合钳之间失配	u_3	0.43 dB	1	0.43 dB
校准夹具传输线在钳开口中心的位置误差	u_4	0.58 dB	1	0.58 dB
校准夹具垂直板与钳参考点的距离误差	u_5	0.58 dB	1	0.58 dB

C.1.4 合成标准不确定度

测量结果的各个不确定度分量按独立不相关考虑，合成不确定度 u_c 的计算公式：

$$u_c=\sqrt{\sum_{i=1}^{n}u_i^2} \quad (C.8)$$

$u_c=1.1$ dB

C.1.5 扩展不确定度

取包含因子 $k=2$，扩展不确定度 $U=ku_c$，则：

$U=2.2$ dB

附录 D

校准夹具规范

如图 D.1 ~ 图 D.3 所示，用于测量电磁耦合钳 S 参数的校准夹具在金属板（参考接地平面）上方具有一根圆柱形金属杆。校准夹具由三个部分组成：两个带有 50 Ω 连接器的参考平面，以及在这两个参考平面间的一条传输线（圆柱形金属杆）。圆柱形金属杆的长度（$L_A + L_B + L_{参考}$）的尺寸见图 D.2。电磁耦合钳参考点（第一个磁芯）与夹具垂直金属板边缘之间的距离L_A和L_B应满足 30 mm ± 5 mm，$L_{参考}$与电磁耦合钳的长度一样。圆柱形金属杆的直径 d 为 4 mm，高度 h 与电磁耦合钳开口的中心位置保持一致，典型值为 50 mm ~70 mm。参考接地平面的尺寸应超出校准布置各边缘至少 0.2 m。

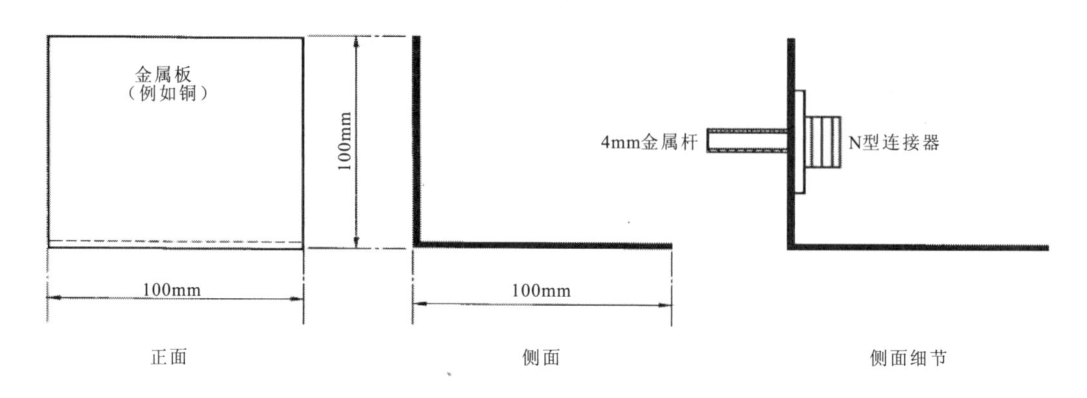

图 D.1　参考平面尺寸

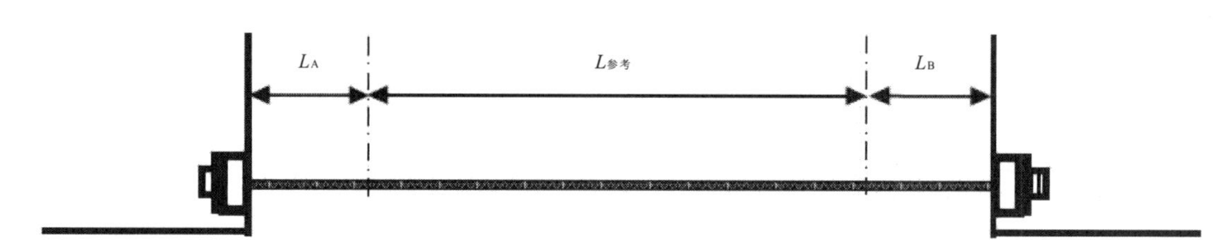

图 D.2　校准夹具

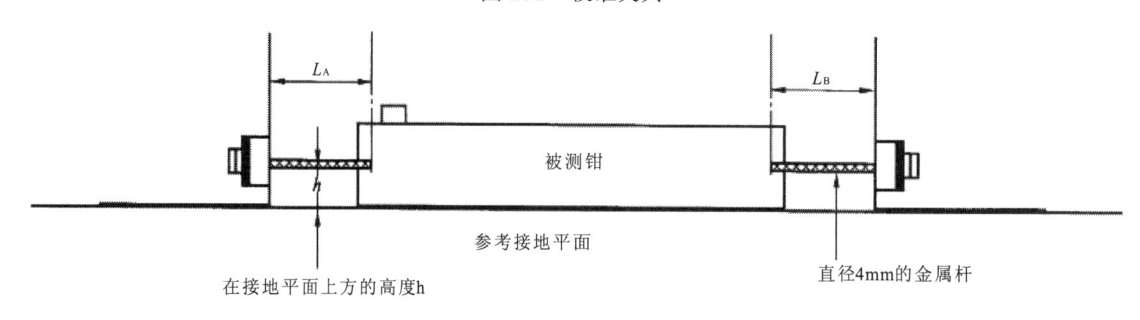

图 D.3　加入被测电磁耦合钳后的校准夹具

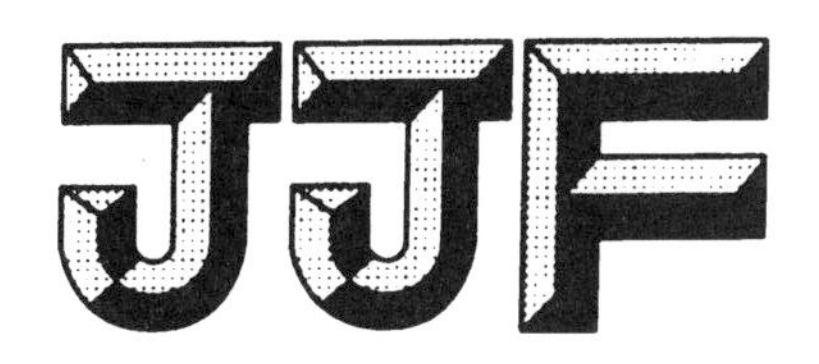

中华人民共和国工业和信息化部电子计量技术规范

JJF（电子）0032—2019

飞机供电特性直流阶跃电压发生器校准规范

Calibration Specification of DC Step Voltage Generators with Aircraft Electric Power Characteristics

2019－08－26 发布　　2019－12－01 实施

中华人民共和国工业和信息化部　发布

飞机供电特性直流阶跃电压发生器校准规范

JJF（电子）0032—2019

Calibration Specification of DC Step Voltage Generators with Aircraft Electric Power Characteristics

归 口 单 位：中国电子技术标准化研究院

主要起草单位：中国电子科技集团公司第二十研究所

参加起草单位：中国电子科技集团公司第十三研究所

本规范技术条文委托起草单位负责解释

本规范主要起草人：

刘　洋（中国电子科技集团公司第二十研究所）

刘红煜（中国电子科技集团公司第二十研究所）

李　娜（中国电子科技集团公司第二十研究所）

乔玉娥（中国电子科技集团公司第十三研究所）

吴爱华（中国电子科技集团公司第十三研究所）

参加起草人：

方雪梅（中国电子科技集团公司第二十研究所）

梁法国（中国电子科技集团公司第十三研究所）

陈耀明（中国电子科技集团公司第二十研究所）

张　伟（中国电子科技集团公司第二十研究所）

陆　强（中国电子科技集团公司第二十研究所）

飞机供电特性直流阶跃电压发生器校准规范

目　　录

引　　言

本规范依据国家计量技术规范 JJF 1071—2010《国家计量技术规范编写规则》和 JJF 1059.1—2012《测量不确定度评定与表示》编制。

本规范为首次在国内发布。

飞机供电特性直流阶跃电压发生器校准规范

1 范围

本校准规范适用于符合GJB181B—2012《飞机供电特性》所规定的直流阶跃电压发生器(以下简称电压发生器)的校准。

2 引用文件

GJB 181B—2012　飞机供电特性

GJB 5189—2003　飞机供电特性参数测试方法

注:凡是注日期的引用文件,仅注日期的版本适用于本规范;凡是不注日期的引用文件,其最新版本(包括所有的修改单)适用于本规范。

3 术语和计量单位

3.1 稳态直流电压(stable DC voltage)

在不大于1s的时间间隔内,电压发生器输出直流瞬时电压的时间平均值,通常为机载用电设备的额定电压,单位是V。

3.2 耐欠压电压(withstand undervoltage)

电压发生器瞬间输出低于正常稳态值的电压,持续一段时间后再进入稳态,以测试机载设备非正常工作的耐受性能,单位是V。

3.3 耐过压电压(withstand overvoltage)

电压发生器瞬间输出高于正常稳态值的电压,持续一段时间后再进入稳态,以测试机载设备非正常工作的耐受性能,单位是V。

3.4 阶跃电压持续时间(duration of step voltage)

同一个阶跃电压的下降(上升)沿幅度的50%到上升(下降)沿幅度的50%之间的时间间隔。

3.5 阶跃电压间隔时间(interval of step voltage)

相邻两个阶跃电压的下降(上升)沿幅度的50%之间的时间间隔。

4 概述

飞机供电特性直流阶跃电压发生器是通过计算机控制直流电源的稳态电压输出和浪涌电压输出,完成飞机机载用电设备耐瞬态性能测试的重要仪器,能够有效地发现飞机机载设备的潜在故障和误动作,保证了飞机相关设备的正常工作和安全。电压发生器主要由稳压电压源、阶跃电压源、控制电路、动作执行电路及功能选择电路组成,其工作原理如图1所示。

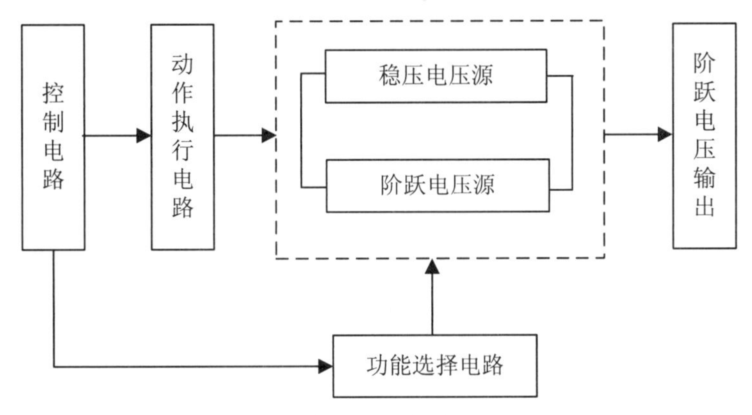

图1　发生器工作原理框图

根据GJB181B—2012中关于直流供电特性的规定,电压发生器可分为28V直流系统和270V直流系统。

5　计量特性

5.1　稳态直流电压

28V直流系统

范围:22V～29V,最大允许误差:±5%;

270V直流系统

范围:250V～280V,最大允许误差:±5%。

5.2　耐欠压电压

28V直流系统

范围:8V～20V,最大允许误差:±5%;

270V直流系统

范围:180V～230V,最大允许误差:±5%。

5.3　耐过压电压

28V直流系统

范围:35V～80V,最大允许误差:±5%;

270V直流系统

范围:300V～350V,最大允许误差:±5%。

5.4　阶跃电压持续时间

范围:0.1ms～59.9s,最大允许误差:±10%。

5.5　阶跃电压间隔时间

范围:0.1s～60s,最大允许误差:±10%。

5.6　阶跃电压上升时间/下降时间

<50μs。

5.7　阶跃电压上冲/下冲

<10%。

6 校准条件

6.1 环境条件

6.1.1 环境温度：(23 ±5)℃。

6.1.2 相对湿度：≤80%。

6.1.3 电源要求：(220 ±22)V，(50 ±1)Hz。

6.1.4 周围无影响正常工作的机械振动和电磁干扰。

6.2 测量标准及其他设备

6.2.1 数字电压表

直流电压测量范围：10mV ~300V，最大允许误差：±1%。

6.2.2 数字示波器

频带宽度：≥100MHz；

电压测量最大允许误差：±1.5%；

时间测量最大允许误差：±1%。

6.2.3 示波器探头

衰减比：10∶1；

频带宽度：≥100MHz。

7 校准项目和校准方法

7.1 外观及工作正常性检查

7.1.1 电压发生器应有明晰的型号、生产编号和制造厂商，送校时应附有使用说明书及全部配套附件。

7.1.2 电压发生器应设有接地端钮，并标明接地符号，接地线应完好无损。

7.1.3 电压发生器结构应完整，并无影响正常工作及读数的机械损伤，输入输出插座应牢靠，开关、按键及旋钮应能正常工作并有明确标志。

7.1.4 接通电源，将过压/欠压开关置于“欠压”状态，“阶跃电压”调整至最小安全电压，电压发生器预热20分钟。

7.2 稳态直流电压

7.2.1 仪器连接如图2所示。

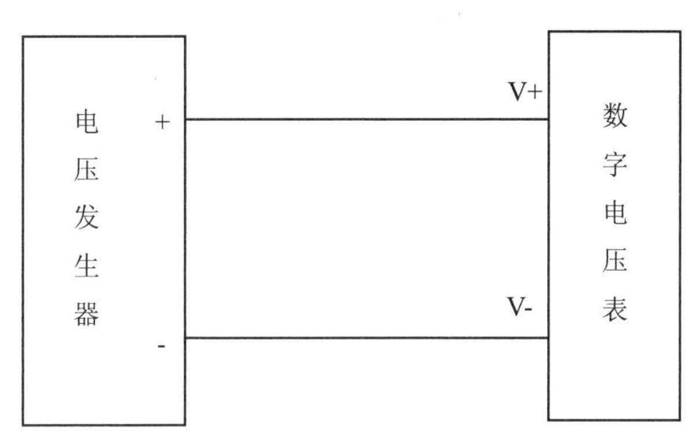

图2 稳态直流电压的校准

7.2.2 将电压发生器的“稳态直流电压”调整至正常工作所需电压28V或270V，“阶跃电压”调整至最小安全电压，“持续时间”和“间隔时间”均设置为电压发生器可调的最小值。

7.2.3 将数字电压表设置为直流电压测量，选择自动量程，按下电压发生器“运行”按钮，记录测量结果至附录A表A.1中。

7.2.4 稳态直流电压的相对误差按公式(1)计算，计算结果记录至附录A表A.2.1中。

$$\delta_T = \frac{U_T - U_{T0}}{U_{T0}} \times 100\% \qquad (1)$$

式中：

δ_T ——稳态直流电压相对误差；

U_T ——稳态直流电压标称值；

U_{T0} ——稳态直流电压测量值。

7.2.5 校准完毕后，将电压发生器的输出关闭。

7.3 耐欠压电压

7.3.1 仪器连接如图3所示。

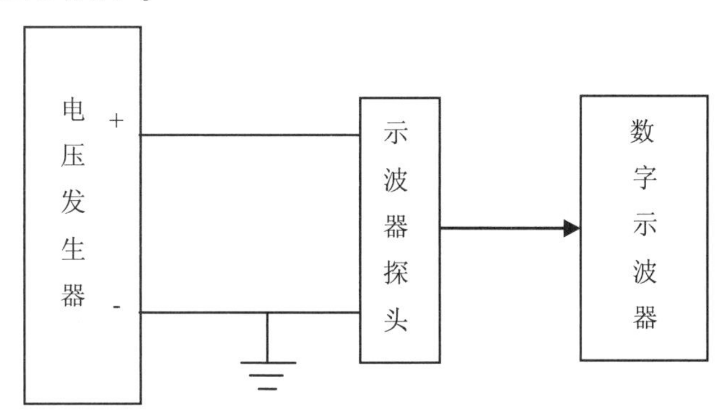

图3 阶跃电压的校准

7.3.2 将电压发生器的“过压/欠压”开关置于“欠压”状态，在耐欠压电压计量范围内均匀选取三个电压作为校准点，如表1所示。将电压发生器“稳态直流电压”调整至正常工作电压28V或270V，“阶跃电压”调整至第一个校准点电压；“持续时间”设置为50ms，“间隔时间”设置为200ms。

表1　阶跃电压校准点设置

波形类型	稳态直流电压值	阶跃电压值
耐欠压电压	28V	8V
		15V
		20V
	270V	180V
		200V
		230V
耐过压电压	28V	35V
		50V
		80V
	270V	300V
		330V
		350V

7.3.3　按下电压发生器“运行”按钮，用示波器捕捉耐欠压波形，使耐欠压波形完整显示，如表2所示；用示波器测量耐欠压电压的值，将测量结果记录在附录A表A.2.2中。

7.3.4　耐欠压电压的相对误差按公式(2)计算，计算结果记录至附录A表A.2.2中。

$$\delta_D = \frac{U_D - U_{D0}}{U_{D0}} \times 100\% \qquad (2)$$

式中：

δ_D ——阶跃电压相对误差；

U_D ——阶跃电压标称值；

U_{D0} ——阶跃电压测量值。

7.3.5　校准完毕后，将电压发生器的输出关闭。

7.3.6　调整电压发生器的“阶跃电压”到其他耐欠压电压校准点，按照7.3.3～7.3.5步骤中的方法测量，并将测量结果记录在附录A表A.2.2中。

表 2 阶跃电压波形

参数类型	波形
耐欠压电压波形	稳态电压 耐欠压电压
耐过压电压波形	耐过压电压 稳态电压

7.4 耐过压电压

7.4.1 仪器连接如图 3 所示。

7.4.2 将电压发生器的“过压/欠压”开关置于“过压”状态，在耐过压电压计量范围内均匀选取三个电压作为校准点，如表 1 所示。将电压发生器的“稳态直流电压”调整至正常工作电压 28V 或 270V，“阶跃电压”调整至第一个校准点电压；“持续时间”设置为 50ms；“间隔时间”设置为 200ms。

7.4.3 按下电压发生器“运行”按钮，用示波器捕捉耐过压波形，使耐过压波形完整显示，如表 2 所示；用示波器测量耐过压电压的值，将测量结果记录在附录 A 表 A.2.3 中。

7.4.4 耐过压电压的相对误差按公式（2）计算，计算结果记录至附录 A 表 A.2.3 中。

7.4.5 校准完毕后，将电压发生器的输出关闭。

7.4.6 调整电压发生器的“阶跃电压”到其他耐过压电压校准点，按照 7.4.3 ~7.4.5 步骤中的方法测量，并将测量结果记录在附录 A 表 A.2.3 中。

7.5 阶跃电压持续时间

7.5.1 仪器连接如图 3 所示。

7.5.2 将电压发生器的“过压/欠压”开关置于“欠压”状态，“稳态直流电压”调整至正常工作电压 28V（或 270V），“阶跃电压”调整至 15V（或 200V）；“持续时间”的校准点在可调范围内按照 1 –5 –10 的步进进行设置，“间隔时间”设置大于“持续时间”，按下电压发生器“运行”按钮。

7.5.3 根据“持续时间”的设置，选择合适的示波器水平灵敏度，使示波器屏幕上能够完整显示一个阶跃电压波形，测量阶跃电压的脉宽，将测量结果记录在附录 A 表 A.2.4 中。

7.5.4 阶跃电压持续时间的相对误差按公式（3）计算，计算结果记录至附录 A 表 A.2.4 中。

$$\delta_T = \frac{T - T_0}{T_0} \times 100\% \qquad (3)$$

式中：

δ_T ——阶跃电压持续时间/间隔时间相对误差；

T ——阶跃电压持续时间/间隔时间标称值；

T_0 ——阶跃电压持续时间/间隔时间测量值。

7.5.5 校准完毕后，将电压发生器的输出关闭。

7.6 阶跃电压间隔时间

7.6.1 仪器连接如图3所示。

7.6.2 将电压发生器的“过压/欠压”开关置于“欠压”状态，“稳态直流电压”调整至正常工作电压28V（或270V），“阶跃电压”调整至15V（或200V）；“间隔时间”校准点在可调范围内按照1－5－10的步进进行设置，“持续时间”设置小于“间隔时间”，按下电压发生器“运行”按钮。

7.6.3 根据“时间间隔”的设置，选择合适的示波器水平灵敏度，使示波器屏幕上能够完整显示两个以上阶跃电压波形，测量相邻两个阶跃电压之间的时间间隔，将测量结果记录在附录A表A.2.5中。

7.6.4 阶跃电压间隔时间的相对误差按公式(3)计算，计算结果记录至附录A表A.2.5中。

7.6.5 校准完毕后，将电压发生器的输出关闭。

7.7 阶跃电压上升时间/下降时间

7.7.1 仪器连接如图3所示。

7.7.2 将电压发生器的“过压/欠压”开关置于“过压”状态，“稳态直流电压”调整至正常工作电压28V（或270V），“阶跃电压”调整至35V（或300V）；“持续时间”设置为50ms，“间隔时间”设置为200ms，按下电压发生器“运行”按钮。

7.7.3 根据波形参数的设置，选择合适的示波器水平灵敏度，使示波器屏幕上能够完整显示，测量阶跃电压的上升时间，将测量结果记录在附录A表A.2.6中。

7.7.4 校准完毕后，将电压发生器的输出关闭。

7.7.5 将电压发生器的“过压/欠压”开关置于“欠压”状态，“稳态直流电压”保持正常工作电压28V（或270V）不变，“阶跃电压”调整至20V（或230V），其他设置不变，按下电压发生器“运行”按钮。

7.7.6 根据波形参数的设置，选择合适的示波器水平灵敏度，使示波器屏幕上能够完整显示，测量阶跃电压的下降时间，将测量结果记录在附录A表A.2.6中。校准完毕后，将电压发生器的输出关闭。

7.8 阶跃电压上冲/下冲

7.8.1 仪器连接如图3所示。

7.8.2 按照步骤7.7.2中的方法对电压发生器进行设置，用示波器测量阶跃电压的上冲，将测量结果记录在附录A表A.2.7中；校准完毕后，将电压发生器的输出关闭。

7.8.3 按照步骤7.7.5中的方法对电压发生器进行设置，用示波器测量阶跃电压的下冲，将测量结果记录在附录A表A.2.7中；校准完毕后，将电压发生器的输出关闭。

8 校准结果表达

校准完成后的测试仪应出具校准证书。校准证书应至少包含以下信息：

a） 标题："校准证书"；

b） 实验室名称和地址；

c） 进行校准的地点(如果与实验室的地址不同)；

d） 证书的唯一性标识(如编号)，每页和总页数的标识；

e） 客户的名称和地址；

f） 被校对象的描述和明确标识；

g） 进行校准的日期，如果与校准结果的有效性和应用有关时，应说明被校对象的接收日期；

h） 如果与校准结果有效性应用有关时，应对被校样品的抽样程序进行说明；

i） 校准所依据的技术规范的标识，包括名称及代号；

j） 本次校准所用测量标准的溯源性及有效性说明；

k） 校准环境的描述；

l） 校准结果及其测量不确定度的说明；

m） 对校准规范的偏离的说明；

n） 校准证书或校准报告签发人的签名、职务或等效标识；

o） 校准结果仅对被校对象有效的声明；

p） 未经实验室书面批准，不得部分复制证书的声明。

9 复校时间间隔

电压发生器的复校时间间隔一般不超过12个月。由于复校时间间隔的长短是由仪器的使用情况、使用者、仪器本身质量等诸因素所决定的，因此，送校单位可根据实际使用情况自主决定复校时间间隔。

附录 A

原始记录格式

A.1 外观及工作正常性检查

□正常　　□不正常

A.2 校准结果

A.2.1 稳态直流电压测量

表 A.2.1 稳态直流电压测量

标称值/V	测量值/V	相对误差/%	测量不确定度($k=2$)

A.2.2 耐欠压电压测量

表 A.2.2 耐欠压电压测量

稳态直流电压设定值/V	耐欠压电压标称值/V	耐欠压电压测量值/V	相对误差/%	测量不确定度($k=2$)

A.2.3 耐过压电压测量

表 A.2.3 耐过压电压测量

稳态直流电压设定值/V	耐过压电压标称值/V	耐过压电压测量值/V	相对误差/%	测量不确定度($k=2$)

A.2.4 阶跃电压持续时间测量

表 A.2.4 阶跃电压持续时间测量

阶跃电压持续时间设定值	阶跃电压持续时间测量值	相对误差/%	测量不确定度（$k=2$）
0.1ms			
0.5ms			
1ms			
5ms			
10ms			
50ms			
0.1s			
0.5s			
1s			
5s			
10s			
59.9s			

A.2.5 阶跃电压时间间隔测量

表 A.2.5 阶跃电压时间间隔测量

阶跃电压时间间隔设定值	阶跃电压时间间隔测量值	相对误差/%	测量不确定度（$k=2$）
0.1s			
0.5s			
1s			
5s			
10s			
50s			
60s			

A.2.6　阶跃电压上升时间/下降时间测量

表 A.2.6　阶跃电压上升时间/下降时间测量

<table>
<tr><td rowspan="2">耐过压电压</td><td>上升时间测量值/μs</td></tr>
<tr><td></td></tr>
<tr><td rowspan="2">耐欠压电压</td><td>下降时间测量值/μs</td></tr>
<tr><td></td></tr>
</table>

A.2.7　阶跃电压上冲/下冲测量

表 A.2.7　阶跃电压上冲/下冲测量

<table>
<tr><td rowspan="2">耐过压电压</td><td>上冲测量值/%</td></tr>
<tr><td></td></tr>
<tr><td rowspan="2">耐欠压电压</td><td>下冲测量值/%</td></tr>
<tr><td></td></tr>
</table>

附录 B

校准证书内页格式

B.1　外观及工作正常性检查

□正常　　□不正常

B.2　校准结果

B.2.1　稳态直流电压测量

表 B.2.1　稳态直流电压测量

标称值/V	测量值/V	相对误差/%	测量不确定度($k=2$)

B.2.2　耐欠压电压测量

表 B.2.2　耐欠压电压测量

稳态直流电压设定值/V	耐欠压电压标称值/V	耐欠压电压测量值/V	相对误差/%	测量不确定度($k=2$)

B.2.3　耐过压电压测量

表 B.2.3　耐过压电压测量

稳态直流电压设定值/V	耐过压电压标称值/V	耐过压电压测量值/V	相对误差/%	测量不确定度($k=2$)

B.2.4　阶跃电压持续时间测量

表 B.2.4　阶跃电压持续时间测量

阶跃电压持续时间设定值	阶跃电压持续时间测量值	相对误差/%	测量不确定度($k=2$)
0.1ms			
0.5ms			
1ms			
5ms			
10ms			
50ms			
0.1s			
0.5s			
1s			
5s			
10s			
59.9s			

B.2.5　阶跃电压时间间隔测量

表 B.2.5　阶跃电压时间间隔测量

阶跃电压时间间隔设定值	阶跃电压时间间隔测量值	相对误差/%	测量不确定度($k=2$)
0.1s			
0.5s			
1s			
5s			
10s			
50s			
60s			

B.2.6 阶跃电压上升时间/下降时间测量

表 B.2.6 阶跃电压上升时间/下降时间测量

<table>
<tr><td rowspan="2">耐过压电压</td><td>上升时间测量值/μs</td></tr>
<tr><td></td></tr>
<tr><td rowspan="2">耐欠压电压</td><td>下降时间测量值/μs</td></tr>
<tr><td></td></tr>
</table>

B.2.7 阶跃电压上冲/下冲测量

表 B.2.7 阶跃电压上冲/下冲测量

<table>
<tr><td rowspan="2">耐过压电压</td><td>上冲测量值/%</td></tr>
<tr><td></td></tr>
<tr><td rowspan="2">耐欠压电压</td><td>下冲测量值/%</td></tr>
<tr><td></td></tr>
</table>

附录 C

主要项目校准结果不确定度评定示例

C.1 稳态直流电压的测量不确定度评定

C.1.1 测量方法

稳态直流电压的测量使用的标准仪器为数字多用表 HP34401A。用直接测量的方法。因此建立稳态直流电压输出量 y 与输入量 x 的测量模型为：

$$y = x$$

C.1.2 稳态直流电压测量的不确定度来源

C.1.2.1 数字多用表 HP34401A 的误差极限引入的不确定度 u_1；

C.1.2.2 数字多用表 HP34401A 的有效位数取舍引入的不确定度 u_2；

C.1.2.3 测量结果的重复性引入的不确定度 u_3。

C.1.3 稳态直流电压测量结果的不确定度评定

C.1.3.1 数字多用表 HP34401A 的误差极限引入的不确定度 u_1，按 B 类评定，HP34401A 在(28V)测量时的误差极限：±(0.4% 读数 +0.06% 量程)，假设为均匀分布($k=\sqrt{3}$)，则：

$$u_1 = (0.4\% \times 28 + 0.06\% \times 100)/(\sqrt{3} \times 28) = 0.355\%$$

C.1.3.2 数字多用表 HP34401A 的有效位数取舍引入的不确定度 u_2，按 B 类评定，HP34401A 在(28V)测量时，有效位数为 0.001V，假设为均匀分布($k=\sqrt{3}$)，则：

$$u_2 = 0.001/(28 \times 2\sqrt{3}) \times 100\% = 0.001\%$$

C.1.3.3 测量结果的重复性引入的不确定度 u_3，按 A 类评定，对测量点重复测量 10 次，用测量值的算术平均值的实验标准偏差计算：

$$u_3 = \sqrt{\frac{\sum_{i=1}^{n}(x_i - \bar{x})^2}{n(n-1)}}$$

其中，$n=10$；

x_i ——被测量 x 的第 i 次观测值；

$\bar{x}$ ——n 次观测值的算术平均值；

稳态直流电压连续测量 10 次，得到如下数据，见表 C.1。

表 C.1 稳态直流电压测量值

次数	1	2	3	4	5	6	7	8	9	10
测量值/V	28.213	28.215	28.211	28.214	28.211	28.213	28.215	28.213	28.213	28.211

$$\bar{x}=28.2129\mathrm{V}$$

$$u_3=0.05\%$$

C.1.4　稳态直流电压测量结果的合成不确定度 u

各不确定度分量不相关,分量间按不确定度方和根法合成。

$$u_c=\sqrt{u_1^2+u_2^2+u_3^2}=0.36\%$$

C.1.5　稳态直流电压测量结果的扩展不确定度 U ,取 $k=2$,则:

$$U_{rel}=ku_c=k\sqrt{u_1^2+u_2^2+u_3^2}=0.72\%$$

C.2　阶跃电压测量的不确定度评定

C.2.1　测量方法

阶跃电压测量使用的标准仪器为数字示波器 DPO4104B。用直接测量的方法。因此建立阶跃电压输出量 y 与输入量 x 的测量模型为:

$$y=x$$

C.2.2　阶跃电压测量的不确定度来源

C.2.2.1　数字示波器 DPO4104B 的误差极限引入的不确定度 u_1;

C.2.2.2　数字示波器 DPO4104B 的有效位数取舍引入的不确定度 u_2;

C.2.2.3　测量结果的重复性引入的不确定度 u_3。

C.2.3　阶跃电压测量结果的不确定度评定

C.2.3.1　数字示波器 DPO4104B 的误差极限引入的不确定度 u_1,按 B 类评定,DPO4104B 在(80V)测量时需要配合示波器探头,其共同的误差极限为:±2%读数,假设为均匀分布($k=\sqrt{3}$),则:

$$u_1=(2\%\times 80)/(\sqrt{3}\times 80)=1.15\%$$

C.2.3.2　数字示波器 DPO4104B 的有效位数取舍引入的不确定度 u_2,按 B 类评定,DPO4104B 在(80V)测量时,有效位数为 0.1V,假设为均匀分布($k=\sqrt{3}$),则:

$$u_2=0.1/(80\times 2\sqrt{3})\times 100\%=0.036\%$$

C.2.3.3　测量结果的重复性引入的不确定度 u_3,按 A 类评定,对测量点重复测量 10 次,用测量值的算术平均值的实验标准偏差计算:

$$u_3=\sqrt{\frac{\sum_{i=1}^{n}(x_i-\bar{x})^2}{n(n-1)}}$$

其中,$n=10$;

x_i　——被测量 x 的第 i 次观测值;

$\bar{x}$　——n 次观测值的算术平均值;

阶跃电压连续测量 10 次,得到如下数据,见表 C.2。

表 C.2　阶跃电压测量值

次数	1	2	3	4	5	6	7	8	9	10
测量值/ V	81.3	81.2	81.3	81.2	81.2	81.2	81.2	81.3	81.3	81.3

$$\bar{x}=81.25\text{V}$$

$$u_3=1.67\%$$

C.2.4　阶跃电压测量结果的合成不确定度 u

各不确定度分量不相关，分量间按不确定度方和根法合成。

$$u_c=\sqrt{u_1^2+u_2^2+u_3^2}=2.0\%$$

C.2.5　阶跃电压测量结果的扩展不确定度 U

置信概率 $p=95\%$，$k=2$，则：

$$U_{rel}=ku_c=k\sqrt{u_1^2+u_2^2+u_3^2}=4.0\%$$

C.3　阶跃电压持续时间测量的不确定度评定

C.3.1　测量方法

阶跃电压持续时间测量使用的标准仪器为 DPO4104B 数字示波器。用直接测量的方法。因此建立持续时间输出量 y 与输入量 x 的测量模型为：

$$y=x$$

C.3.2　阶跃电压持续时间测量的不确定度来源

C.3.2.1　数字示波器 DPO4104B 的误差极限引入的不确定度 u_1；

C.3.2.2　数字示波器 DPO4104B 的有效位数取舍引入的不确定度 u_2；

C.3.2.3　测量结果的重复性引入的不确定度 u_3。

C.3.3　阶跃电压持续时间测量结果的不确定度评定

C.3.3.1　数字示波器 DPO4104B 的时间测量误差极限引入的不确定度 u_1，按 B 类评定，DPO4104B 在(50ms)测量时的误差极限：5×10^{-6}读数，假设为均匀分布($k=\sqrt{3}$)，则：

$$u_1=(5\times10^{-6}\times50)/(\sqrt{3}\times50)=2.89\times10^{-6}$$

C.3.3.2　数字示波器 DPO4104B 的有效位数取舍引入的不确定度 u_2，按 B 类评定，DPO4104B 数字示波器在(50ms)测量时，有效位数为 0.01ms，假设为均匀分布($k=\sqrt{3}$)，则：

$$u_2=0.01/(2\sqrt{3}\times50)=6\times10^{-5}$$

C.3.3.3　测量结果的重复性引入的不确定度 u_3，按 A 类评定，对测量点重复测量 10 次，用测量值的算术平均值的实验标准偏差计算：

$$u_3=\sqrt{\frac{\sum_{i=1}^{n}(x_i-\bar{x})^2}{n(n-1)}}$$

其中，$n=10$；

x_i ——被测量 x 的第 i 次观测值；

$\bar{x}$ ——n 次观测值的算术平均值；

持续时间连续测量 10 次，得到如下数据，见表 C.3。

表 C.3　阶跃电压持续时间测量值

次数	1	2	3	4	5	6	7	8	9	10
测量值/ms	50.37	50.37	50.37	50.37	50.35	50.37	50.35	50.37	50.35	50.37

$$\bar{x}=50.364\text{ms}$$

$$u_3=0.31\%$$

C.3.4　阶跃电压持续时间测量结果的合成不确定度 u

各不确定度分量不相关，分量间按不确定度方和根法合成。

$$u_c=\sqrt{u_1^2+u_2^2+u_3^2}=0.31\%$$

C.3.5　阶跃电压持续时间测量结果的扩展不确定度 U，取 $k=2$，则：

$$U_{rel}=ku_c=k\sqrt{u_1^2+u_2^2+u_3^2}=0.6\%$$

C.4　阶跃电压间隔时间测量的不确定度评定参照 C.3 方法。

C.5　阶跃电压上升时间测量的不确定度评定

C.5.1　测量方法

阶跃电压持续时间测量使用的标准仪器为 DPO4104B 数字示波器。用直接测量的方法。因此建立持续时间输出量 y 与输入量 x 的测量模型为：

$$y=x$$

C.5.2　阶跃电压持续时间测量的不确定度来源

C.5.2.1　数字示波器 DPO4104B 的时基不准引入的不确定度 u_1；

C.5.2.2　数字示波器 DPO4104B 的带宽引入的不确定度 u_2；

C.5.2.3　示波器探头 P6139A 的带宽引入的不确定度 u_3；

C.5.2.4　测量结果的重复性引入的不确定度 u_4。

C.5.3　阶跃电压持续时间测量结果的不确定度评定

C.5.3.1　数字示波器 DPO4104B 的时基不准引入的不确定度 u_1，DPO4104B 的时基准确度为：$\pm5\times10^{-6}$，按 B 类评定，假设为均匀分布（$k=\sqrt{3}$），则在测量上升时间引入的不确定度分量为：

$$u_1=5\times10^{-6}/\sqrt{3}=2.89\times10^{-6}$$

C.5.3.2　数字示波器 DPO4104B 的带宽引入的不确定度 u_2，DPO4104B 带宽为 1GHz，其固有上升时间为 350ps，由 C.5.3.4 重复性测量可知，阶跃电压上升时间约为 17μs，按 B

类评定，假设为均匀分布（$k=\sqrt{3}$），则：

$$u_2=350/(\sqrt{3}\times 17\times 10^6)\times 100\%=1.2\times 10^{-5}$$

C.5.3.3　示波器探头P6139A的带宽引入的不确定度u_3，P6139A带宽为500MHz，其固有上升时间为700ps，由C.5.3.4重复性测量可知，阶跃电压上升时间约为17μs，按B类评定，假设为均匀分布（$k=\sqrt{3}$），则：

$$u_3=700/(\sqrt{3}\times 17\times 10^6)\times 100\%=2.4\times 10^{-5}$$

C.5.3.4　测量结果的重复性引入的不确定度u_4，按A类评定，对测量点重复测量10次，用测量值的算术平均值的实验标准偏差计算：

$$u_4=\sqrt{\frac{\sum_{i=1}^{n}(x_i-\bar{x})^2}{n(n-1)}}$$

其中，$n=10$；

x_i　——被测量x的第i次观测值；

$\bar{x}$　——n次观测值的算术平均值；

上升时间连续测量10次，得到如下数据，见表C.4。

表C.4　阶跃电压上升时间测量值

次数	1	2	3	4	5	6	7	8	9	10
测量值/μs	16.8	16.8	16.8	16.7	16.8	16.8	16.8	16.8	16.7	16.8

$$\bar{x}=16.78\mu s$$

$$u_4=1.5\%$$

C.5.4　阶跃电压上升时间测量结果的合成不确定度u

各不确定度分量不相关，分量间按不确定度方和根法合成。

$$u_c=\sqrt{u_1^2+u_2^2+u_3^2+u_4^2}=1.5\%$$

C.5.5　阶跃电压上升时间测量结果的扩展不确定度U，取$k=2$，则：

$$U_{rel}=ku_c=k\sqrt{u_1^2+u_2^2+u_3^2+u_4^2}=3\%$$

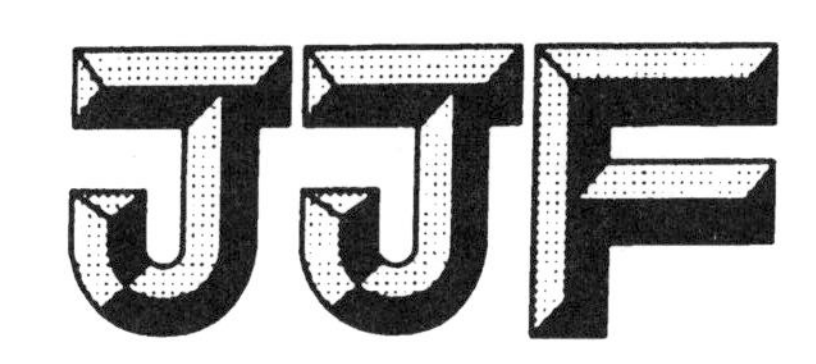

中华人民共和国工业和信息化部电子计量技术规范

JJF（电子）0033—2019

微电子器件测试系统自检模块校准规范

Calibration Specification of Self - checking Modules for Microelectronic Devices Testing Systems

2019 - 08 - 26 发布　　2019 - 12 - 01 实施

中华人民共和国工业和信息化部　发布

微电子器件测试系统
自检模块校准规范

Calibration Specification of
Self－checking Modules for
Microelectronic Devices Testing Systems

JJF（电子）0033—2019

归 口 单 位：中国电子技术标准化研究院

主要起草单位：中国电子技术标准化研究院

参加起草单位：中国电子科技集团公司第二十研究所

中国合格评定国家认可中心

济宁天耕电气有限公司

本规范技术条文委托起草单位负责解释

本规范主要起草人：

李　洁（中国电子技术标准化研究院）

安　平（中国合格评定国家认可中心）

张　珊（中国电子技术标准化研究院）

参加起草人：

刘　冲（中国电子技术标准化研究院）

陆　强（中国电子科技集团公司第二十研究所）

李仰厚（济宁天耕电气有限公司）

微电子器件测试系统自检模块校准规范

目　　录

引　　言

本规范依据 JJF1071—2010《国家计量校准规范编写规则》和 JJF1059.1—2012《测量不确定度评定与表示》编写。

本规范为首次在国内发布。

微电子器件测试系统自检模块校准规范

1　范围

本规范适用于直流电压±(1mV～100V)，直流电阻1mΩ～100MΩ，频率1kHz～100MHz的微电子器件测试系统自检模块(以下简称：自检模块)的校准，也适用于具有上述单一功能或组合功能的自检模块的校准，如被校自检模块超出该范围可参照该规范执行。

2　概述

微电子器件测试系统自检模块主要由各种阻值的标准电阻和其他电子元器件组成，用来模拟静态标准样片，其主要用于微电子器件测试系统日常自行准确性和工作正常性检测，由自检模块提供标准电压、标准电阻和标准频率对微电子器件测试系统内部的测量单元进行检测，来判断测试系统是否在规定的最大允许误差范围内、功能是否正常、是否符合指标要求。自检模块组成框图如图1所示。

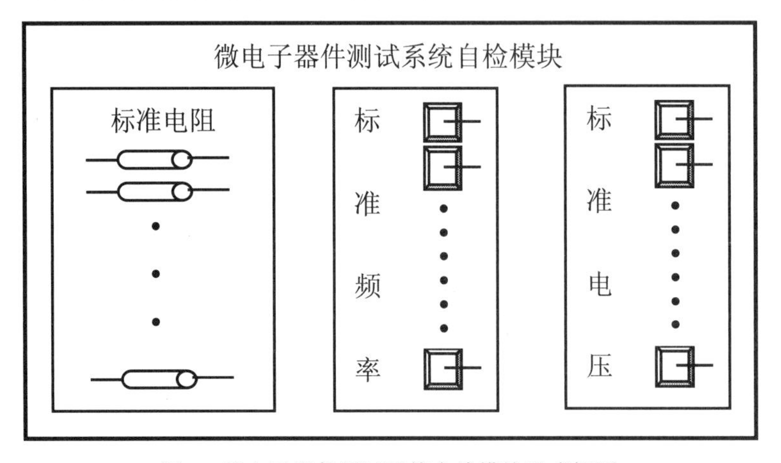

图1　微电子器件测试系统自检模块组成框图

3　计量特性

3.1　直流电压

输出范围：±(1mV～10mV)，最大允许误差：±(1%～0.3%)；

输出范围：±(10mV～100V)，最大允许误差：±(0.3%～0.05%)。

3.2　直流电阻

电阻范围：1mΩ～10Ω，最大允许误差：±(1%～0.1%)；

电阻范围：10Ω～1MΩ，最大允许误差：±(0.1%～0.05%)；

电阻范围：1MΩ～100MΩ，最大允许误差：±(0.05%～0.1%)。

3.3　频率

输出范围：1kHz～100MHz，最大允许误差：±(0.001%～0.1%)。

4 校准条件

4.1 环境条件

4.1.1 环境温度：23℃ ±5℃；

4.1.2 相对湿度：40% ~60%；

4.1.3 电源要求：(220 ±22)V、(50 ±1)Hz；

4.1.4 周围无影响仪器正常工作的电磁干扰和机械振动；

4.1.5 保证校准过程中对静电有严格的防护措施（如仪器的良好接地、防静电工作服及手环使用、被测自检模块的防静电存放等），以免损害仪器和被测自检模块。

4.2 测量标准及其他设备

4.2.1 数字多用表

a) 直流电压测量范围：±(10mV ~100V)，最大允许误差：±(0.05% ~0.01%)；

b) 直流电阻测量范围：1Ω ~100MΩ，最大允许误差：±(0.2% ~0.01%)。

4.2.2 纳伏表

直流电压测量范围：±(1mV ~10mV)，最大允许误差：±(0.1% ~0.05%)。

4.2.4 直流电流源

电流输出范围：0.1A ~10A，最大允许误差：±(0.1% ~0.5%)。

4.2.5 频率计

频率测量范围：1kHz ~100MHz，最大允许误差：$\pm 1 \times 10^{-6}$。

4.2.6 稳压电源

稳定电压输出范围：±(1V ~15V)，最大允许误差：±2%。

5 校准项目和校准方法

5.1 外观及工作正常性检查

5.1.1 被校自检模块应结构完好，模块上的元器件、插针、接线端子等外露件不应损坏或脱落，不应有影响正常工作的机械碰伤，插针、接线端子等连接器不应有接触不良的现象，并记录于附录 A 表 A.1 中；

5.1.2 被校自检模块产品名称、制造厂家、仪器型号和编号等均应有明确标记，并记录于附录 A 表 A.1 中；

5.1.3 校准人员应按要求穿防静电工作服，佩戴防静电手环等，按照被校自检模块使用说明书的要求接线、供电，检查被校自检模块是否能正常工作，并记录于附录 A 表 A.1 中。

5.2 直流输出电压校准

5.2.1 仪器连接如图 2 所示。将稳压电源和被校自检模块的电源输入端相连，按被校自检模块的说明书要求提供自检模块工作的电源电压值；将数字多用表（或纳伏表）和被校自检模块的直流电压输出端相连。

图2　直流输出电压校准示意

5.2.2　当被校自检模块输出直流电压 >10mV 时，使用数字多用表进行校准，≤10mV 时使用纳伏表进行校准。

5.2.3　依次对被校自检模块说明书中要求的点进行校准。

5.2.4　设被校自检模块的电压标称值为 U_b，记录数字多用表（或纳伏表）的电压实测值 U_0，并记录于附录 A 表 A.2 中。

5.2.5　直流电压的示值误差按式（1）计算，并记录于附录 A 表 A.2 中。

$$\delta = \frac{U_b - U_0}{U_0} \times 100\% \qquad (1)$$

式中：

δ ——直流电压的示值误差；

U_b ——被校自检模块的直流输出电压标称值，V；

U_0 ——数字多用表（或纳伏表）的直流电压实测值，V。

5.3　直流电阻校准

5.3.1　当被校自检模块电阻 ≥1Ω 时，仪器连接如图 3 所示。将数字多用表和被校自检模块的直流电阻输出端相连，设置数字多用表为“直流电阻”测量功能。

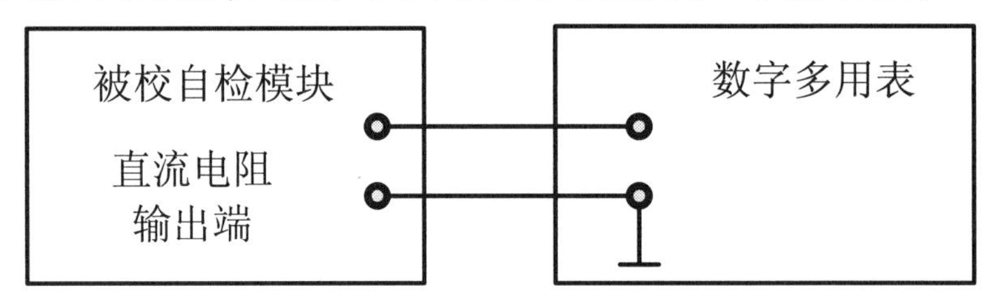

图3　直流电阻≥1Ω 时校准示意

5.3.2　依次对被校自检模块说明书中要求的点进行校准。

5.3.3　设被校自检模块的电阻标称值为 R_{b1}，记录数字多用表的电阻实测值 R_{01}，并记录于附录 A 表 A.3 中。

5.3.4　直流电阻的示值误差按式（2）计算，并记录于附录 A 表 A.3 中。

$$\delta = \frac{R_{b1} - R_{01}}{R_{01}} \times 100\% \qquad (2)$$

式中：

δ ——直流电阻的示值误差；

R_{b1} ——被校自检模块的电阻标称值，Ω；

R_{01}——数字多用表的电阻实测值，Ω。

5.3.5 当被校自检模块电阻 <1Ω 时，仪器连接如图4所示。将直流电流源、数字多用表分别和被校自检模块的直流电阻输出端相连，设置数字多用表为“直流电压”测量功能。

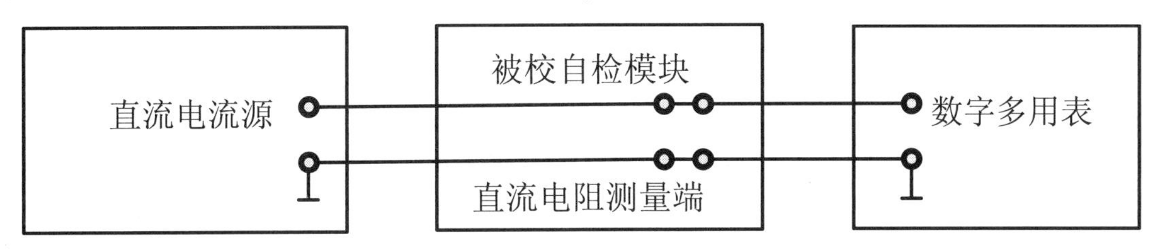

图4 直流电阻 <1Ω 时校准示意

5.3.6 依次对被校自检模块说明书中要求的点进行校准。

5.3.7 设被校自检模块的电阻标称值为 R_{b2}，记录直流电流源的电流输出值 I，数字多用表的电压测量值 U_c，并记录于附录A表A.4中。

5.3.8 直流电阻的示值误差按式(3)计算，并记录于附录A表A.4中。

$$\delta = \frac{R_{b2} - \frac{U_c}{I}}{\frac{U_c}{I}} \times 100\% \qquad (3)$$

式中：

δ ——直流电阻的示值误差；

I ——直流电流源的电流输出值，A；

U_c ——数字多用表的电压测量值，V；

R_{b2}——被校自检模块的电阻标称值，Ω。

5.4 输出频率校准

5.4.1 仪器连接如图5所示。将稳压电源和被校自检模块的电源输入端相连，按被校自检模块的说明书要求提供自检模块工作的电源电压值；将频率计和被校自检模块的频率输出端相连。

图5 输出频率校准示意

5.4.2 依次对被校自检模块说明书中要求的点进行校准。

5.4.3 设被校自检模块的频率标称值为 f_b，记录频率计的频率实测值 f_0，并记录于附录A表A.4中。

5.4.4 输出频率的示值误差按式(4)计算，并记录于附录A表A.5中。

$$\delta = \frac{f_b - f_0}{f_0} \times 100\% \quad (4)$$

式中：

δ ——频率的示值误差；

f_b ——被校自检模块的频率标称值，Hz；

f_0 —— 频率计的频率实测值，Hz。

6 校准结果表达

校准后，出具校准证书。校准证书至少应包含以下信息：

a）标题："校准证书"；

b）实验室名称和地址；

c）进行校准的地点（如果与实验室的地址不同）；

d）证书的唯一性标识（如编号），每页及总页数的标识；

e）客户的名称和地址；

f）被校对象的描述和明确标识；

g）进行校准的日期，如果与校准结果的有效性和应用有关时，应说明被校对象的接收日期；

h）如果与校准结果的有效性应用有关时，应对被校样品的抽样程序进行说明；

i）校准所依据的技术规范的标识，包括名称及代号；

j）本次校准所用测量标准的溯源性及有效性说明；

k）校准环境的描述；

l）校准结果及其测量不确定度的说明；

m）对校准规范的偏离的说明；

n）校准证书签发人的签名、职务或等效标识；

o）校准结果仅对被校对象有效的说明；

p）未经实验室书面批准，不得部分复制证书的声明。

7 复校时间间隔

复校时间间隔由用户根据使用情况自行确定，一般推荐为 1 年。

附录 A

原始记录格式

A.1 外观及工作正常性检查

表 A.1 外观及工作正常性检查

项目	检查结果
外观检查	
工作正常性检查	

A.2 直流电压校准

表 A.2 直流电压校准记录表

直流电压标称值/V	直流电压实测值/V	示值误差	相对测量不确定度（$k=2$）

A.3 直流电阻(≥1Ω)校准

表 A.3 直流电阻(≥1Ω)校准记录表

电阻标称值/Ω	电阻实测值/Ω	示值误差	相对测量不确定度（$k=2$）

A.4 直流电阻(<1Ω)校准

表 A.4 直流电阻(<1Ω)校准记录表

电阻标称值/Ω	电流输出值/A	电压测量值/V	电阻实测值/Ω	示值误差	相对测量不确定度（$k=2$）

A.5 频率校准

表 A.5 频率校准记录表

频率标称值/Hz	频率实测值/Hz	示值误差	相对测量不确定度（$k=2$）

附录 B

校准证书内页格式

B.1 外观及工作正常性检查

表 B.1 外观及工作正常性检查

项目	检查结果
外观检查	
工作正常性检查	

B.2 直流电压校准

表 B.2 直流电压校准记录表

直流电压标称值/V	直流电压实测值/V	示值误差	相对测量不确定度（$k=2$）

B.3 直流电阻(≥1Ω)校准

表 B.3 直流电阻(≥1Ω)校准记录表

电阻标称值/Ω	电阻实测值/Ω	示值误差	相对测量不确定度（$k=2$）

B.4 直流电阻（<1Ω）校准

表 B.4 直流电阻（<1Ω）校准记录表

电阻标称值/Ω	电流输出值/A	电压测量值/V	电阻实测值/Ω	示值误差	相对测量不确定度（$k=2$）

B.5 频率校准

表 B.5 频率校准记录表

频率标称值/Hz	频率实测值/Hz	示值误差	相对测量不确定度（$k=2$）

附录 C

测量不确定度评定示例

C.1 直流输出电压校准结果的测量不确定度的评定

C 1.1 测量模型

以直流电压 1mV 点为例，仪器连接图 C.1 所示。用稳压电源提供被校自检模块所需的工作电压，将纳伏表（34420A）和被校自检模块（STS2107C）的电压输出端相连。

图 C.1 直流电压校准示意

$$\delta = \frac{U_b - U_0}{U_0} \times 100\% \quad \cdots\cdots (C.1)$$

式中：

δ ——直流电压的示值误差；

U_b ——被校自检模块的电压标称值，V；

U_0 ——纳伏表的电压实测值，V。

C.1.2 不确定度来源

a）纳伏表直流电压测量不准引入的不确定度分量 u_{B1}；

b）纳伏表测量分辨率所引入的不确定度分量 u_{B2}；

c）测量重复性变化引入的不确定度分量 u_A。

C.1.3 标准不确定度评定

a）纳伏表直流电压测量不准引入的不确定度分量 u_{B1}

用 B 类标准不确定度评定。根据 34420A 纳伏表的说明书，在 10mV 量程 1mV 测试点，其允许误差极限为 $\pm(0.0050\% \times$ 读数 $+0.0003\% \times$ 量程），所以 1mV 的允许误差极限为 $\pm 8 \times 10^{-5}$mV，即 $a = 8 \times 10^{-5}$mV，服从均匀分布，$k=\sqrt{3}$，故其不确定度分量 $u_{B1} = \alpha/k = 5 \times 10^{-5}$mV，相对值为 5×10^{-5}。

b）纳伏表测量分辨率所引入的不确定度分量 u_{B2}

用 B 类标准不确定度评定。纳伏表 34420A 在 10mV 量程的分辨率为 1×10^{-6}mV，区间半宽为 1×10^{-6}mV，即 $a = 1 \times 10^{-6}$mV，估计为均匀分布，则 $k=\sqrt{3}$，故其不确定度分量 $u_{B2} = \alpha/k = 6 \times 10^{-7}$mV，相对值为 6×10^{-7}。该项可忽略不计。

c）测量重复性变化引入的不确定度分量 u_A

按A类评定，用纳伏表34420A对被校自检模块STS2107C的直流电压（1mV）进行独立重复测量10次，重复性测量数据见表C.1。

表C.1 直流电压1mV测量数据

测量次数	1	2	3	4	5	6	7	8	9	10
测量值/mV	1.00043	1.00034	1.00036	1.00045	1.00034	1.00046	1.00038	1.00034	1.00045	1.00041
$\bar{x}$/mV	1.000396									
$s_n(x)/\bar{x}$	5×10^{-5}									

则：$u_A=0.005\%$

C.1.4 合成标准不确定度

直流电压的测量不确定度汇总于表C.2中。

表C.2 直流电压测量不确定度分量一览表

不确定度分量	不确定度来源	评定方法	分布	k 值	标准不确定度
u_{B1}	数字多用表直流电压测量不准	B	均匀	$\sqrt{3}$	5×10^{-5}
u_{B2}	数字多用表测量分辨率	B	均匀	$\sqrt{3}$	6×10^{-7}
u_A	测量重复性变化	A	正态		5×10^{-5}

以上各不确定度分量独立不相关，根据下面公式，则合成标准不确定度为：

$$u_c=\sqrt{(u_{B1})^2+(u_{B2})^2+(u_A)^2}\approx0.01\%$$

C.1.5 扩展不确定度

取 $k=2$，则扩展不确定度 $U_{rel}=u_c\times k=0.02\%$。

C.2 直流电阻校准结果的测量不确定度的评定

C.2.1 测量模型

以直流电阻1mΩ点为例，仪器连接如图C.2所示。将数字多用表（8508A）、多功能标准源（5522A）和被校自检模块（LX9300）的电阻输出端相连，设置多功能标准源为“直流电流”输出模式，使用数字多用表“直流电压”功能进行测量。

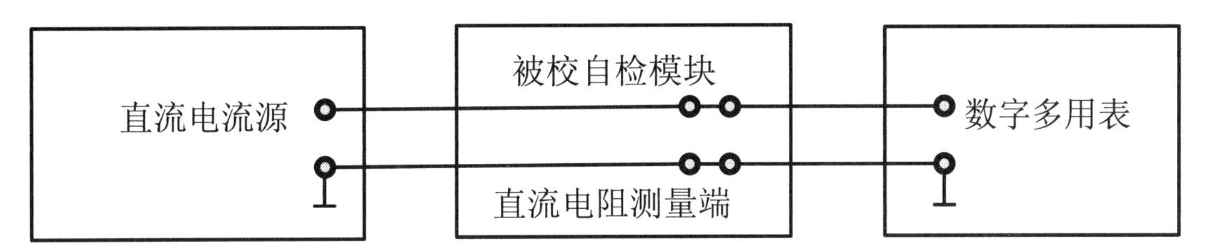

图 C.2　直流电阻校准示意

$$\delta = \frac{R_{b2} - \dfrac{U_c}{I}}{\dfrac{U_c}{I}} \times 100\% \qquad \text{(C.2)}$$

式中：

δ ——直流电阻的示值误差；

I ——直流电流源的电流输出值，A；

U_c ——数字多用表的电压测量值，V；

R_{b2} ——被校自检模块的电阻标称值，Ω。

C.2.2　不确定度来源

a）数字多用表直流电压测量不准引入的不确定度分量 u_{B1}；

b）多功能标准源电流输出不准引入的不确定度分量 u_{B2}；

c）测量重复性变化引入的不确定度分量 u_A。

C.2.3　标准不确定度评定

a）数字多用表直流电压测量不准引入的不确定度分量 u_{B1}

用B类标准不确定度评定。测量1mΩ直流电阻时，数字多用表测得的电压值为10mV。根据数字多用表8508A的说明书，在200mV量程10mV测试点，其允许误差极限为±(4.5ppm×读数+0.5ppm×量程)，所以10mV的允许误差极限为$\pm 2\times10^{-6}$mV，即$\alpha=2\times10^{-6}$mV，为正态分布，则$k=2$，故其不确定度分量$u_{B1}=\alpha/k=1\times10^{-6}$mV，相对值为$1\times10^{-7}$。

b）多功能标准源电流输出不准引入的不确定度分量 u_{B2}

用B类标准不确定度评定。测量1mΩ直流电阻时，多功能标准源5522A电流输出值为10A。根据多功能标准源5522A的说明书，在20A量程10A输出点，其允许误差极限为±(500ppm×读数+330μA)，所以10A的允许误差极限为$\pm5.3\times10^{-3}$A，即$\alpha=5.3\times10^{-3}$A，为均匀分布，则$k=\sqrt{3}$，故其不确定度分量$u_{B2}=\alpha/k=3\times10^{-3}$A，相对值为$3\times10^{-4}$。

c）测量重复性变化引入的不确定度分量 u_A

按A类评定，用数字多用表8508A和多功能标准源5522A对被校自检模块LX9300进行独立重复测量10次，重复性测量数据见表C.3。

表 C.3　直流电阻 1mΩ 测量数据

测量次数	1	2	3	4	5	6	7	8	9	10
测量值/mΩ	1.0005	1.0004	1.0006	1.0004	1.0003	1.0004	1.0005	1.0004	1.0003	1.0005
$\bar{x}$/mΩ	1.00043									
$s_n(x)/\bar{x}$	1×10^{-4}									

则：$u_A=1\times10^{-4}$

C.2.4　合成标准不确定度

直流电阻的测量不确定度汇总于表 C.4 中。

表 C.4　直流电阻的测量不确定度分量一览表

不确定度分量	不确定度来源	评定方法	分布	k 值	标准不确定度
u_{B1}	数字多用表直流电压测量不准	B	正态	2	1×10^{-7}
u_{B2}	多功能标准源电流输出不准	B	均匀	$\sqrt{3}$	3×10^{-4}
u_A	测量重复性变化	A	正态		1×10^{-4}

以上各不确定度分量独立不相关，根据下面公式，则合成标准不确定度为：

$$u_c=\sqrt{(u_{B1})^2+(u_{B2})^2+(u_A)^2}\approx3\times10^{-4}$$

C.2.5　扩展不确定度

取 $k=2$，则扩展不确定度 $U_{rel}=u_c\times k=1\times10^{-3}$。

C.3　频率校准结果的测量不确定度的评定

C.3.1　测量模型

以频率 1MHz 点为例，仪器连接如图 C.3 所示。将频率计（CNT－85R）和被校自检模块（SO8167）的电阻输出端相连，使用频率计进行测量。

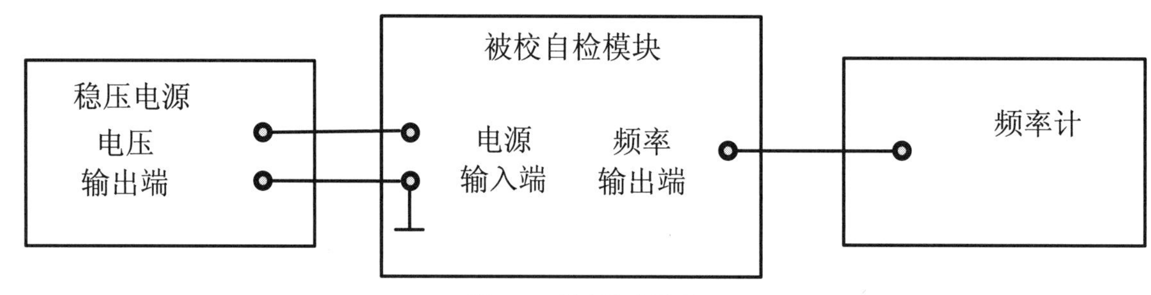

图 C.3　频率校准示意

$$\delta=\frac{f_b-f_0}{f_0}\times100\% \qquad (C.3)$$

式中：

δ ——频率的示值误差；

f_b ——被校自检模块的频率标称值，Hz；

f_0 ——数字多用表的频率实测值，Hz。

C.3.2 不确定度来源

a）频率计测量不准引入的不确定度分量 u_{B1}；

b）频率计分辨率所引入的不确定度分量 u_{B2}；

c）测量重复性变化引入的不确定度分量 u_A。

C.3.3 标准不确定度评定

a）频率计测量不准引入的不确定度分量 u_{B1}

用B类标准不确定度评定。以1MHz测试点进行分析。根据频率计数器CNT－85R的说明书，在1MHz测试点，其指标为 $\pm 5\times10^{-9}$ MHz，估计为均匀分布，则 $k=\sqrt{3}$，故其不确定度分量 $u_{B1}=\alpha/k=3\times10^{-9}$ MHz，相对值为 3×10^{-9}。

b）频率计分辨率所引入的不确定度分量 u_{B2}

用B类标准不确定度评定。频率计数器CNT－85R在1MHz的分辨率为1Hz，区间半宽为0.5Hz，即 $a=0.5$ Hz，估计为均匀分布，则 $k=\sqrt{3}$，故其不确定度分量 $u_{B2}=\alpha/k=0.03$ Hz，相对值为 3×10^{-8}。

c）测量重复性变化引入的不确定度分量 u_A

按A类评定，用频率计数器CNT－85R对被校自检模块SO8167的频率（1MHz）进行独立重复测量10次，重复性测量数据见表C.5。

表C.5 频率1MHz测量数据

测量次数	1	2	3	4	5	6	7	8	9	10
测量值/MHz	1.000002	1.000002	1.000002	1.000002	1.000003	1.000003	1.000002	1.000002	1.000002	1.000002
$\bar{x}$/MHz	1.0000022									
$s_n(x)/\bar{x}$	4.2×10^{-7}									

则：$u_A=4.2\times10^{-7}$

C.3.4 合成标准不确定度

频率的测量不确定度汇总于表C.6中。

表C.6 频率的测量不确定度分量一览表

不确定度分量	不确定度来源	评定方法	分布	k 值	标准不确定度
u_{B1}	频率计测量不准	B	均匀	$\sqrt{3}$	3×10^{-9}
u_{B2}	频率计分辨率	B	均匀	$\sqrt{3}$	3×10^{-8}
u_A	测量重复性变化	A	正态		4.2×10^{-7}

以上各不确定度分量独立不相关，根据下面公式，则合成标准不确定度为：

$$u_c = \sqrt{(u_{B1})^2 + (u_{B2})^2 + (u_A)^2} \approx 4.2 \times 10^{-7}$$

C.3.5　扩展不确定度

取 $k=2$，则扩展不确定度 $U_{rel} = u_c \times k = 1 \times 10^{-6}$。

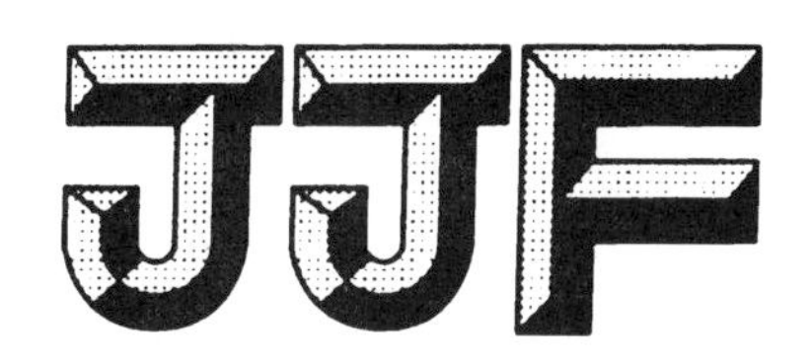

中华人民共和国工业和信息化部
电子计量技术规范

JJF（电子）0034—2019

耦合去耦网络校准规范

Calibration Specification for Coupling Decoupling Networks

2019－08－26 发布　　　　2019－12－01 实施

中华人民共和国工业和信息化部　发布

耦合去耦网络校准规范

Calibration Specification for Coupling Decoupling Networks

JJF（电子）0034—2019

归 口 单 位：中国电子技术标准化研究院

主要起草单位：中国电子技术标准化研究院

参加起草单位：工业和信息化部电子第五研究所

本规范技术条文委托起草单位负责解释

本规范主要起草人：

徐　沛（中国电子技术标准化研究院）

张　成（工业和信息化部电子第五研究所）

赵　飞（中国电子技术标准化研究院）

参加起草人：

裴　静（中国电子技术标准化研究院）

耦合去耦网络校准规范

目　　录

引　　言

本规范依据JJF1071—2010《国家计量校准规范编写规则》和JJF1059.1—2012《测量不确定度评定与表示》编写。

本规范为首次在国内发布。

耦合去耦网络校准规范

1 范围

本规范适用于射频场感应的传导骚扰抗扰度测试中，频率范围在 0.15MHz～300MHz 的耦合去耦网络的校准。频率在 300MHz 以上的耦合去耦网络可参照本规范执行。

2 引用文件

GB/T 17626.6—2008《电磁兼容 试验和测量技术 第 6 部分 射频场感应的传导骚扰抗扰度》。

3 术语和计量单位

3.1 共模阻抗 Common Impedance

共模阻抗是耦合去耦网络在受试设备端口（EUT 端口）上共模电压和共模电流之比，单位 Ω。[GB/T17626.6—2008，术语和定义 3.6]

3.2 耦合系数 Coupling Factor

耦合系数是耦合去耦网络在受试设备端口（EUT 端口）获得的电压和注入射频输入端口上的电压的比值，单位 dB。[GB/T17626.6—2008，术语和定义 3.7]

4 概述

耦合去耦网络（简称 CDN）是射频场传导骚扰抗扰度测试系统的重要组成部分，在射频场传导骚扰抗扰度实验中，骚扰信号要通过耦合去耦网络施加到被测受试设备上。耦合网络是将骚扰信号耦合到受试设备的被测端口，去耦网络是将骚扰信号去耦合，防止干扰其他辅助设备。去耦网络由各种电感组成，可以在测量频段内产生高阻抗，隔离骚扰信号。

耦合去耦网络主要包括用于屏蔽电缆的 CDN－S 型耦合去耦网络、用于非屏蔽电缆的 CDN－M 型耦合去耦网络、用于非屏蔽不平衡线的 CDN－AF2 型耦合去耦网络、用于非屏蔽平衡线的 CDN－T2 型耦合去耦网络、用于非屏蔽平衡线的 CDN－T4、T8 型耦合去耦网络。

5 计量特性

5.1 共模阻抗

范围：40Ω～300Ω，最大允许误差：±10%；

5.2 耦合系数

范围：－2dB～0dB，最大允许误差：±10%。

6 校准条件

6.1 环境条件

6.1.1 环境温度：(23 ±5)℃；

6.1.2 相对湿度：≤75%；

6.1.3 供电电源：(220 ±22)V，(50 ±1)Hz；

6.1.4 周围无影响正常工作的机械振动和电磁干扰。

6.2 测量标准及其他设备

6.2.1 矢量网络分析仪

频率范围：0.15MHz～300MHz；

S_{21}测量最大允许误差：0.019dB。

6.2.2 阻抗分析仪

频率范围：0.15MHz～300MHz；

阻抗|Z|测量最大允许误差：0.2Ω。

6.2.3 50Ω同轴负载

频率范围：0.15MHz～300MHz；

驻波比：≤1.2。

6.2.4 阻抗适配器

频率范围：0.15MHz～300MHz；

阻抗：100～150Ω。

6.2.5 10dB衰减器

频率范围：0.15MHz～300MHz；

驻波比：≤1.2。

7 校准项目和校准方法

7.1 外观及工作正常性检查

被校耦合去耦网络的仪器名称、型号、制造厂名或商标、出厂编号和频率范围等信息齐全；插接及连接应通断分明；各种功能标志应齐全清晰；各开关和指示功能应正常，各种指示应正确。将结果记录在附录A表A.1中。

7.2 校准点的选取

校准点在耦合去耦网络的工作频段内应均匀选取，也可根据客户实际需要选取，一般不少于10个频率点，建议校准证书附带校准曲线。

7.3 共模阻抗校准

7.3.1 设置阻抗分析仪的测量频率范围不小于被校耦合去耦网络的工作频率，测量参数为|Z|；

7.3.2 设计阻抗参考平面和参考地平面，阻抗参考平面和参考地平面均为导电平板，可由铜、黄铜或铝制作。阻抗参考平面面积不小于 100mm × 100mm。参考地平面应接地良好，接地电阻小于 1Ω，参考地平面边缘到被校耦合去耦网络轮廓线距离应大于 50mm，两个参考面必须有良好的射频接触；

7.3.3 根据 GB/T17626.6—2008 推荐，在阻抗参考面上距参考地平面 30mm 高处安装 N 型或 BNC 型连接器，连接器的中心导体接耦合去耦网络 EUT 端口，连接器的外导体接阻抗参考面，阻抗参考面及连接器的安装如图 1 所示；

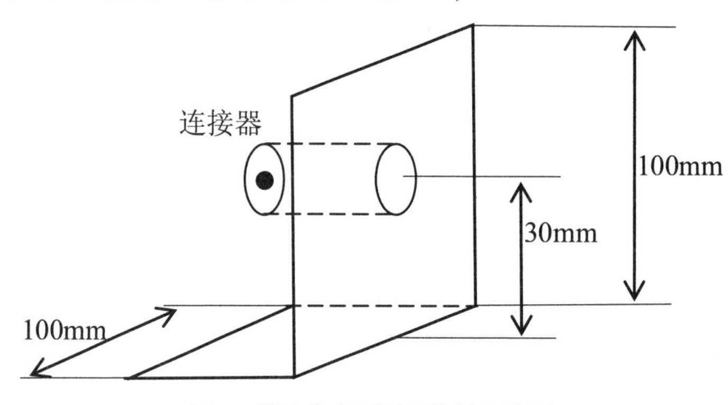

图 1 阻抗参考面及连接器安装图

7.3.4 在阻抗分析仪的测量频率范围内，在参考地平面上分别用校准件对阻抗分析仪进行开路、短路和负载校准；

7.3.5 按照图 2 连接校准系统，射频输入端接 50Ω 负载；

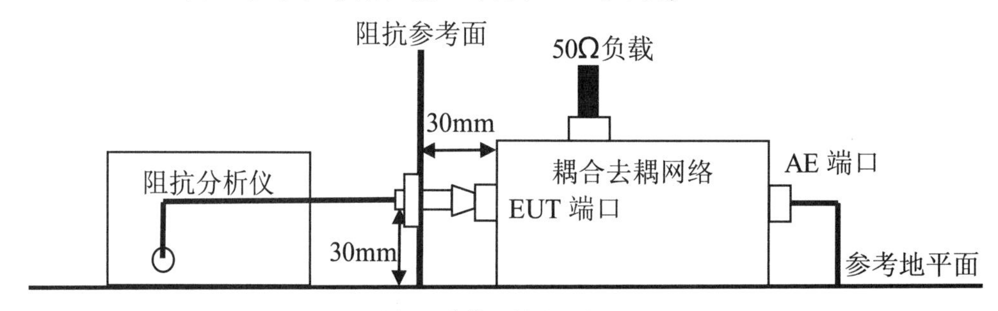

图 2 共模阻抗校准框图

7.3.6 将用于屏蔽电缆的 CDN－S 型耦合去耦网络 EUT 端口中心接阻抗参考面上连接器的中心导体，EUT 端口外壳接连接器外导体。对于非屏蔽电缆的 CDN－M、CDN－AF2、CDN－T2 及 CDN－T4、T8 型耦合去耦网络，EUT 端各端口应通过短路器连接在一起，接连接器的中心导体，将端口外壳接连接器外导体；

7.3.7 将耦合去耦网络 AE 端口接到参考地平面；

7.3.8 启动测试，得到阻抗 |Z| 测量结果曲线；

7.3.9 在阻抗分析仪上设定测量频率点为第一个校准频率点；

7.3.10 读取 |Z| 的值作为该校准频率点的共模阻抗，将结果记录在附录 A 表 A.2 中；

7.3.11 重复步骤 7.3.9 ~ 7.3.10，完成全部频率点的测试；

7.3.12 将测量结果曲线附在表 A.2 后。

7.4 耦合系数校准

7.4.1 设置矢量网络分析仪的测量频率范围不小于被校耦合去耦网络的工作频率，带宽为自动；

7.4.2　在参考地平面上使用网络分析仪校准件对矢量网络分析仪进行单端口开路、短路、匹配负载校准及二端口直通校准，参考地平面的要求与7.3.2要求相同；

7.4.3　按照图3所示连接测试系统，矢量网络分析仪两端口接固定衰减器以此减小适配，用步骤7.4.2中进行二端口直通校准时使用的电缆将被校耦合去耦网络与矢量网络分析仪连接，AE端接50Ω负载；

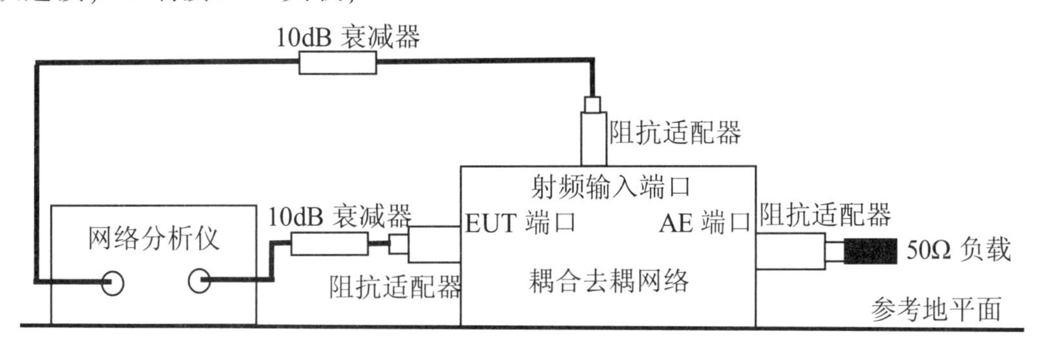

图3　耦合系数校准框图

7.4.4　测试项目选择 S_{21}，数据格式选择 Log Mag，启动测试，得到 S_{21} 参数的测量结果曲线；

7.4.5　在网络分析仪上设定测量频率点为第一个校准频率点；

7.4.6　读取 S_{21} 的值作为校准频率点的耦合系数，将结果记录在附录A表A.3中；

7.4.7　重复步骤7.4.5～7.4.6，完成全部频率点的测试；

7.4.8　将测量结果曲线附在表A.3后。

8　校准结果表达

校准结果应在校准证书上反映。校准证书应至少包括以下信息：

a）标题："校准证书"；

b）实验室名称和地址；

c）进行校准的地点（如果与实验室的地址不同）；

d）证书的唯一性标识（如编号），每页及总页数的标识；

e）客户的名称和地址；

f）被校对象的描述和明确标识；

g）进行校准的日期，如果与校准结果的有效性和应用有关时，应说明被校对象的接收日期；

h）校准所依据的技术规范的标识，包括名称及代号；

i）本次校准所用测量标准的溯源性及有效性说明；

j）校准环境的描述；

k）校准结果及测量不确定度的说明；

l）对校准规范的偏离的说明；

m）校准证书和校准报告签发人的签名、职务或等效标识；

n）校准结果仅对被校对象有效的说明；

o）未经实验室书面批准，不得部分复制证书的声明。

9 复校时间间隔

建议复校的时间间隔为1年。由于复校时间间隔的长短是由仪器使用情况、使用者、仪器本身质量等诸因素所决定的，因此，送校单位可根据实际情况自主决定复校时间间隔。

10 附录

附录A 原始记录格式

附录B 校准证书内页格式

附录C 测量不确定度评定示例

附录 A

原始记录格式

A.1 外观及工作正常性检查

表 A.1 外观及工作正常性检查

项目	检查结果
外观检查	
工作正常性检查	

A.2 共模阻抗

表 A.2 共模阻抗

频率 Frequency	共模阻抗/Ω Common Impedance	不确定度 $U(k=2)$
150kHz		
…		
…		
300 MHz		

校准曲线：

A.3 耦合系数

表 A.3 耦合系数

频率 Frequency	耦合系数/dB Coupling factor	不确定度 $U(k=2)$
150kHz		
…		
…		
300 MHz		

校准曲线：

附录 B

校准证书内页格式

B.1 外观及工作正常性检查

表 B.1 外观及工作正常性检查

项目	检查结果
外观检查	
工作正常性检查	

B.2 共模阻抗

表 B.2 共模阻抗

频率 Frequency	共模阻抗/Ω Common Impedance	不确定度 $U(k=2)$
150kHz		
…		
…		
300 MHz		

校准曲线：

B.3 耦合系数

表 B.3 耦合系数

频率 Frequency	耦合系数/dB Coupling Factor	不确定度 $U(k=2)$
150kHz		
…		
…		
300 MHz		

校准曲线：

附录 C

测量不确定度评定示例

C.1 共模阻抗的不确定度评定

C.1.1 测量模型

选定测试频率为 3MHz，仪器连接如图 C.1 所示，使用阻抗分析仪测量耦合去耦网络的共模阻抗 $|Z|$。

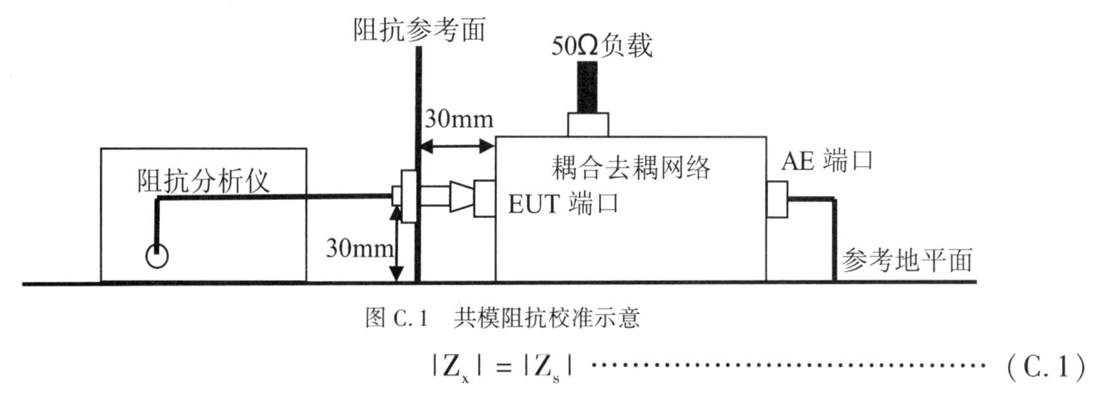

图 C.1 共模阻抗校准示意

$$|Z_x| = |Z_s| \qquad (C.1)$$

式中：

$|Z_x|$ ——共模阻抗的测试值；

$|Z_s|$ ——阻抗分析仪的示值。

C.1.2 不确定度来源

共模阻抗校准结果的不确定度由两部分组成，一是阻抗分析仪本身的测量不确定度；二是测量重复性引入的不确定度。

C.1.2.1 阻抗分析仪测量的不确定度 $u(y_1)$

使用 E4991A 型阻抗分析仪，根据其说明书和校准文件，在 1MHz～300MHz 频率范围内，阻抗分析仪测量不确定度为 0.2%。由于阻抗分析仪引入的不确定度是均匀分布的，因此按照 B 类方法不确定度进行评定。取耦合去耦网络共模阻抗最大值为 300Ω。因此阻抗分析仪测量的不确定度 $u(y_1) = 300 \times 0.2\% / \sqrt{3} = 0.346(\Omega)$。

C.1.2.2 测量重复性引入的标准不确定度 $u(y_2)$

这部分的不确定度主要由每次电缆连接的不同及阻抗参考平面和接地参考平面的质量等因素构成，对这部分引入的不确定度可以重复测量，并按照 A 类方法不确定度进行评定。选定测试频率为 3MHz，在该频率点上重复测量 10 次，得到如下测量结果：

测量次数	1	2	3	4	5	6	7	8	9	10
测量值(Ω)	146.85	146.68	146.43	147.16	146.58	146.12	147.04	146.82	147.24	146.51
平均值 $\overline{X}=146.74$										
$S_i=\sqrt{\frac{\sum_{i=1}^{n}(X_i-\overline{X})^2}{n-1}}=0.311$										

平均值不确定度：$u(y_2)=\frac{S_i}{\sqrt{10}}=0.098(\Omega)$

C.1.3　标准不确定度评定

不确定度来源分析，不确定度评定，不确定度分量一览表

不确定度来源	不确定度		置信因子	不确定度分量
	符号	数值		
E4991A 的测量	$u(y_1)$	0.346Ω	$\sqrt{3}$	0.346Ω
重复测量	$u(y_2)$	0.098Ω	-	0.098Ω

C.1.4　合成不确定度

$$u_c=\sqrt{u(y_1)^2+u(y_2)^2}\approx 0.36(\Omega)$$

C.1.5　扩展不确定度

$$U=ku_c=2\times 0.36=0.72(\Omega)\qquad (k=2)$$

C.2　耦合系数结果不确定度的评定

C.2.1　测量模型

设置测试频率为3MHz，仪器连接如图C.2所示，使用网络分析仪测量得到S_{21}参数，记录为耦合去耦网络的耦合系数U_x。

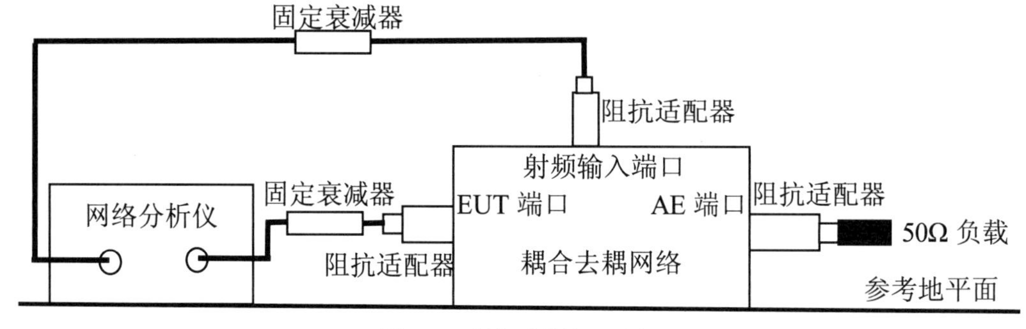

图C.2　耦合系数校准示意

$$U_x=U_s \qquad (C.2)$$

式中：

U_x ——耦合系数的测试值；

U_s ——网络分析仪 S_{21} 参数的示值。

C.2.2 不确定度来源

耦合系数校准结果的不确定度由三部分组成，一是网络分析仪本身的测量不确定度；二是网络分析仪失配引入的不确定度；三是测量重复性引入的不确定度。

C.2.2.1 网络分析仪测量的不确定度 $u(y_1)$

使用 E5061B 型网络分析仪，根据其说明书和校准文件，在 150kHz～300MHz 频率范围内，网络分析仪 S_{21} 测量不确定度为 0.21dB。由于网络分析仪引入的不确定度是均匀分布的，因此按照 B 类不确定度进行评定。网络分析仪测量的不确定度 $u(y_1)=0.21/\sqrt{3}=0.12\text{dB}$。

C.2.2.2 网络分析仪失配引入的不确定度 $u(y_2)$

失配引入的误差修正值可由式 C.3 计算。

$$\delta M^2=20\lg[1\pm|\Gamma_e||\Gamma_t|] \quad \text{(C.3)}$$

式中，Γ_e 是被测设备阻抗的函数。反射系数模值最大值时 $|\Gamma_e|=1$，查阅 E5061B 的说明书，网络分析仪的输入端满足 VSWR≤1.1:1，可计算得到 $|\Gamma_r|\leqslant 0.09$，根据式 C.3 计算失配引入的不确定度 $u(y_2)=0.58\text{dB}$。

C.2.2.3 测量重复性引入的不确定度 $u(y_3)$

测量重复性引入的不确定度按照 A 类不确定度进行评定。设置测试频率为 3MHz，在该频率点上重复测量 10 次，得到如下测量结果：

测量次数	1	2	3	4	5	6	7	8	9	10
测量值(dB)	-1.02	-0.95	-0.96	-1.05	-0.98	-1.02	-1.09	-0.92	-0.94	-1.06
平均值 $\overline{X}=-0.999$										
$S_i=\sqrt{\dfrac{\sum_{i=1}^{n}(X_i-\overline{X})^2}{n-1}}=0.057$										

平均值不确定度：$u(y_3)=\dfrac{S_i}{\sqrt{10}}=0.018(\text{dB})$

C.2.3 标准不确定度评定

不确定度来源分析，不确定度评定，不确定度分量一览表

不确定度来源	不确定度		置信因子	不确定度分量
	符号	数值		
E5061B 的测量	$u(y_1)$	0.12dB	$\sqrt{3}$	0.12dB
E5061B 的失配	$u(y_2)$	0.12dB	$\sqrt{3}$	0.58dB
重复测量	$u(y_3)$	0.018dB	—	0.018dB

C.2.4　合成不确定度

$$u_c = \sqrt{u(y_1)^2 + u(y_2)^2 + u(y_3)^2} \approx 0.593(\mathrm{dB})$$

C.2.5　扩展不确定度

$$U = ku_c = 2 \times 0.593 \approx 1.19(\mathrm{dB}) \quad (k=2)$$

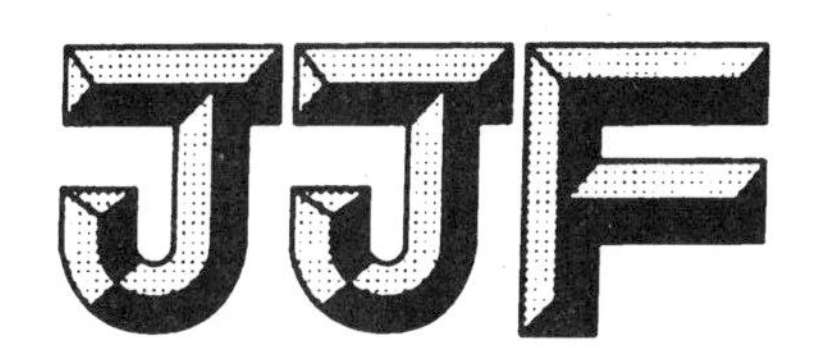

中华人民共和国工业和信息化部
电子计量技术规范

JJF（电子）0035—2019

三环天线系统校准规范

Calibration Specification of Triple - Loop Antenna Systems

2019 - 08 - 26 发布　　　　2019 - 12 - 01 实施

中华人民共和国工业和信息化部　发布

三环天线系统校准规范

Calibration Specification of Triple – Loop Antenna Systems

JJF（电子）0035—2019

归 口 单 位：中国电子技术标准化研究院

主要起草单位：广州广电计量检测股份有限公司

参加起草单位：杭州远方电磁兼容技术有限公司

本规范技术条文委托起草单位负责解释

本规范主要起草人：

张　辉（广州广电计量检测股份有限公司）

钟　毅（广州广电计量检测股份有限公司）

龙　阳（广州广电计量检测股份有限公司）

参加起草人：

曾　昕（广州广电计量检测股份有限公司）

梁继燊（广州广电计量检测股份有限公司）

涂辛雅（杭州远方电磁兼容技术有限公司）

三环天线系统校准规范

目　　录

引　　言

本规范依据 JJF 1071—2010《国家计量校准规范编写规则》和 JJF 1059.1—2012《测量不确定度评定与表示》编写。

本规范为首次在国内发布。

三环天线系统校准规范

1 范围

本规范适用于频率9kHz～30MHz范围内测量磁场感应电流的三环天线系统的校准。

2 引用文件

本规范引用了下列文件：

GB/T 6113.104/CISPR 16－1－4 无线电骚扰和抗扰度测量设备和测量方法规范 第1－4部分：无线电骚扰和抗扰度测量设备 辐射骚扰测量用天线和试验场地。

注：凡是注日期的引用文件，仅注日期的版本适用于本规范；凡是不注日期的引用文件，其最新版本（包括所有的修改单）适用于本规范。

3 术语和计量单位

3.1 巴伦 balun

也叫巴伦－偶极子或平衡－不平衡转换器，用于传输线或装置之间从平衡到不平衡或不平衡到平衡转换的无源电气网络。

[GB/T 6113.104，术语和定义3.1.2]

3.2 确认系数 validation factor

射频信号源的开路电压和被测电流的比值，符号为F，单位：dB(Ω)。

可表示为：

$$F = 20\lg(V_{go}/I_i) \tag{1}$$

式中：

F ——确认系数，dB(Ω)；

V_{go} ——射频信号源的开路电压，V；

I_i ——被测电流，A。

4 概述

三环天线系统由三个相互垂直的、通常直径为2m的大圆环天线（LLAS）构成，由非金属底座支持，用于测量由单台受试设备发射的磁场所感应的电流，受试设备置于环形天线系统的中心。三个相互垂直的大圆环天线能够以规定的准确度来测量所有极化方向上的辐射场的干扰，而不用旋转受试设备或改变大圆环天线的方向。每个大圆环天线的输出端有一个1A/1V的电流探头，可将被测电流转换为输出电压，使确认系数的校准转化为大圆环天线的插入损耗校准。三环天线系统的结构如图1所示。

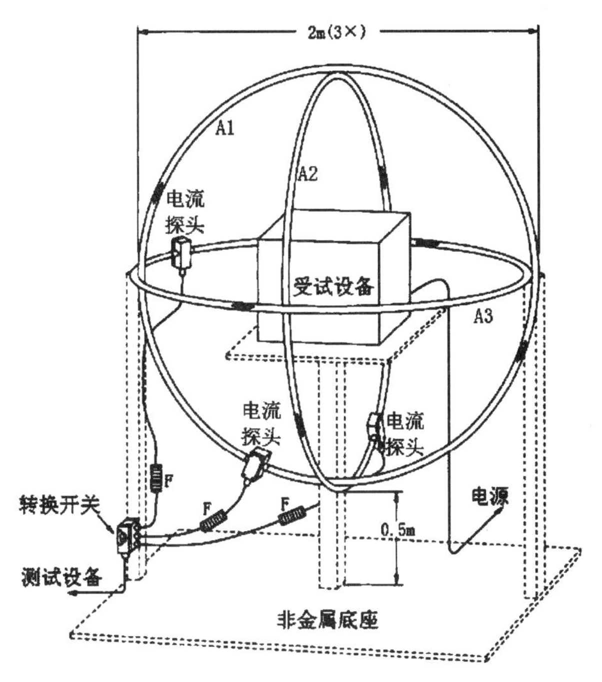

图1　三环天线系统结构示意

图中：

F　　　　——铁氧体吸收环；

A1、A2、A3——大圆环天线（LLAS）。

5　计量特性

5.1　确认系数

直径为2m的标准三环天线确认系数见图2。

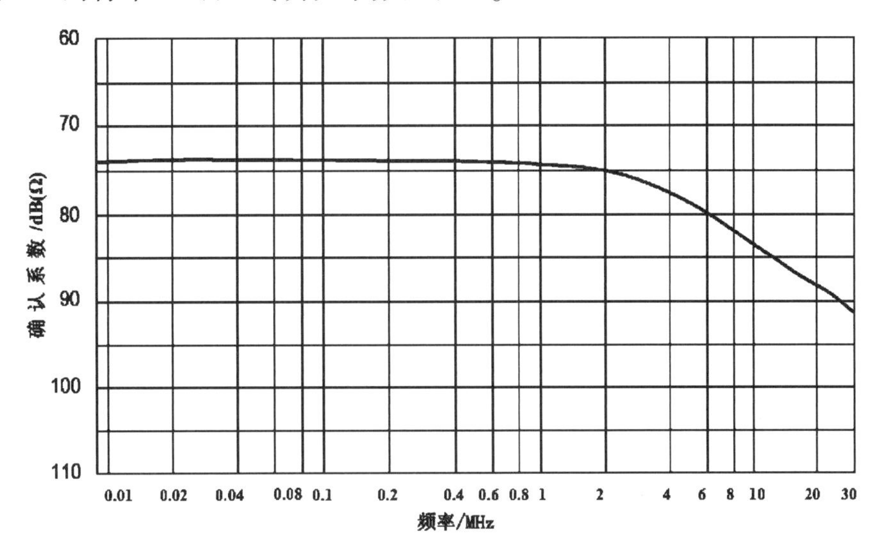

图2　直径为2m的标准三环天线的确认系数

直径为2m的三环天线确认系数与图2中给出的确认系数之间偏差不超过±2dB。

非标准直径的三环天线系统的确认系数和标准直径为2m的三环天线系统的确认系数之间的关系见图3。

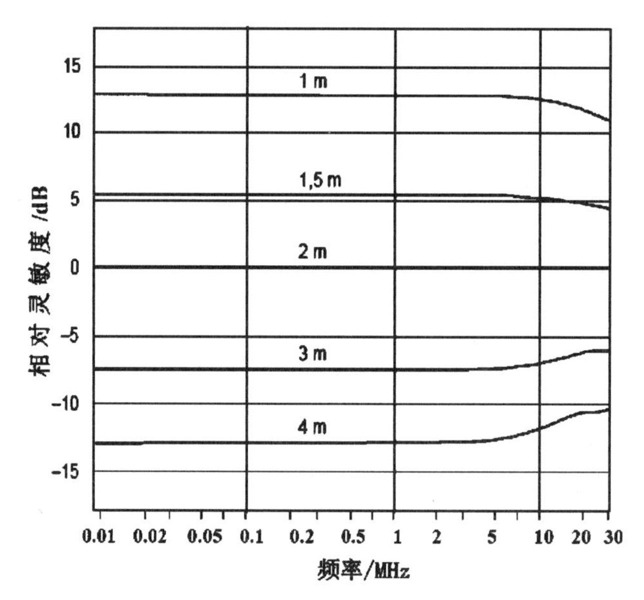

图3　非标准直径的大环天线相对直径为2m的大环天线的灵敏度

非标准直径三环天线系统的确认系数可用式(2)计算：

$$F_D = F_0 - S_D \quad (2)$$

式中：

F_D ——非标准直径三环天线的确认系数，dB(Ω)；

F_0 ——标准直径三环天线的确认系数，dB(Ω)；

S_D ——相对灵敏度，dB。

6　校准条件

6.1　环境条件

6.1.1　环境温度：(23 ±5)℃。

6.1.2　环境相对湿度：≤80%。

6.1.3　供电电源：电压(220 ±11)V，频率 (50 ±1)Hz。

6.1.4　其他：周围无影响仪器正常工作的电磁干扰和机械振动。

6.2　测量标准及其他设备

6.2.1　网络分析仪

频率范围：9kHz ~ 30MHz；

动态范围：≥100dB；

传输系数模值：±0.1dB。

6.2.2　巴伦－偶极子

频率范围：9kHz ~ 30MHz；

路径衰减/插入损耗：<0.5dB；

其他路径干扰：>45dB。

6.2.3　信号发生器

频率范围:9kHz ~ 30MHz;

频率准确度:优于 1×10^{-5};

输出电平:≥107dBμV;

最大允许误差: ±1.0dB。

6.2.4　频谱分析仪或接收机

频率范围:9kHz ~ 30MHz;

动态范围:≥100dB;

最大允许误差: ±0.5dB。

6.2.5　同轴衰减器

衰减值:6dB 或 10dB,9kHz ~ 30MHz;

最大允许误差: ±0.5dB;

电压驻波比:≤1.2。

7　校准项目和校准方法

7.1　外观及工作正常性检查

被校三环天线系统的外观应完好,无影响其正常工作的机械损伤和变形;接口缝隙应均匀无松动;电流探头固定无松动;通道控制或同轴开关应灵活、可靠,输出端口牢固;线缆位置应装配铁氧体环。铭牌上应标有名称、型号、制造厂名(或商标)、出厂编号。检查结果记录于附录 A 表 A.1 中。

7.2　确认系数

7.2.1　方法一(网络分析仪法)

7.2.1.1　按图 4 连接网络分析仪,并进行测量前的直通校准。网络分析仪的测量模式设置为传输测量 S_{21} 或 S_{12},扫描模式设置为对数频率,源信号功率设置为 -10dBm,中频带宽设为不大于 100Hz,起始频率为 9kHz,终止频率大于等于 30MHz。

7.2.1.2　在网络分析仪的测试端口连接测试线缆 1 和测试线缆 2,线缆 1 和线缆 2 之间接 6dB 或 10dB 衰减器,对网络分析仪进行直通校准。

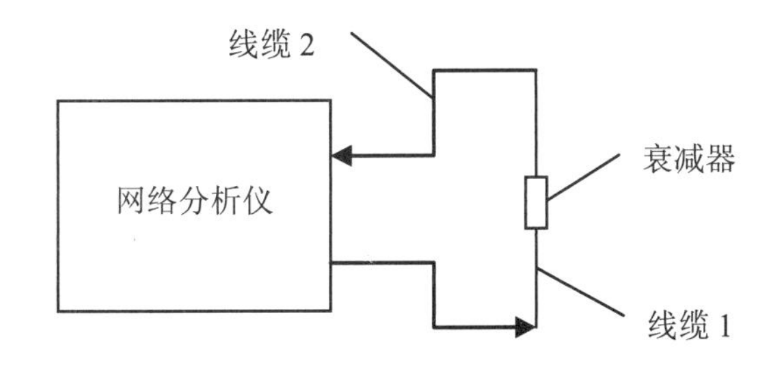

图 4　直通校准连接示意

7.2.1.3　按图 5 连接仪器,将网络分析仪的输出端线缆 1 带衰减器接至巴伦 - 偶极子的输入端,大环天线的输出端接至网络分析仪的输入端。

7.2.1.4　巴伦－偶极子用支架置于被校大环天线 A1 的同一平面，并使巴伦－偶极子的转动轴位于大环天线的圆心处，水平放置初始位置为 0°（图 6 中位置 1）。

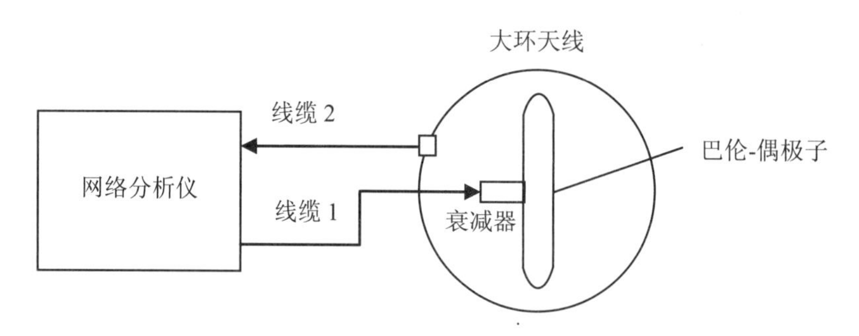

图 5　网络分析仪法校准连接示意

7.2.1.5　用网络分析仪标记功能读取不同频率点的测量值（插入损耗）V_0，所选频率点应包括三环天线频率范围的下限 9kHz 和上限 30MHz。确认系数实测值 $F_0 = V_0 + 6\text{dB}$，记录于附录 A 表 A.2.1 中，并保存网络分析仪测量结果图。

注：确认系数是发射信号的开路电压值，而测量结果 S_{21} 或 S_{12} 是源信号在输出阻抗为 50Ω 负载的电压，因此测量结果差 6dB。

7.2.1.6　按式（3）计算确认系数的示值误差：

$$\Delta = F_{\mathrm{N}} - (V_0 + 6\text{dB}) \qquad (3)$$

式中：

Δ ——确认系数的示值误差，dB；

F_{N} ——图 2 给出值，dB（Ω）；

V_0 ——网络分析仪测量值，dB。

7.2.1.7　转动巴伦－偶极子的角度，重复步骤 7.2.1.4～7.2.1.6，分别在位置 2，45°；位置 3，90°；位置 4，135°；位置 5，180°；位置 6，225°；位置 7，270°；位置 8，315°进行确认系数的校准，校准过程中保持巴伦－偶极子与被校大环天线共面，校准位置如图 6 所示。

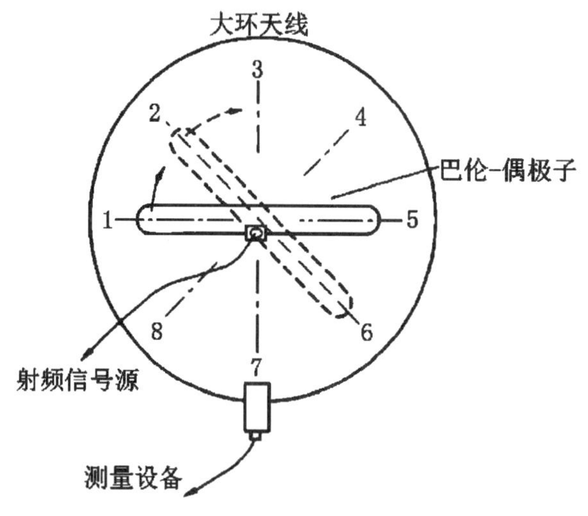

图 6　确认系数校准位置

7.2.1.8　大环天线 A1 校准完后，分别置巴伦－偶极子于大环天线 A2、A3 的平面内进行校准，重复校准步骤 7.2.1.1～7.2.1.7 并记录结果于附录 A 表 A.2.1 中。

7.2.2 方法二（信号发生器、频谱分析仪法）

7.2.2.1 按图7连接仪器，信号发生器输出用线缆1接衰减器的输入端，衰减器输出端通过线缆2接频谱分析仪的输入端。

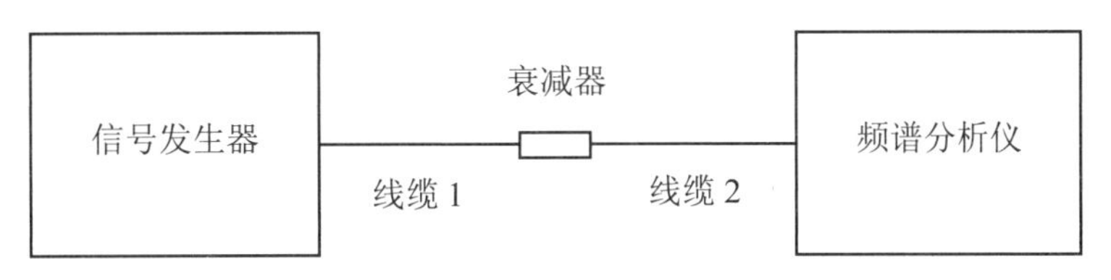

图7 参考电平测量连接示意

7.2.2.2 设置信号发生器输出频率为9kHz，电平0dBm或107dBμV，频谱分析仪中心频率等于信号发生器输出频率，记录频谱分析仪显示峰值即为参考值 V_1。保持信号发生器输出电平不变，按测试频率点改变信号发生器输出频率和频谱分析仪中心频率，所选频率点应包括三环天线频率范围的下限9kHz和上限30MHz。记录各频点参考值于附录A表A.2.2中。

7.2.2.3 按图8连接仪器，将信号发生器输出端的线缆1和衰减器接至巴伦－偶极子的输入端，大环天线的输出端经同轴开关接至频谱分析仪的输入端。

7.2.2.4 巴伦－偶极子用支架置于被校大环天线A1的同一平面，并使巴伦－偶极子的转动轴位于大环天线的圆心处，水平放置初始位置为0°（图6中位置1）。

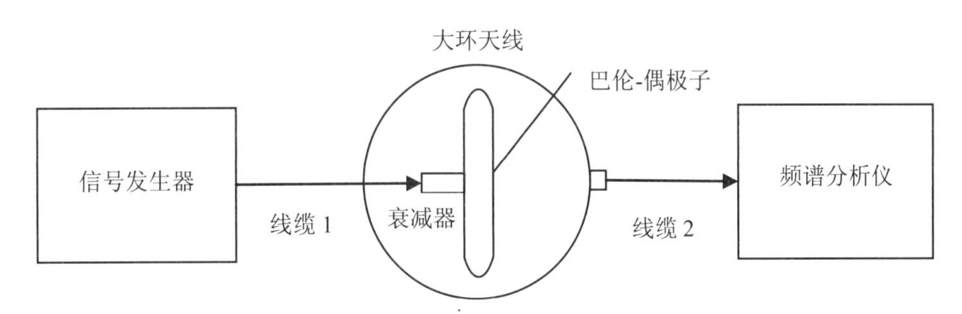

图8 信号发生器、频谱仪法校准连接示意

7.2.2.5 保持信号发生器输出电平不变，设置信号发生器和频谱分析仪的频率与参考电平测量时相同，用频谱分析仪峰值功能读取不同频率点的测量值 V_2，记录各频点测量值 V_2 于附录A表A.2.2中。校准过程中保持巴伦－偶极子与被校大环天线共面。

7.2.2.6 用式（4）计算确认系数，记录于附录A表A.2中。

$$F_0 = V_1 - V_2 + 6\text{dB} \qquad (4)$$

式中：

F_0 ——确认系数实测值，dB（Ω）；

V_1 ——未接入天线的参考值，dBμV；

V_2 ——接入三环天线后的测量值，dBμV。

7.2.2.7 按式（5）计算确认系数示值误差：

$$\Delta = F_N - F_0 \qquad (5)$$

式中：

Δ ——确认系数示值误差，dB；

F_N ——图 2 给出值，dB(Ω)；

F_0 ——确认系数实测值，dB。

7.2.2.8 转动巴伦－偶极子的角度，重复步骤 7.2.2.4～7.2.2.7，分别在位置 2，45°；位置 3，90°；位置 4，135°；位置 5，180°；位置 6，225°；位置 7，270°；位置 8，315°进行确认系数的校准，校准过程中保持巴伦－偶极子与被校大环天线共面，校准位置如图 6 所示。

7.2.2.9 大环天线 A1 校准完后，分别置巴伦－偶极子于大环天线 A2、A3 的平面内进行校准，重复校准步骤 7.2.2.1～7.2.2.8 并记录结果于附录 A 表 A.2.2 中。

8 校准结果表达

校准后，出具校准证书。校准证书应至少包含以下信息：

a）标题："校准证书"；

b）实验室名称和地址；

c）进行校准的地点（如果与实验室的地址不同）；

d）证书或报告的唯一性标识（如编号），每页及总页数的标识；

e）客户的名称和地址；

f）被校对象的描述和明确标识；

g）进行校准的日期，如果与校准结果的有效性有关时，应说明被校对象的接收日期；

h）如果与校准结果的有效性应用有关时，应对被校样品的抽样程序进行说明；

i）校准所依据的技术规范的标识，包括名称及代号；

j）本次校准所用测量标准的溯源性及有效性说明；

k）校准环境的描述；

l）校准结果及其测量不确定度的说明；

m）对校准规范的偏离的说明；

n）校准证书签发人的签名、职务或等效标识；

o）校准结果仅对被校对象有效的说明；

p）未经实验室书面批准，不得部分复制证书的声明。

9 复校时间间隔

建议复校时间间隔不超过 1 年。由于复校时间间隔的长短是由仪器的使用情况、使用者、仪器本身质量等诸多因素决定的，因此，送校单位可根据实际使用情况自主决定复校时间间隔。

附录 A

原始记录格式

A.1 外观及工作正常性检查

表 A.1 外观及工作正常性检查

项目	检查结果
外观检查	
工作正常性检查	

A.2 确认系数

A.2.1 网络分析仪法

表 A.2.1 A1/A2/A3 确认系数

位置角度	频率	图 2 给出值/dB(Ω)	实测值/dB(Ω)	示值误差/dB	不确定度/dB ($k=2$)
0°	9kHz	74.0			
	10kHz	73.9			
	20kHz	73.8			
	40kHz	73.8			
	60kHz	73.8			
	80kHz	73.8			
	100kHz	73.8			
	200kHz	73.9			
	400kHz	73.9			
	600kHz	74.0			
	800kHz	74.2			
	1MHz	74.3			
	2MHz	75.1			
	4MHz	77.6			
	6MHz	79.8			
	8MHz	81.8			
	10MHz	83.3			
	20MHz	88.1			
	30MHz	91.3			

续表 A.2.1

位置角度	频率	图 2 给出值/dB(Ω)	实测值/dB(Ω)	示值误差/dB	不确定度/dB ($k=2$)
45°	9kHz	74.0			
	…	…			
	30MHz	91.3			
…	9kHz	74.0			
	…	…			
	30MHz	91.3			
315°	9kHz	74.0			
	…	…			
	30MHz	91.3			

A.2.2 信号发生器、频谱分析仪法

表 A.2.2 A1/A2/A3 确认系数

位置角度	频率	图 2 给出值/dB(Ω)	参考值/dBμV	测量值/dBμV	确认系数/dB(Ω)	示值误差/dB	不确定度/dB ($k=2$)
0°	9kHz	74.0					
	…	…					
	30MHz	91.3					
45°	9kHz	74.0					
	…	…					
	30MHz	91.3					
…	9kHz	74.0					
	…	…					
	30MHz	91.3					
315°	9kHz	74.0					
	…	…					
	30MHz	91.3					

附录 B

校准证书内页格式

B.1 外观及工作正常性检查

表 B.1 外观及工作正常性检查

项目	检查结果
外观检查	
工作正常性检查	

B.2 确认系数

B.2.1 网络分析仪法

表 B.2.1 A1/A2/A3 确认系数

位置角度	频率	图2给出值/dB(Ω)	实测值/dB(Ω)	示值误差/dB	不确定度/dB ($k=2$)
0°	9kHz	74.0			
	10kHz	73.9			
	20kHz	73.8			
	40kHz	73.8			
	60kHz	73.8			
	80kHz	73.8			
	100kHz	73.8			
	200kHz	73.9			
	400kHz	73.9			
	600kHz	74.0			
	800kHz	74.2			
	1MHz	74.3			
	2MHz	75.1			
	4MHz	77.6			
	6MHz	79.8			
	8MHz	81.8			
	10MHz	83.3			
	20MHz	88.1			
	30MHz	91.3			

续表 B.2.1

位置角度	频率	图2给出值/dB(Ω)	实测值/dB(Ω)	示值误差/dB	不确定度/dB ($k=2$)
45°	9kHz	74.0			
	…	…			
	30MHz	91.3			
…	9kHz	74.0			
	…	…			
	30MHz	91.3			
315°	9kHz	74.0			
	…	…			
	30MHz	91.3			

B.2.2 信号发生器、频谱分析仪法

表 B.2.2 A1/A2/A3 确认系数

位置角度	频率	图2给出值/dB(Ω)	参考值/dBμV	测量值/dBμV	确认系数/dB(Ω)	示值误差/dB	不确定度/dB ($k=2$)
0°	9kHz	74.0					
	…	…					
	30MHz	91.3					
45°	9kHz	74.0					
	…	…					
	30MHz	91.3					
…	9kHz	74.0					
	…	…					
	30MHz	91.3					
315°	9kHz	74.0					
	…	…					
	30MHz	91.3					

附录 C

测量不确定度评定示例

C.1 确认系数测量结果不确定度的评定

C.1.1 测量模型

用网络分析仪和巴伦－偶极子对三环天线进行校准的测量模型为：

$$\Delta = -F_N - F_0 \qquad (C.1)$$

式中：

Δ ——确认系数示值误差，dB；

F_N ——图 2 中给出的确认系数；

F_0 ——确认系数实测值。

C.1.2 不确定度来源

不确定度来源主要有网络分析仪电平测量动态准确度、传输测量误差、巴伦－偶极子的损耗、线缆位置及偶极子与大环天线不共面、系统失配误差、测量重复性引入的不确定度分量等。

C.1.3 标准不确定度评定

C.1.3.1 网络分析仪电平测量动态准确度引入的不确定度分量 u_1

网络分析仪 －90dB 电平测量动态准确度最大为 ±0.8dB，按均匀分布，取 $k=\sqrt{3}$，则不确定度分量 $u_1=0.8\text{dB}/\sqrt{3}=0.462\text{dB}$ 。

C.1.3.2 网络分析仪传输测量误差引入的不确定度分量 u_2

网络分析仪传输测量 9kHz～30MHz 最大允许误差为 ±0.04dB，按均匀分布，取 $k=\sqrt{3}$，则不确定度分量 $u_2=0.04\text{dB}/\sqrt{3}=0.023\text{dB}$。

C.1.3.3 巴伦－偶极子引入的不确定度分量 u_3

巴伦－偶极子的插入损耗为 0.5dB，按均匀分布，取 $k=\sqrt{3}$，则不确定度分量 $u_3=0.5\text{dB}/\sqrt{3}=0.289\text{dB}$。

C.1.3.4 网络分析仪示值分辨力引入的标准不确定度分量 u_4

网络分析仪测量电平时分辨力为 0.05dB，按均匀分布，$k=\sqrt{3}$，由分辨力引入的不确定度分量为：$u_4=0.025\text{dB}/\sqrt{3}=0.014\text{dB}$。

C.1.3.5 线缆位置、偶极子与天线不共面及环境影响引入的标准不确定度分量 u_5

线缆位置、偶极子与天线不共面及环境影响引入的最大允许误差为 0.3dB，按均匀分布，$k=\sqrt{3}$，由此引入的不确定度分量为：$u_5=0.3\text{dB}/\sqrt{3}=0.173\text{dB}$。

C.1.3.6 系统失配误差引入的标准不确定度分量 u_6

系统失配误差最大按0.15dB计算，反正弦分布，$k=\sqrt{2}$，由此引入的不确定度分量为：$u_6=0.15\text{dB}/\sqrt{2}=0.11\text{dB}$。

C.1.3.7 测量重复性引入的标准不确定度分量 u_A

对三环天线系统Y向@10MHz进行重复性测量，结果见下表(dB)：

测量序号	1	2	3	4	5
测量结果	73.7	73.5	73.8	73.5	73.6
测量序号	6	7	8	9	10
测量结果	73.4	73.9	73.7	73.6	73.9
平均值 $\bar{x}_n$	73.66dB		标准差 s	0.172dB	

则 $u_A=s=\sqrt{\dfrac{\sum_{i=1}^{10}(x_i-x_a)^2}{(n-1)}}=0.172\text{dB}$

由于测量重复性包含了人员读数时因分辨率引入的误差，因此由分辨率引入的不确定度分量 u_4 和测量重复性引入的不确定度分量 u_A 取大者。

C.1.4 合成标准不确定度

C.1.4.1 主要不确定度汇总表

不确定度来源(u_i)	a_i(dB)	k_i	u_i(dB)
网络分析仪动态准确度 u_1	0.8	$\sqrt{3}$	0.462
网络分析仪传输测量误差 u_2	0.04	$\sqrt{3}$	0.023
巴伦-偶极子损耗 u_3	0.5	$\sqrt{3}$	0.289
示值分辨力 u_4	0.05	$\sqrt{3}$	0.014
线缆位置及偶极子与大环天线不共面 u_5	0.3	$\sqrt{3}$	0.173
系统失配误差 u_6	0.15	$\sqrt{2}$	0.11
测量重复性 u_A	0.172	1	0.172

C.1.4.2 合成标准不确定度计算

以上各项不确定度分量相互独立不相关，合成标准不确定度为：

$$u_c=\sqrt{u_1^2+u_2^2+u_3^2+u_5^2+u_6^2+u_A^2}=0.61\text{dB}$$

C.1.5 扩展不确定度

取包含因子 $k=2$，则扩展不确定度为：

$$U=ku_c=1.3\text{dB},k=2。$$

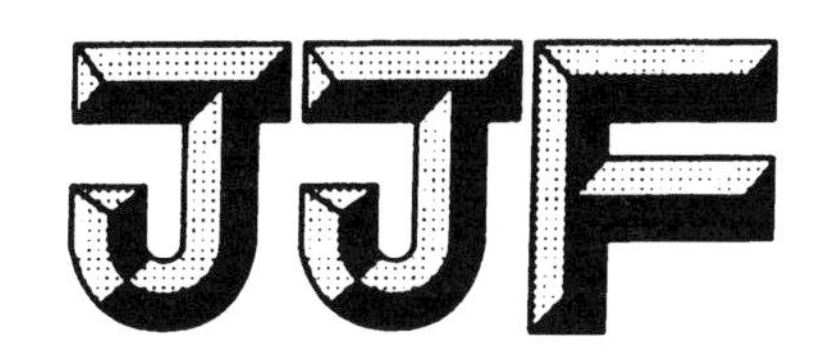

中华人民共和国工业和信息化部
电子计量技术规范

JJF（电子）0036—2019

示波器电流探头校准规范

Calibration Specification of Oscilloscope Current Probes

2019-08-26 发布　　　　2019-12-01 实施

中华人民共和国工业和信息化部 发布

示波器电流探头校准规范

JJF（电子）0036—2019

Calibration Specification of Oscilloscope Current Probes

归 口 单 位：中国电子技术标准化研究院

主要起草单位：中国电子科技集团公司第十三研究所

参加起草单位：中国电子科技集团公司第二十研究所

本规范技术条文委托起草单位负责解释

本规范主要起草人：

孙晓颖（中国电子科技集团公司第十三研究所）

刘红煜（中国电子科技集团公司第二十研究所）

乔玉娥（中国电子科技集团公司第十三研究所）

参加起草人：

陆　强（中国电子科技集团公司第二十研究所）

吴爱华（中国电子科技集团公司第十三研究所）

张　伟（中国电子科技集团公司第二十研究所）

示波器电流探头校准规范

目　　录

引　　言

本规范依据 JJF 1071—2010《国家计量校准规范编写规则》、JJF 1059.1—2012《测量不确定度评定与表示》编写。

本规范是对 JJF(电子)30305—2010《示波器电流探头校准规范》的修订。

与 JJF(电子)30305—2010 相比,主要修订的内容有:

——对适用范围进行了调整,将频带宽度 120MHz 调整为 200MHz。

——对校准方法重新做了修订,主要对“交、直流电流”和“输出电压比(衰减系数)”校准项目增加了“数字多用表读值法”(见 7.3.1.2、7.3.2.2、7.3.3.2);对“频带宽度”校准项目增加了读频带宽度内下降(或上升)分贝数的方法(见 7.3.4.1)。

——增加了附录 C:测量不确定度评定示例。

本规范历次版本的发布情况为:

——JJF(电子)30305—2010。

示波器电流探头校准规范

1 范围

本规范适用于频带宽度不大于200MHz的示波器电流探头的校准。

2 引用文件

本章无引用。

3 术语和计量单位

本章无定义。

4 概述

示波器电流探头(以下简称电流探头)作为示波器的重要附件之一,在探头的测量端装有一个电流感应变换器。使用时把探头卡在电缆导线上而无须切断电路,探头获得的信号首先变换成电压,再经比例变换后送到示波器的输入端,可以在示波器上直接显示电流波形或以电压为单位的形式显示电流波形。它解决了电流的时域测量问题,因而在科研试验和工程测试上被广泛使用。

5 计量特性

5.1 交流电流

有效值测量范围:10mA～500A;

最大允许误差:±(1%～5%)。

5.2 直流电流

测量范围:±(10mA～750A);

最大允许误差:±(1%～5%)。

5.3 输出电压比(衰减系数)

输出电压比:1V/A,0.2V/A,0.1V/A,10mV/A,1mV/A;

最大允许误差:±(1%～5%);

衰减系数:1∶1,5∶1,10∶1,100∶1,1000∶1。

5.4 频带宽度(-3dB)

测量范围:DC～200MHz。

5.5 上升/下降时间

上升/下降时间:≤1.7ns。

6 校准条件

6.1 环境条件

a）环境温度:(23 ±5)℃;

b）环境相对湿度:≤80 %;

c）供电电源:220 V □11V;50 Hz □1Hz;

d）周围无影响正常工作的电磁干扰和机械振动。

6.2 测量标准及其他设备

6.2.1 示波器校准仪

a）输出波形:稳幅正弦波;

频率范围:DC ~1GHz;

电平范围:5mV ~5.5V;

平坦度: ±(1.5% ~3.5%);

b）输出快沿:150ps;

c）配备 50Ω 电流环。

6.2.2 数字示波器

a）频带宽度(-3dB):DC ~1GHz;

b）水平灵敏度:1ns/div ~10s/div;

时基最大允许误差: $\pm 2 \times 10^{-5}$;

c）垂直灵敏度:1mV/div ~5V/div;

直流增益: ±(0.5% ~3%);

d）输入阻抗:50Ω 和 1MΩ。

e）数字示波器的频带宽度应不小于示波器电流探头的频带宽度的 3 倍。

6.2.3 多功能校准源(跨导放大器)

a）直流电流输出范围: ±(10mA ~100A);

最大允许误差: ±(0.01% ~1%);

b）交流电流有效值输出范围:10mA ~120A;

频率范围:10Hz ~10kHz;

最大允许误差: ±(0.04% ~4%);

c）稳幅正弦波电压输出范围:10mV ~220V;

频率范围:10Hz ~30MHz;

最大允许误差: ±(0.1% ~1%);

d）配备 10 匝、25 匝或 50 匝等电流线圈。

6.2.4 标准交直流电流源

a）直流电流输出范围: ±(10mA ~750A);

最大允许误差: ±(0.01% ~1%);

b）交流电流有效值输出范围:10mA ~ 500A;

频率范围:10Hz ~ 1kHz;

最大允许误差: ±(0.04% ~4%)。

6.2.5　数字多用表

a）直流电压测量范围: ±(1mV ~ 100V);

最大允许误差: ±(0.01% ~1%);

b）交流电压测量范围:1mV ~ 100V;

频率范围:10Hz ~ 10kHz;

最大允许误差: ±(0.1% ~1%);

c）输入阻抗:1MΩ。

7　校准项目和校准方法

7.1　校准项目

表1　校准项目一览

序号	校准项目	校准方法条款
1	交流电流	7.3.1
2	直流电流	7.3.2
3	输出电压比(衰减系数)	7.3.3
4	频带宽度(-3dB)	7.3.4
5	上升/下降时间	7.3.5

7.2　外观及工作正常性检查

7.2.1　外观检查

被校准的示波器电流探头外观应完好,无影响正常工作的机械损伤;标识应清晰完整,挡位切换到位,接触可靠,连接端子无损坏。

7.2.2　工作正常性检查

进行校准工作前,被校准电流探头和测量标准,应按规定开机预热30分钟以上。通电后电流探头应能正常工作,各种设置指示均正常。电流探头在校准前先进行自动调零和消磁。

7.3　校准方法

7.3.1　交流电流

7.3.1.1　方法一:数字示波器读值法

按以下步骤进行:

a）按图1连接仪器。

b）多功能校准源（或标准交直流电流源）的电流输出端用电缆短路或加到电流线圈的输入端，电流探头输入端卡在短路电缆或电流线圈上。电流探头的输出端与数字示波器连接，根据电流探头要求匹配的终端阻抗设置数字示波器输入阻抗为50Ω或1MΩ。

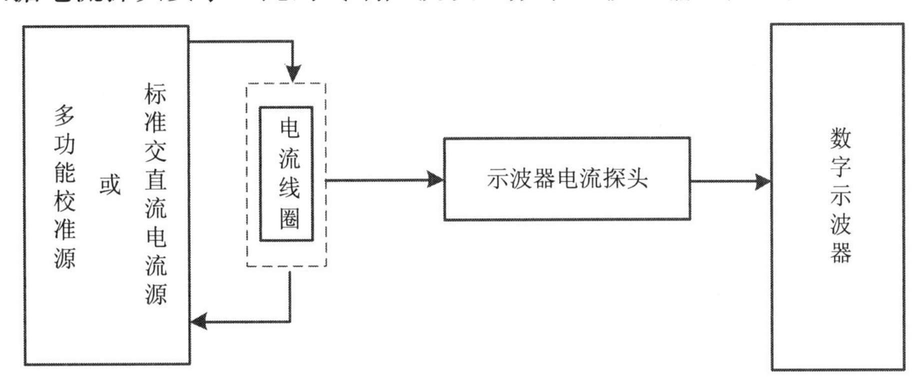

图1　数字示波器作为显示装置连接图

c）校准点在基本量程上由低到高均匀选取不少于3个点。

d）根据校准点电流值及多功能校准源（或标准交直流电流源）输出范围，选择电流线圈，线圈匝数为$n(n \geq 1)$；多功能校准源（或标准交直流电流源）输出频率为1kHz（或按电流探头说明书设定）的正弦波电流I_{01}，则电流探头测量的电流值为$n \times I_{01}$。

e）按电流探头标称的输出电压比（衰减系数）设置数字示波器衰减比，设置数字示波器垂直灵敏度为电流/div，单位A。记录数字示波器测得的交流电流值I_{11}。

f）用公式（1）计算电流探头交流电流示值误差：

$$\delta_{11} = \frac{I_{11} - nI_{01}}{nI_{01}} \times 100\% \quad (1)$$

式中：

δ_{11} ——示波器电流探头交流电流示值误差；

I_{01} ——多功能校准源（或标准交直流电流源）输出的交流电流值，A；

I_{11} ——数字示波器的交流电流测得值，A；

n ——电流线圈匝数。

g）其他交流电流量程、输出电压比（衰减系数）和频率点下的校准重复7.3.1.1 c）~ f）步骤中的方法。

7.3.1.2　方法二：数字多用表读值法

按以下步骤进行：

a）按图2连接仪器。

b）多功能校准源（或标准交直流电流源）的电流输出端用电缆短路或加到电流线圈的输入端，电流探头输入端卡在短路电缆或电流线圈上。电流探头的输出端与数字多用表连接；当电流探头要求匹配的终端阻抗为50Ω时，需在电流探头输出端和数字多用表之间接入50Ω通过式负载。

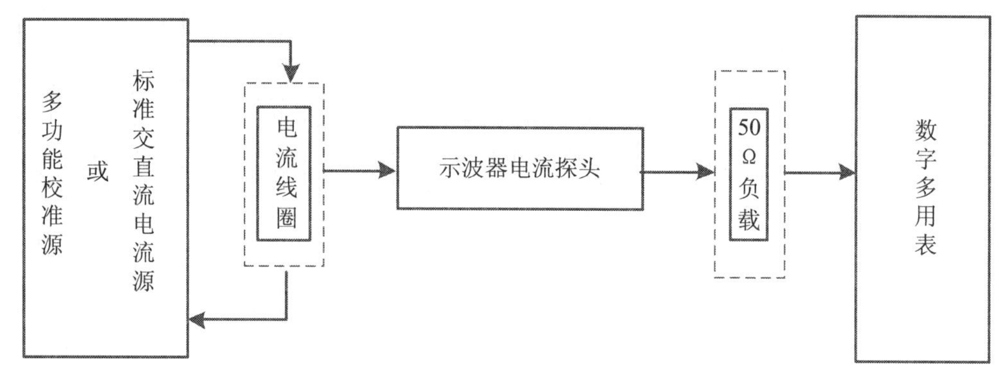

图2　数字多用表作为显示装置连接图

c）校准点在基本量程上由低到高不少于3个点均匀选取。

d）根据校准点电流值及多功能校准源（或标准交直流电流源）输出范围，选择电流线圈，线圈匝数为n（$n \geqslant 1$）；多功能校准源（或标准交直流电流源）输出频率为1kHz（或按电流探头说明书设定）的正弦波电流I_{01}，则电流探头测量的电流值为$n \times I_{01}$。

e）记录数字多用表测得的交流电压值V_{12}。

f）用公式（2）计算电流探头交流电流测量结果：

$$I_{12} = \frac{V_{12}}{K} \tag{2}$$

式中：

I_{12} ——示波器电流探头交流电流计算值，A；

V_{12} ——数字多用表的交流电压测得值，V；

K ——示波器电流探头输出电压比，V/A。

g）用公式（3）计算电流探头交流电流示值误差：

$$\delta_{12} = \frac{I_{12} - nI_{01}}{nI_{01}} \times 100\% \tag{3}$$

式中：

δ_{12} ——示波器电流探头交流电流示值误差；

I_{01} ——多功能校准源（或标准交直流电流源）输出的交流电流值，A；

I_{12} ——示波器电流探头交流电流计算值，A；

n ——电流线圈匝数。

h）其他交流电流量程、输出电压比和频率点下的校准重复7.3.1.2 c）～g）步骤中的方法。

7.3.2　直流电流

7.3.2.1　方法一：数字示波器读值法

按以下步骤进行：

a）按图1连接仪器。

b）多功能校准源（或标准交直流电流源）的电流输出端用电缆短路或加到电流线圈的输入端，电流探头输入端卡在短路电缆或电流线圈上。电流探头的输出端与数字示波器连接，根据电流探头要求匹配的终端阻抗设置数字示波器输入阻抗为 50Ω 或 1MΩ。

c）校准点在基本量程上由低到高不少于 3 个点均匀选取。

d）根据校准点电流值及多功能校准源（或标准交直流电流源）输出范围，选择电流线圈，线圈匝数为 $n(n \geq 1)$；多功能校准源（或标准交直流电流源）输出直流电流 I_{02}，则电流探头测量的电流值为 $n \times I_{02}$。

e）按电流探头标称的输出电压比（衰减系数）设置数字示波器衰减比，设置数字示波器垂直灵敏度为电流/div，单位 A。记录数字示波器测得的直流电流值 I_{21}。

f）用公式（4）计算电流探头直流电流示值误差：

$$\delta_{21} = \frac{I_{21} - nI_{02}}{nI_{02}} \times 100\% \qquad (4)$$

式中：

δ_{21} ——示波器电流探头直流电流示值误差；

I_{02} ——多功能校准源（或标准交直流电流源）输出的直流电流值，A；

I_{21} ——数字示波器的直流电流测得值，A；

n ——电流线圈匝数。

g）其他直流电流量程、输出电压比（衰减系数）下的校准重复 7.3.2.1 c）～ f）步骤中的方法。

7.3.2.2　方法二：数字多用表读值法

按以下步骤进行：

a）按图 2 连接仪器。

b）多功能校准源（或标准交直流电流源）的电流输出端用电缆短路或加到电流线圈的输入端，电流探头输入端卡在短路电缆或电流线圈上。电流探头的输出端与数字多用表连接；当电流探头要求匹配的终端阻抗为 50Ω 时，需在电流探头输出端和数字多用表之间接入 50Ω 通过式负载。

c）校准点在基本量程上由低到高不少于 3 个点均匀选取。

d）根据校准点电流值及多功能校准源（或标准交直流电流源）输出范围，选择电流线圈，线圈匝数为 $n(n \geq 1)$；多功能校准源（或标准交直流电流源）输出直流电流 I_{02}，则电流探头测量的电流值为 $n \times I_{02}$。

e）记录数字多用表测得的直流电压值 V_{22}。

f）用公式（5）计算电流探头直流电流测量结果：

$$I_{22} = \frac{V_{22}}{K} \qquad (5)$$

式中：

I_{22} ——示波器电流探头直流电流计算值，A；

V_{22} ——数字多用表的直流电压测得值，V；

K ——示波器电流探头输出电压比，V/A。

g）用公式(6)计算电流探头直流电流示值误差：

$$\delta_{22}=\frac{I_{22}-nI_{02}}{nI_{02}}\times 100\% \quad (6)$$

式中：

δ_{22} ——示波器电流探头直流电流示值误差；

I_{02} ——多功能校准源(或标准交直流电流源)输出的直流电流值,A；

I_{22} ——示波器电流探头直流电流计算值,A；

n ——电流线圈匝数。

h）其他直流电流量程、输出电压比下的校准重复7.3.2.2 c）～ g)步骤中的方法。

7.3.3 输出电压比(衰减系数)

7.3.3.1 方法一:数字示波器读值法(衰减系数)

按以下步骤进行：

a）按7.3.2.1 a）～ d)操作。

b）设置数字示波器衰减比为1∶1,设置数字示波器垂直灵敏度为电流/div,单位A。记录数字示波器测得的直流电流值 I_{31}。

c）用公式(7)和公式(8)计算示波器电流探头衰减系数及其示值误差：

$$K_I=\frac{I_{31}}{nI_{02}} \quad (7)$$

$$\delta_k=\frac{K-K_I}{K_I}\times 100\% \quad (8)$$

式中：

K_I ——输出电压比(衰减系数)计算值；

K ——输出电压比(衰减系数)标称值；

δ_k ——输出电压比(衰减系数)示值误差；

I_{02} ——多功能校准源(或标准交直流电流源)输出的直流电流值,A；

I_{31} ——数字示波器的直流电流测得值,A；

n ——电流线圈匝数。

d）其他直流电流量程、衰减系数下的校准重复7.3.3.1 a）～ c)步骤中的方法。

7.3.3.2 方法二:数字多用表读值法(输出电压比)

按以下步骤进行：

a）按7.3.2.2 a）～ d)操作；

b）记录数字多用表测得的直流电压值 V_{22}。

c）用公式(9)和公式(8)计算示波器电流探头输出电压比及其示值误差。

$$K_I=\frac{V_{22}}{nI_{02}} \quad (9)$$

式中：

K_I ——输出电压比(衰减系数)测量值,V/A;

I_{02} ——多功能校准源(或标准交直流电流源)输出的直流电流值,A;

V_{22} ——数字多用表测得的直流电压值,V;

n ——电流线圈匝数。

d）其他直流电流量程、输出电压比下的校准重复7.3.3.2 a）~ c)步骤中的方法。

注:1. 校准项目“直流电流”和“输出电压比(衰减系数)”可根据电流探头说明书技术指标或用户要求选取其中一项进行校准。

2. 校准方法7.3.1.2、7.3.2.2及7.3.3.2“数字多用表读值法”不能直接适用于带Auto Probe接口的电流探头。带Auto Probe接口的电流探头若采用“数字多用表读值法”,需要额外配备专用的供电电源及Auto Probe接口转换适配器。

7.3.4 频带宽度(－3dB)

7.3.4.1 方法一

按以下步骤进行:

a）按图3连接仪器;示波器校准仪或多功能校准源输出稳幅正弦波信号。

b）输出端接50Ω电流环,电流探头输入端卡在电流环上,电流探头输出端与数字示波器连接,根据电流探头要求匹配的终端阻抗设置数字示波器输入阻抗为50Ω或1MΩ。

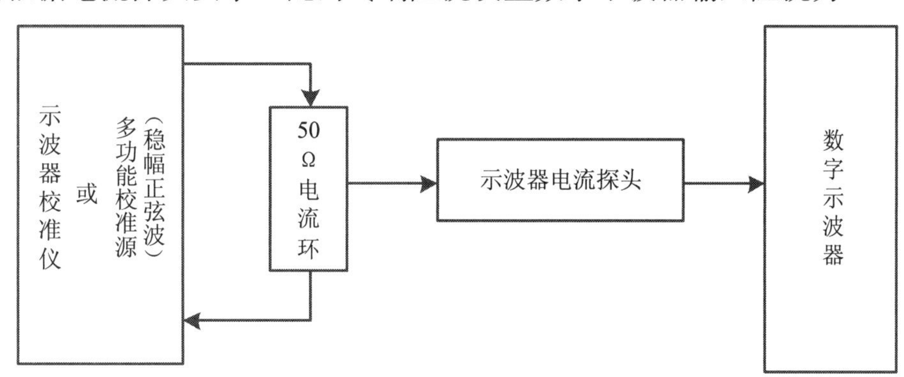

图3 频带宽度校准的连接示意

c）稳幅正弦波信号输出频率设为1kHz(或50kHz),调节输出电压值,使数字示波器显示的电流波形覆盖数字示波器约80%屏幕范围(通常为6格),记录数字示波器显示的基准频率点下的幅度值A_{ref}。

d）保持稳幅正弦波信号输出的电压值不变,均匀增加稳幅正弦波输出频率f,数字示波器显示的幅度值为A_f,则频带宽度内下降(或上升)的分贝数由公式(10)计算:

$$\delta_{dB} = 20 \times LOG \frac{A_f}{A_{ref}} \qquad (10)$$

式中:

δ_{dB} ——示波器电流探头频带宽度内下降(或上升)的分贝数值,dB;

A_{ref} ——参考频率点数字示波器测得的幅度值;

A_f ——输出频率f数字示波器测得的幅度值。

e）当稳幅正弦波信号的频率继续升高到电流探头的上限频率f_H(标称带宽)处时,

记录 f_H 频率点处数字示波器测得的幅度值 A_f；用公式（10）计算标称频带宽度内下降（或上升）的分贝数 δ_{dB}。

f）其他输出电压比（衰减系数）或量程下的频带宽度校准重复 7.3.4.1 c）～ e）步骤。

7.3.4.2　方法二

按以下步骤进行：

a）按 7.3.4.1 a）～ d）操作；

b）当稳幅正弦波信号的频率继续升高时，数字示波器显示幅度降至 $0.707A_{ref}$ 时，对应的频率 f_{BW} 即为电流探头频带宽度测得值。

c）其他输出电压比（衰减系数）或量程下的频带宽度校准重复 7.3.4.2 a）～ b）步骤。

7.3.5　上升/下降时间

按以下步骤进行：

a）按图 4 连接仪器；示波器校准仪输出标准快沿脉冲信号。

b）示波器校准仪输出端接 50Ω 电流环，电流探头输入端卡在电流环上，电流探头输出端与数字示波器连接，根据电流探头要求匹配的终端阻抗设置数字示波器输入阻抗为 50Ω 或 1MΩ。

c）设置数字示波器，使屏幕显示合适的幅度（通常为 5～6 格），记录数字示波器测得的上升/下降时间值。

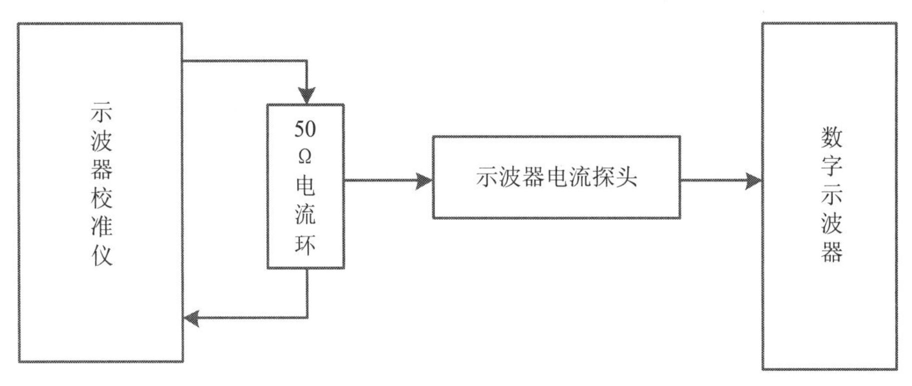

图 4　上升/下降时间校准的连接示意

d）用公式（11）计算电流探头的上升/下降时间值：

$$t_{rp} = \sqrt{t_{ro}^2 - t_{rs}^2} \quad (11)$$

式中：

t_{rp} ——示波器电流探头的上升/下降时间，s；

t_{ro} ——数字示波器测得的上升/下降时间，s；

t_{rs} ——数字示波器自身的建立时间，s。

e）其他输出电压比（衰减系数）或量程下的上升/下降时间的校准重复 7.3.5 c）～ d）步骤。

8 校准结果表达

校准完成后的示波器电流探头应出具校准证书。校准证书应至少包含以下信息：

a） 标题："校准证书"；

b） 实验室名称和地址；

c） 进行校准的地点；

d） 证书的唯一性标识（如编号），每页和总页数的标识；

e） 客户的名称和地址；

f） 被校对象的描述和明确标识；

g） 进行校准的日期，如果与校准结果的有效性和应用有关时，应说明被校对象的接收日期；

h） 如果与校准结果有效性应用有关时，应对被校样品的抽样程序进行说明；

i） 校准所依据的技术规范的标识，包括名称及代号；

j） 本次校准所用测量标准的溯源性及有效性说明；

k） 校准环境的描述；

l） 校准结果及其测量不确定度的说明；

m）对校准规范的偏离的说明；

n） 校准证书或校准报告签发人的签名、职务或等效标识；

o） 校准结果仅对被校对象有效的声明；

p） 未经实验室书面批准，不得部分复制证书的声明。

9 复校时间间隔

建议复校时间间隔为12个月。由于复校时间间隔的长短是由仪器的使用情况、使用者、仪器本身质量等诸多因素所决定的，因此，送校单位可根据实际使用情况自主决定复校时间间隔。

10 附录

附录A　原始记录格式

附录B　校准证书内页格式

附录C　测量不确定度评定示例

附录 A

原始记录格式

A.1 外观及工作正常性检查

表 A.1 外观及工作正常性检查

项目	检查结果
外观检查	
工作正常性检查	

A.2 交流电流

表 A.2.1 交流电流(方法一:数字示波器读值法)

频率/Hz	输出电压比(衰减系数)/(V/A)	量程/A	标称电流值/A	线圈匝数	测得值/A	示值误差	不确定度($k=2$)

表 A.2.2 交流电流(方法二:数字多用表读值法)

频率/Hz	输出电压比/(V/A)	量程/A	标称电流值/A	线圈匝数	测得值/V	计算值/A	示值误差	不确定度($k=2$)

A.3 直流电流

表 A.3.1 直流电流(方法一:数字示波器读值法)

输出电压比(衰减系数)/(V/A)	量程/A	标称电流值/A	线圈匝数	测得值/A	示值误差	不确定度($k=2$)

表 A.3.2　直流电流（方法二：数字多用表读值法）

输出电压比/(V/A)	量程/A	标称电流值/A	线圈匝数	测得值/V	计算值/A	示值误差	不确定度($k=2$)

A.4　输出电压比（衰减系数）

表 A.4.1　衰减系数（方法一：数字示波器读值法）

衰减系数	量程/A	标称电流值/A	线圈匝数	衰减比 1:1 测得值/A	衰减系数计算值	示值误差	不确定度($k=2$)

表 A.4.2　输出电压比（方法二：数字多用表读值法）

输出电压比/(V/A)	量程/A	标称电流值/A	线圈匝数	测得值/V	输出电压比计算值/(V/A)	示值误差	不确定度($k=2$)

A.5　频带宽度（−3dB）

表 A.5.1　频带宽度（方法一）

输出电压比(衰减系数)/(V/A)	量程/A	标称频带宽度/Hz	参考频率点幅度测得值/A	标称带宽频率点幅度测得值/A	频带宽度内下降的分贝数值/dB	不确定度($k=2$)

表 A.5.2 频带宽度(方法二)

输出电压比(衰减系数)/(V/A)	量程/A	标称频带宽度/Hz	参考频率点幅度测得值/A	频带宽度测得值/Hz	不确定度($k=2$)

A.6 上升/下降时间

表 A.6 上升/下降时间

输出电压比(衰减系数)/(V/A)	量程/A	快沿电流幅度/A	标称上升时间/s	示波器建立时间/s	上升时间测得值/s	探头的上升时间计算值/s	不确定度($k=2$)
输出电压比(衰减系数)/(V/A)	量程/A	快沿电流幅度/A	标称下降时间/s	示波器建立时间/s	下降时间测得值/s	探头的下降时间计算值/s	不确定度($k=2$)

附录 B

校准证书内页格式

B.1 外观及工作正常性检查

表 B.1 外观及工作正常性检查

项目	检查结果
外观检查	
工作正常性检查	

B.2 交流电流

表 B.2.1 交流电流(方法一:数字示波器读值法)

频率/Hz	输出电压比(衰减系数)/(V/A)	量程/A	标称电流值/A	线圈匝数	测得值/A	示值误差	不确定度($k=2$)

表 B.2.2 交流电流(方法二:数字多用表读值法)

频率/Hz	输出电压比/(V/A)	量程/A	标称电流值/A	线圈匝数	测得值/V	计算值/A	示值误差	不确定度($k=2$)

B.3 直流电流

表 B.3.1 直流电流(方法一:数字示波器读值法)

输出电压比(衰减系数)/(V/A)	量程/A	标称电流值/A	线圈匝数	测得值/A	示值误差	不确定度($k=2$)

表 B.3.2　直流电流（方法二：数字多用表读值法）

输出电压比/(V/A)	量程/A	标称电流值/A	线圈匝数	测得值/V	计算值/A	示值误差	不确定度($k=2$)

B.4　输出电压比（衰减系数）

表 B.4.1　衰减系数（方法一：数字示波器读值法）

衰减系数	量程/A	标称电流值/A	线圈匝数	衰减比 1：1 测得值/A	衰减系数计算值	示值误差	不确定度($k=2$)

表 B.4.2　输出电压比（方法二：数字多用表读值法）

输出电压比/(V/A)	量程/A	标称电流值/A	线圈匝数	测得值/V	输出电压比计算值/(V/A)	示值误差	不确定度($k=2$)

B.5　频带宽度（−3dB）

表 B.5.1　频带宽度（方法一）

输出电压比(衰减系数)/(V/A)	量程/A	标称频带宽度/Hz	参考频率点幅度测得值/A	标称带宽频率点幅度测得值/A	频带宽度内下降的分贝数值/dB	不确定度($k=2$)

表 B.5.2 频带宽度(方法二)

输出电压比(衰减系数)/(V/A)	量程/A	标称频带宽度/Hz	参考频率点幅度测得值/A	频带宽度测得值/Hz	不确定度($k=2$)

B.6 上升/下降时间

表 B.6 上升/下降时间

输出电压比(衰减系数)/(V/A)	量程/A	快沿电流幅度/A	标称上升时间/s	示波器建立时间/s	上升时间测得值/s	探头的上升时间计算值/s	不确定度($k=2$)
输出电压比(衰减系数)/(V/A)	量程/A	快沿电流幅度/A	标称下降时间/s	示波器建立时间/s	下降时间测得值/s	探头的下降时间计算值/s	不确定度($k=2$)

附录 C

测量不确定度评定示例

C.1 交流电流(方法一:数字示波器读值法)

C.1.1 测量模型

$$Y = y = nX \quad \cdots\cdots \quad (C.1)$$

式中:

Y ——示波器电流探头交流电流校准值,A;

y ——数字示波器显示测得的交流电流值,A;

X ——测量标准器输出交流电流值,A;

n ——线圈匝数。

C.1.2 不确定度来源

根据测量模型,分析其测量不确定度来源为:

a）测量标准器的不准确引入的标准不确定度分量 u_1;

b）显示装置数字示波器分辨力引入的标准不确定度分量 u_2;

c）测量重复性引入的标准不确定度分量 u_3。

C.1.3 标准不确定度评定

a）测量标准器的不准确引入的标准不确定度分量 u_1

测量 1A 点时,线圈匝数 $n = 1$,测量标准器选为多功能校准源。按多功能校准源说明书,1kHz、1A 交流电流输出最大允许误差为 $\pm(0.05\% \times 1A + 100\mu A) = \pm 6 \times 10^{-4}$A。按均匀分布,包含因子为$\sqrt{3}$,则其标准不确定度分量计算过程如下:

$$u_1 = n \times 6 \times 10^{-4}A \div \sqrt{3} = 3.5 \times 10^{-4}A \text{（线圈匝数 } n = 1\text{）} \cdots\cdots \quad (C.2)$$

b）显示装置示波器分辨力引入的标准不确定度分量 u_2

数字示波器读 1A 交流有效值,则峰值为 2.828A,垂直刻度置于 500mA/div,满度为 8 格,按其说明书,垂直分辨力为 9 位。则示波器分辨力为 $4A \times 1/(2^9 - 1) = 7.8 \times 10^{-3}$ A。按均匀分布,包含因子为$\sqrt{3}$,则其标准不确定度分量计算过程如下:

$$u_2 = 7.8 \times 10^{-3} A \div 2 \div \sqrt{3} = 2.3 \times 10^{-3} A \cdots\cdots \quad (C.3)$$

c）测量重复性引入的标准不确定度分量 u_3

在重复性测量条件下,采用贝塞尔公式对 10 次测量数据的标准偏差进行计算。

例如,在 1kHz、1A 点 10 次测量结果为:

<table>
<tr><td>0.996</td><td>0.994</td><td>0.996</td><td>0.994</td><td>0.996</td><td rowspan="2">单位:A</td></tr>
<tr><td>0.994</td><td>0.996</td><td>0.994</td><td>0.996</td><td>0.996</td></tr>
</table>

则其标准不确定度分量计算过程如下：

$$u_3 = s = 1.1 \times 10^{-3}\text{A} \quad \cdots\cdots \quad (\text{C.4})$$

表 C.1　交流电流(数字示波器读值法)标准不确定度分量一览

标准不确定度分量	不确定度来源	评定方法	k 值	标准不确定度	灵敏系数
u_1	测量标准器的不准确	B类	$\sqrt{3}$	$3.5 \times 10^{-4}\text{A}$	$n=1$
u_2	显示装置数字示波器分辨力	B类	$\sqrt{3}$	$2.3 \times 10^{-3}\text{A}$	$n=1$
u_3	测量重复性	A类	——	$1.1 \times 10^{-3}\text{A}$	$n=1$

C.1.4　合成标准不确定度

上述各分量独立不相关，则合成标准不确定度为：

$$u_c = \sqrt{u_1^2 + u_2^2 + u_3^2} = 2.6 \times 10^{-3}\text{A} \quad \cdots\cdots \quad (\text{C.5})$$

C.1.5　扩展不确定度

采用简易法评定扩展不确定度，取包含因子 $k=2$，其扩展不确定度为：

$$U = 2 \times u_c = 5.2 \times 10^{-3}\text{A} \approx 0.006\text{A},\ U_{\text{rel}} = 0.6\%\ (1\text{kHz、}1\text{A，线圈匝数 } n=1) \quad \cdots\cdots \quad (\text{C.6})$$

C.2　交流电流(方法二:数字多用表读值法)

C.2.1　测量模型

$$Y = y/K = nX \quad \cdots\cdots \quad (\text{C.7})$$

式中：

Y ——示波器电流探头交流电流校准值，A；

y ——数字多用表显示测得的交流电压值，V；

K ——示波器电流探头输出电压比(衰减系数)，V/A；

X ——测量标准器输出交流电流值，A；

n ——电流线圈匝数。

C.2.2　不确定度来源

根据测量模型，分析其测量不确定度来源为：

a）测量标准器的不准确引入的标准不确定度分量 u_1；

b）显示装置数字多用表分辨力引入的标准不确定度分量 u_2；

c）测量重复性引入的标准不确定度分量 u_3。

C.2.3　标准不确定度评定

a）测量标准器的不准确引入的标准不确定度分量 u_1

测量 1A 点时，线圈匝数 $n=1$，测量标准器为多功能校准源。按多功能校准源说明书，1kHz、1A 交流电流输出最大允许误差为 $\pm(0.05\% \times 1\text{A} + 100\mu\text{A}) = \pm 6 \times 10^{-4}\text{A}$。按均匀分布，包含因子为$\sqrt{3}$，则其标准不确定度分量计算过程如下：

$$u_1 = n \times 6 \times 10^{-4}\text{A} \div \sqrt{3} = 3.5 \times 10^{-4}\text{A}（线圈匝数 n=1） \cdots\cdots\cdots\cdots (C.8)$$

b）显示装置数字多用表分辨力引入的标准不确定度分量 u_2

由于数字多用表显示分辨力为6位，即相对分辨力为 1×10^{-6}，远小于测量标准器引入的标准不确定度分量，故由其引入的标准不确定度分量可忽略不计，即 $u_2 \approx 0$。

c）测量重复性引入的标准不确定度分量 u_3

在重复性测量条件下，采用贝塞尔公式对10次测量数据的标准偏差进行计算。

例如，在1kHz、1A点数字多用表10次测量结果为：

100.53	100.52	100.50	100.52	100.53	单位：mV
100.52	100.52	100.53	100.52	100.50	

电流探头输出电压比 $K=100\text{mV/A}$，则计算所得电流探头测量结果为：

1.0053	1.0052	1.0050	1.0052	1.0053	单位：A
1.0052	1.0052	1.0053	1.0052	1.0050	

则其标准不确定度分量计算过程如下：

$$u_3 = s = 1.1 \times 10^{-4}\text{A} \cdots\cdots\cdots\cdots (C.9)$$

表C.2　交流电流（数字多用表读值法）标准不确定度分量一览

标准不确定度分量	不确定度来源	评定方法	k 值	标准不确定度	灵敏系数
u_1	测量标准器的不准确	B类	$\sqrt{3}$	3.5×10^{-4}A	$n=1$
u_2	显示装置数字多用表分辨力	B类	$\sqrt{3}$	0 A	$n=1$
u_3	测量重复性	A类	—	1.1×10^{-4}A	$n=1$

C.2.4　合成标准不确定度

上述各分量独立不相关，则合成标准不确定度为：

$$u_c = \sqrt{u_1^2 + u_2^2 + u_3^2} = 3.7 \times 10^{-4}\text{ A} \cdots\cdots\cdots\cdots (C.10)$$

C.2.5　扩展不确定度

采用简易法评定扩展不确定度，取包含因子 $k=2$，其扩展不确定度为：

$$U = 2 \times u_c = 7.4 \times 10^{-4}\text{A} \approx 0.0008\text{A}, U_{rel} = 0.08\%（1\text{kHz}、1\text{A}，线圈匝数 n=1）\cdots\cdots\cdots\cdots (C.11)$$

C.3　直流电流（方法一：数字示波器读值法）

C.3.1　测量模型

$$Y = y = nX \cdots\cdots\cdots\cdots (C.12)$$

式中：

Y ——示波器电流探头直流电流校准值，A；

y ——数字示波器显示测得的直流电流值，A；

X ——测量标准器输出直流电流值，A；

n ——线圈匝数。

C.3.2 不确定度来源

根据测量模型，分析其测量不确定度来源为：

a）测量标准器的不准确引入的标准不确定度分量 u_1；

b）显示装置数字示波器分辨力引入的标准不确定度分量 u_2；

c）测量重复性引入的标准不确定度分量 u_3。

C.3.3 标准不确定度评定

a）测量标准器的不准确引入的标准不确定度分量 u_1

测量1A点时，线圈匝数 $n=1$，测量标准器为多功能校准源。按多功能校准源说明书，1A直流电流的输出最大允许误差为 $\pm(200\times10^{-6}\times1\text{A}+40\mu\text{A})=\pm2.4\times10^{-4}\text{ A}$。按均匀分布，包含因子为$\sqrt{3}$，则其标准不确定度分量计算过程如下：

$$u_1=n\times2.4\times10^{-4}\text{ A}\div\sqrt{3}=1.39\times10^{-4}\text{ A}(\text{线圈匝数 }n=1)\quad\cdots\cdots\quad(\text{C.13})$$

b）显示装置数字示波器分辨力引入的标准不确定度分量 u_2

数字示波器读1A直流，垂直刻度置于200mA/div，其垂直光标最小可调节能力为4mA。示波器测量直流电压步骤由两次测量组成（分别测量底量值和顶量值），且两次测量结果正相关。按均匀分布，包含因子为$\sqrt{3}$，则其标准不确定度分量计算过程如下：

$$u_2=4\times10^{-3}\text{ A}\div2\times2\div\sqrt{3}=2.31\times10^{-3}\text{ A}\quad\cdots\cdots\quad(\text{C.14})$$

c）测量重复性引入的标准不确定度分量 u_3

在重复性测量条件下，采用贝塞尔公式对10次测量数据的标准偏差进行计算。

例如，在1A点10次测量结果为：

0.990	0.990	0.992	0.990	0.990	单位：A
0.992	0.992	0.992	0.990	0.990	

则其标准不确定度分量计算过程如下：

$$u_3=s=1.03\times10^{-3}\text{A}\quad\cdots\cdots\quad(\text{C.15})$$

表C.3 直流电流（数字示波器读值法）标准不确定度分量一览表

标准不确定度分量	不确定度来源	评定方法	k 值	标准不确定度	灵敏系数
u_1	测量标准器的不准确	B类	$\sqrt{3}$	1.39×10^{-4} A	$n=1$
u_2	显示装置数字示波器分辨力	B类	$\sqrt{3}$	2.31×10^{-3} A	$n=1$
u_3	测量重复性	A类	—	1.03×10^{-3}A	$n=1$

C.3.4 合成标准不确定度

上述各分量独立不相关，则合成标准不确定度为：

$$u_c=\sqrt{u_1^2+u_2^2+u_3^2}=2.53\times10^{-3}\text{ A}\quad\cdots\cdots\quad(\text{C.16})$$

C.3.5　扩展不确定度

采用简易法评定扩展不确定度，取包含因子 $k=2$，其扩展不确定度为：

$$U=2\times u_c=5.1\times10^{-3}\text{A}\approx0.005\text{A}, U_{\text{rel}}=0.5\%\ (1\text{A},线圈匝数\ n=1) \quad \text{(C.17)}$$

C.4　直流电流（方法二：数字多用表读值法）

C.4.1　测量模型

$$Y=y/K=nX \quad \text{(C.18)}$$

式中：

Y ——示波器电流探头直流电流校准值，A；

y ——数字多用表显示测得的直流电压值，V；

K ——示波器电流探头输出电压比（衰减系数），V/A；

X ——测量标准器输出直流电流值，A；

n ——线圈匝数。

C.4.2　不确定度来源

根据测量模型，分析其测量不确定度来源为：

a）测量标准器的不准确引入的标准不确定度分量 u_1；

b）显示装置数字多用表分辨力引入的标准不确定度分量 u_2；

c）测量重复性引入的标准不确定度分量 u_3。

C.4.3　标准不确定度评定

a）测量标准器的不准确引入的标准不确定度分量 u_1

测量 1A 点时，线圈匝数 $n=1$，测量标准器为多功能校准源。按多功能校准源说明书，1A 直流电流的输出最大允许误差为 $\pm(200\times10^{-6}\times1\text{A}+40\mu\text{A})=\pm2.4\times10^{-4}\ \text{A}$。按均匀分布，包含因子为$\sqrt{3}$，则其标准不确定度分量计算过程如下：

$$u_1=n\times2.4\times10^{-4}\ \text{A}\div\sqrt{3}=1.39\times10^{-4}\ \text{A}(线圈匝数\ n=1) \quad \text{(C.19)}$$

b）显示装置数字多用表分辨力引入的标准不确定度分量 u_2

由于数字多用表显示分辨力为 6 位，即相对分辨力为 1×10^{-6}，远小于测量标准器引入的标准不确定度分量，故由其引入的标准不确定度分量可忽略不计，即 $u_2\approx0$。

c）测量重复性引入的标准不确定度分量 u_3

在重复性测量条件下，采用贝塞尔公式对 10 次测量数据的标准偏差进行计算。

例如，在 1A 点数字多用表 10 次测量结果为：

100.006	100.010	100.008	100.007	100.006	单位：mV
100.010	100.010	100.006	100.008	100.007	

电流探头输出电压比 $K=100\text{mV/A}$，则计算所得电流探头测量结果：

1.00006	1.00010	1.00008	1.00007	1.00006	单位：A
1.00010	1.00010	1.00006	1.00008	1.00007	

则其标准不确定度分量计算过程如下：

$$u_3 = s = 1.69 \times 10^{-5}\text{A} \quad \cdots\cdots \quad (\text{C}.20)$$

表 C.4 直流电流（数字多用表读值法）标准不确定度分量一览

标准不确定度分量	不确定度来源	评定方法	k 值	标准不确定度	灵敏系数
u_1	测量标准器的不准确	B 类	$\sqrt{3}$	1.39×10^{-4} A	$n=1$
u_2	显示装置数字多用表分辨力	B 类	$\sqrt{3}$	0 A	$n=1$
u_3	测量重复性	A 类	—	1.69×10^{-5}A	$n=1$

C.4.4 合成标准不确定度

上述各分量独立不相关，则合成标准不确定度为：

$$u_c = \sqrt{{u_1}^2 + {u_2}^2 + {u_3}^2} = 1.4 \times 10^{-4}\text{ A} \quad \cdots\cdots \quad (\text{C}.21)$$

C.4.5 扩展不确定度

采用简易法评定扩展不确定度，取包含因子 $k=2$，其扩展不确定度为：

$$U = 2 \times u_c = 2.8 \times 10^{-4}\text{A} \approx 0.00028\text{A}, U_{\text{rel}} = 0.028\%\ (1\text{A}, \text{线圈匝数 } n=1) \quad \cdots\cdots \quad (\text{C}.22)$$

C.5 输出电压比（衰减系数）

输出电压比（衰减系数）的校准方法与直流电流校准方法一致，其测量不确定度评定过程可参考直流电流。

C.6 频带宽度

C.6.1 测量模型

$$Y = \delta_{dB} = 20 \times \text{Log}\frac{A_{\text{f}}}{A_{ref}} \quad \cdots\cdots \quad (\text{C}.23)$$

式中：

Y ——示波器电流探头频带宽度内下降（或上升）的分贝数，dB；

δ_{dB} ——计算所得分贝数值，dB；

A_{ref} ——参考频率点数字示波器测得的波形幅度；

A_{f} ——频率 f 数字示波器测得的波形幅度。

C.6.2 不确定度来源

根据测量模型，分析其测量不确定度来源为：

a）标准器的平坦度或频响不准确引入的标准不确定度分量 u_1；

b）显示装置示波器分辨力引入的标准不确定度分量 u_2 和 u_3；

c）测量重复性引入的标准不确定度分量 u_4。

C.6.3　标准不确定度评定

a）标准器的平坦度或频响不准确引入的标准不确定度分量 u_1

标准器为示波器校准仪，按其说明书的技术指标，100MHz 稳幅正弦波相对 50kHz 的平坦度为 ±2%。按均匀分布，包含因子为$\sqrt{3}$，则其标准不确定度分量计算过程如下：

$$u_1 = 2\% \div \sqrt{3} = 0.172\text{dB} \div \sqrt{3} = 0.0993\ \text{dB} \quad \text{(C.24)}$$

b）显示装置数字示波器分辨力引入的标准不确定度分量 u_2 和 u_3

显示装置示波器垂直分辨力为 9 位，即其垂直分辨力为满度值的 $1/(2^9-1)=1.96\times10^{-3}$。在示波器频带宽度内正弦波幅度由参考频率下的 6div 最多下降为 4.2div。按均匀分布，包含因子为$\sqrt{3}$，则对 6div 幅度其标准不确定度分量计算过程如下：

$$u_2 = (1.96\times10^{-3}\times8\div6)\div\sqrt{3} = 0.151\% = 0.013\text{dB} \quad \text{(C.25)}$$

对 4.2div 幅度其标准不确定度分量计算过程如下：

$$u_3 = (1.96\times10^{-3}\times8\div4.2)\div\sqrt{3} = 0.216\% = 0.019\text{dB} \quad \text{(C.26)}$$

c）测量重复性引入的标准不确定度分量 u_4

在重复性测量条件下，采用贝塞尔公式对 10 次测量数据的标准偏差进行计算。

例如，对 100MHz 频带宽度下降的分贝数 10 次测量结果为：

-1.20	-1.20	-1.15	-1.20	-1.15	单位：dB
-1.20	-1.20	-1.15	-1.20	-1.15	

则其标准不确定度分量计算过程如下：

$$u_4 = s = 0.026\text{dB} \quad \text{(C.27)}$$

表 C.5　频带宽度标准不确定度分量一览

标准不确定度分量	不确定度来源	评定方法	k 值	标准不确定度	灵敏系数
u_1	标准器的平坦度或频响不准确	B 类	$\sqrt{3}$	0.0993 dB	1
u_2	显示装置数字示波器分辨力	B 类	$\sqrt{3}$	0.013dB	1
u_3	显示装置数字示波器分辨力	B 类	$\sqrt{3}$	0.019dB	1
u_4	测量重复性	A 类	——	0.026dB	1

C.6.4　合成标准不确定度

上述各分量独立不相关，则合成标准不确定度为：

$$u_c = \sqrt{u_1^2 + u_2^2 + u_3^2 + u_4^2} = 0.105\text{dB} \quad \text{(C.28)}$$

C.6.5　扩展不确定度

采用简易法评定扩展不确定度，取包含因子 $k=2$，其扩展不确定度为：

$$U = 2\times u_c = 2\times0.105\text{dB} \approx 0.21\text{dB}(100\text{MHz}) \quad \text{(C.29)}$$

C.7 上升/下降时间

C.7.1 测量模型

校准示波器电流探头上升时间 t_{rp},示波器显示的上升时间 t_{ro} 与标准快沿上升时间 t_s、数字示波器的建立时间 t_{rs} 有如下关系:$t_{ro}=\sqrt{{t_{rp}}^2+{t_s}^2+{t_{rs}}^2}$。

在一般测量中,要求数字示波器的建立时间应小于电流探头上升时间的1/3;电流探头上升时间应小于标准快沿上升时间的1/3。此时数学模型可视为:

$$t_{rp}=t_{ro} \qquad (C.30)$$

C.7.2 不确定度来源

根据测量模型,分析其测量不确定度来源为:

a)标准快沿上升时间产生的误差 ε_1 引入的不确定度分量 u_1;

b)显示装置示波器建立时间产生的误差 ε_2 引入的不确定度分量 u_2;

c)测量重复性引入的标准不确定度分量 u_3。

C.7.3 标准不确定度评定

a)标准快沿上升时间产生的误差 ε_1 引入的标准不确定度分量 u_1

由于快沿脉冲信号的上升时间的不足够快而引入的误差记作:$\varepsilon_1=\sqrt{1+\frac{1}{n_1^2}}-1$,式中 $n_1=\frac{t_{rp}}{t_s}$。

用示波器校准仪输出的上升时间150ps的快沿脉冲信号,用来校准100MHz示波器电流探头($t_{rp}=3.5\text{ns}$),则 $n_1=23.3$,$\varepsilon_1=9.2\times10^{-4}$。按均匀分布,包含因子为$\sqrt{3}$,则其标准不确定度分量计算过程如下:

$$u_1=\varepsilon_1\times3.5\text{ns}\div\sqrt{3}=9.2\times10^{-4}\times3.5\text{ns}\div\sqrt{3}=1.86\text{ps} \qquad (C.31)$$

b)显示装置示波器建立时间产生的误差 ε_2 引入的标准不确定度分量 u_2

由于示波器建立时间的不足够快而引入的误差记作:$\varepsilon_2=\sqrt{1+\frac{1}{n_2^2}}-1$,式中 $n_2=\frac{t_{rp}}{t_{rs}}$。

显示装置示波器自身建立时间为1ns(频带宽度350MHz),100MHz示波器电流探头($t_{rp}=3.5\text{ns}$),则 $n_2=3.5$,$\varepsilon_2=4\%$。按均匀分布,包含因子为$\sqrt{3}$,则其标准不确定度分量计算过程如下:

$$u_2=\varepsilon_2\times3.5\text{ns}\div\sqrt{3}=4\%\times3.5\text{ns}\div\sqrt{3}=0.081\text{ns} \qquad (C.32)$$

c)测量重复性引入的标准不确定度分量 u_3

在重复性测量条件下,采用贝塞尔公式对10次测量数据的标准偏差进行计算。

例如,对100MHz电流探头上升时间10次测量结果为:

3.6	3.5	3.6	3.5	3.6	单位:ns
3.5	3.5	3.6	3.5	3.6	

则其标准不确定度分量计算过程如下：

$$u_3 = s = 0.053\text{ns} \quad (C.33)$$

表 C.6 上升时间标准不确定度分量一览

标准不确定度分量	不确定度来源	评定方法	k 值	标准不确定度	灵敏系数
u_1	标准快沿上升时间产生的误差	B 类	$\sqrt{3}$	1.86ps	1
u_2	显示装置示波器建立时间产生的误差	B 类	$\sqrt{3}$	0.081ns	1
u_3	测量重复性	A 类	—	0.053ns	1

C.7.4 合成标准不确定度

上述各分量独立不相关，则合成标准不确定度为：

$$u_c = \sqrt{u_1^2 + u_2^2 + u_3^2} = 0.098\text{ns} \quad (C.34)$$

C.7.5 扩展不确定度

采用简易法评定扩展不确定度，取包含因子 $k=2$，其扩展不确定度为：

$$U = 2 \times u_c = 2 \times 0.098\text{ns} \approx 0.2\text{ns}(100\text{MHz}, 3.5\text{ns}) \quad (C.35)$$

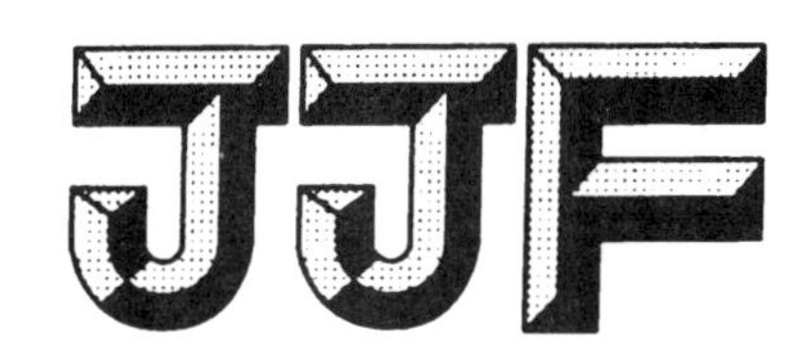

中华人民共和国工业和信息化部
电子计量技术规范

JJF（电子）0037—2019

脉冲磁场发生器校准规范

Calibration Specification of Pulse magnetic field generators

2019－08－26 发布　　　　2019－12－01 实施

中华人民共和国工业和信息化部　发布

脉冲磁场发生器校准规范

Calibration Specification of Pulse magnetic field generators

JJF（电子）0037—2019

归 口 单 位：中国电子技术标准化研究院

主要起草单位：工业和信息化部电子第五研究所

广州赛宝计量检测中心服务有限公司

参加起草单位：佛山赛宝信息产业技术研究院有限公司

重庆赛宝工业技术研究院

本规范技术条文委托起草单位负责解释

本规范主要起草人：

赵　敏（工业和信息化部电子第五研究所）

刘琼芳（广州赛宝计量检测中心服务有限公司）

张　成（工业和信息化部电子第五研究所）

参加起草人：

阚　飞（佛山赛宝信息产业技术研究院有限公司）

杜好岗（重庆赛宝工业技术研究院）

脉冲磁场发生器校准规范

目　　录

引　　言

本规范依据 JJF1071—2010《国家计量校准规范编写规则》、JJF1001—2011《通用计量名词术语》和 JJF1059.1—2012《测量不确定度评定与表示》编写。

本规范为首次在国内发布。

脉冲磁场发生器校准规范

1 范围

本规范适用于电磁兼容试验用脉冲磁场发生器的校准。

2 引用文件

GB/T 17626.9 电磁兼容 试验和测量技术 脉冲磁场抗扰度试验

注：凡是注日期的引用文件，仅注日期的版本适用于本规范；凡是不注日期的引用文件，其最新版本（包括所有的修改单）适用于本规范。

3 术语和计量单位

3.1 波前时间 front time

电流的波前时间是一个虚拟参数，定义为10%峰值和90%峰值两点之间所对应时间间隔的1.25倍，单位为μs。

3.2 持续时间 duration

电流的持续时间是一个虚拟参数，定义为电流上升到50%峰值和下降到50%峰值两点之间所对应时间间隔的1.18倍，单位为μs。

3.3 感应线圈 induction coil

具有确定形状和尺寸的导体环。当环中流过电流时，在其平面和所包围的空间内产生确定的磁场。

[GB/T 17626.9—2011，术语和定义4.2]

3.4 感应线圈因数 induction coil factor

尺寸确定的感应线圈所产生的磁场强度与相应电流的比值，磁场强度是在没有受试设备的情况下，在线圈平面中心处测得的，单位为1/m。

[GB/T 17626.9—2011，术语和定义4.3]

4 概述

脉冲磁场发生器是用于模拟设备遭受由雷击建筑物和其他金属架构以及由在电力系统中初始的故障瞬态产生的，或模拟在高压变电站中由断路器切合高压母线和高压线路产生的脉冲磁场干扰的情况。主要由高压电源、上升时间形成电感、充电电阻、阻抗匹配电阻、储能电容、脉冲宽度整形电阻及感应线圈组成，其原理图如图1所示，输出电流波形如图2所示。感应线圈由铜、铝或其他非磁性导电的材料制成，与发生器相连接产生与规定的均匀性相对应的磁场强度。

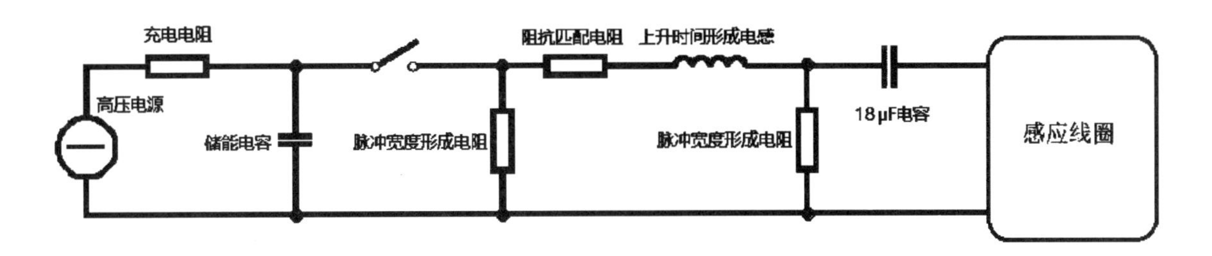

图1 脉冲磁场发生器示意

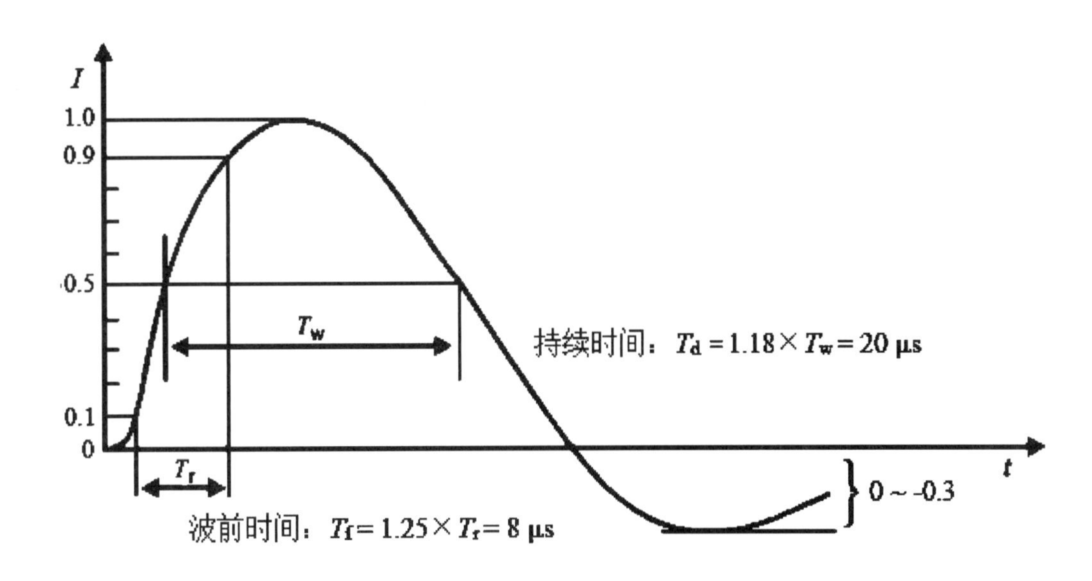

图2 脉冲磁场发生器输出电流波形图

5 计量特性

5.1 输出电流峰值

范围:(100 ~1000)A,最大允许误差: ±10%。

5.2 波前时间

标称值:8 μs,最大允许误差: ±20%。

5.3 持续时间

标称值:20 μs,最大允许误差: ±20%。

5.4 感应线圈因数

范围:(0.5 ~110)1/m。

6 校准条件

6.1 环境条件

6.1.1 环境温度:(23 ±5)℃;

6.1.2 相对湿度:≤80%;

6.1.3 电源电压及频率:(220 ±22)V,(50 ±1)Hz;

6.1.4　周围无影响仪器正常工作的电磁干扰和机械振动。

6.2　测量标准及其他设备

6.2.1　示波器

带宽不小于100MHz；

幅值测量最大允许误差：±1%；

时间间隔测量最大允许误差：±1%。

6.2.2　电流传感器(电流探头)

带宽不小于10MHz；

转换系数最大允许误差：±1%；

脉冲电流峰值:不小于1.2 kA。

6.2.3　电容

标称值:18μF；

可承受脉冲电压峰值:不小于2kV。

6.2.4　电磁场探头/场强分析仪

测量范围:1 nT～10 mT；

带宽不小于10MHz。

6.2.5　数字电压表

测量范围：0.1V～100V(50Hz～100kHz)；

最大允许误差：±0.1%。

6.2.6　工频电流源

恒流输出不小于3A；

输出频率:50Hz；

稳定性:0.2%/min。

7　校准项目和校准方法

7.1　外观及工作正常性检查

7.1.1　被校脉冲磁场发生器各部分应完整,无影响正常工作的机械损伤。

7.1.2　接通设备电源,将被校脉冲磁场发生器开机预热15分钟。

7.2　输出电流峰值

7.2.1　将脉冲磁场发生器的高压输出端连接18μF电容,将电流传感器钳接到脉冲磁场发生器与18μF电容形成的回路上,电流传感器输出连接示波器的输入端,如图3所示。若脉冲磁场发生器高压输出端已内置18μF电容,则图3中无须连接电容。

7.2.2　设置脉冲磁场发生器的磁场强度为100A/m。输出电流标称值为磁场强度与感应线圈因数的比值。

7.2.3　示波器输入端口阻抗设为高阻。设置示波器,将电流传感器转换系数补偿入示波器中,使示波器显示电流值。按下脉冲磁场发生器的“运行”按钮,用示波器捕捉输出电流波形图,读取示波器上波形第一峰值并记录在附录 A 表 A.2 中。

7.2.4　校准完毕后,将脉冲磁场发生器的输出关闭。

7.2.5　调整脉冲磁场发生器的磁场强度值到其他的校准点,按照 7.2.3 ~7.2.4 步骤中的方法进行测量,并将测量结果记录在附录 A 表 A.2 中。

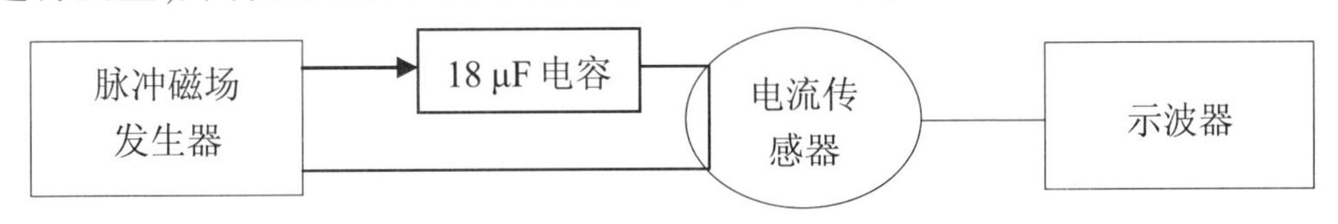

图 3　输出电流校准示意

7.3　波前时间

7.3.1　将脉冲磁场发生器的高压输出端连接 18μF 电容,将电流传感器钳接到脉冲磁场发生器与 18μF 电容形成的回路上,电流传感器输出连接示波器的输入端,如图 3 所示。若脉冲磁场发生器高压输出端已内置 18μF 电容,则图 3 中无须连接电容。

7.3.2　设置脉冲磁场发生器的磁场强度为 100A/m。

7.3.3　示波器输入端口阻抗设为高阻。将示波器扫描时间置合适挡位,按下脉冲磁场发生器的"运行"按钮,用示波器捕捉输出电流波形图。读取输出电流第一峰值 10% 到 90% 的间隔时间 T_r,记录到附录 A 表 A.3 中。

7.3.4　输出电流波前时间 T_f 通过公式(1)计算得出,并将计算结果记录到附录 A 表 A.3 中。

$$T_f = 1.25 \times T_r \qquad (1)$$

7.3.5　校准完毕后,将脉冲磁场发生器的输出关闭。

7.3.6　调整脉冲磁场发生器的磁场强度值到其他的校准点,按照 7.3.3 ~7.3.5 步骤中的方法进行测量,并将测量结果记录在附录 A 表 A.3 中。

7.4　持续时间

7.4.1　将脉冲磁场发生器的高压输出端连接 18μF 电容,将电流传感器钳接到脉冲磁场发生器与 18μF 电容形成的回路上,电流传感器输出连接示波器的输入端,如图 3 所示。若脉冲磁场发生器高压输出端已内置 18μF 电容,则图 3 中无须连接电容。

7.4.2　设置脉冲磁场发生器的磁场强度为 100A/m。

7.4.3　示波器输入端口阻抗设为高阻。将示波器扫描时间置合适挡位,按下脉冲磁场发生器的"运行"按钮,用示波器捕捉输出电流波形图。读取电流上升到 50% 峰值和下降到 50% 峰值两点之间所对应的时间间隔 T_w,记录到附录 A 表 A.4 中。

7.3.4　输出电流持续时间 T_d 通过公式(2)计算得出,并将计算结果记录到附录 A 表 A.4 中。

$$T_d = 1.18 \times T_w \qquad (2)$$

7.4.5　校准完毕后,将脉冲磁场发生器的输出关闭。

7.4.6　调整脉冲磁场发生器的磁场强度值到其他的校准点,按照 7.4.3 ~7.4.5 步骤中的方法进行测量,并将测量结果记录在附录 A 表 A.4 中。

7.5　感应线圈因数

7.5.1　将工频电流源的输出连接到感应线圈，将电流传感器钳接到感应线圈上，场强分析仪置于线圈中心，电流传感器的输出连接数字电压表的输入端，如图4所示。

7.5.2　设置工频电流源的输出电流值为3A。

7.5.3　将数字电压表及场强分析仪调到合适的量程，通过电流互感器转换系数 K 和数字电压表读数 V 相乘得出电流 I，场强分析仪置于线圈中心测量场强 H，分别记录到附录A表A.5中。

7.5.4　感应线圈因数 k 通过公式(3)计算得出，并将计算结果记录到附录A表A.5中。

$$k = H/I \tag{3}$$

7.5.5　校准完毕后，将工频电流源的输出关闭。

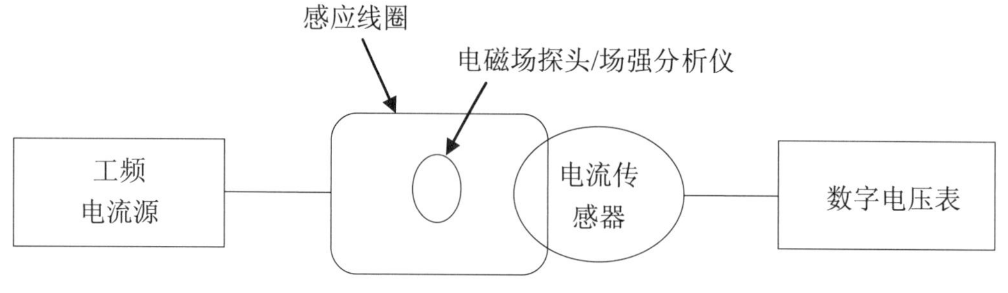

图4　感应线圈因数校准示意

8　校准结果表达

校准后，出具校准证书。校准证书至少应包含以下信息：

a）标题："校准证书"；

b）实验室名称和地址；

c）进行校准的地点（如果与实验室的地址不同）；

d）证书的唯一性标识（如编号），每页及总页数的标识；

e）客户的名称和地址；

f）被校对象的描述和明确标识；

g）进行校准的日期，如果与校准结果的有效性和应用有关时，应说明被校对象的接收日期；

h）如果与校准结果的有效性应用有关时，应对被校样品的抽样程序进行说明；

i）校准所依据的技术规范的标识，包括名称及代号；

j）本次校准所用测量标准的溯源性及有效性说明；

k）校准环境的描述；

l）校准结果及其测量不确定度的说明；

m）对校准规范的偏离的说明；

n）校准证书签发人的签名；

o）校准结果仅对被校对象有效的说明；

p） 未经实验室书面批准，不得部分复制证书的声明。

9 复校时间间隔

脉冲磁场发生器复校时间间隔一般不超过 12 个月。由于复校时间间隔的长短是由仪器的使用情况、使用者、仪器本身质量等诸多因素所决定的，因此，送校单位可根据实际使用情况自主决定复校时间间隔。

附录 A

原始记录格式

A.1　外观及工作正常性检查

表 A.1　外观及工作正常性检查

项目	检查结果
外观检查	
工作正常性检查	

A.2　输出电流峰值

表 A.2　输出电流峰值

感应线圈因数/1/m	设定场强/A/m	电流标称值/A	电流实测值/A	示值误差/A	扩展不确定度/A（$k=2$）
	100				
	…				
	1000				

A.3　波前时间

表 A.3　波前时间

设定场强/A/m	波前时间标称值/μs	第一峰值 10% 到 90% 的间隔时间的测量值/μs	系数	波前时间实测值/μs	示值误差/μs	扩展不确定度/μs（$k=2$）
100	8		1.25			
…						
1000						

A.4 持续时间

表 A.4 持续时间

设定场强/A/m	持续时间标称值/μs	50%峰值到50%峰值时间间隔测量值/μs	系数	持续时间实测值/μs	示值误差/μs	扩展不确定度/μs（$k=2$）
100						
…	20		1.18			
1000						

A.5 感应线圈因数

表 A.5 感应线圈因数

频率:50Hz			电流传感器转换系数:	
数字电压表电压实测值/V	实测电流/A	实测场强/A/m	感应线圈因数/1/m	扩展不确定度/1/m（$k=2$）

附录 B

校准证书内页格式

B.1 外观及工作正常性检查

表 B.1 外观及工作正常性检查

项目	检查结果
外观检查	
工作正常性检查	

B.2 输出电流峰值

表 B.2 输出电流峰值

设定场强/A/m	电流标称值/A	电流实测值/A	示值误差/A	扩展不确定度/A ($k=2$)
100				
…				
1000				

B.3 波前时间

表 B.3 波前时间

设定场强/A/m	波前时间标称值/μs	波前时间实测值/μs	示值误差/μs	扩展不确定度/μs ($k=2$)
100				
…	8			
1000				

B.4 持续时间

表 B.4 持续时间

设定场强/A/m	持续时间标称值/μs	持续时间实测值/μs	示值误差/μs	扩展不确定度/μs（$k=2$）
100	20			
…				
1000				

B.5 感应线圈因数

表 B.5 感应线圈因数

频率/Hz	实测电流/A	实测场强/A/m	感应线圈因数/1/m	扩展不确定度/1/m（$k=2$）
50				

附录 C

测量不确定度评定示例

C.1 输出电流峰值测量结果不确定度的评定

C.1.1 测量方法

采用示波器和电流传感器对输出电流峰值进行校准。

C.1.2 测量模型

在标准条件下，忽略温度等因素的影响，有

$$I = K \cdot V \quad (C.1)$$

其中 K 为电流传感器转换系数，V 为示波器上的电压读数。

C.1.3 不确定度来源

对于脉冲信号发生器的输出电流峰值，其测量结果的主要不确定度来源有：

a）由电流传感器转换系数引入的不确定度分量 u_1；

b）由测量重复性引入的不确定度分量 u_2；

c）由示波器示值误差引入的不确定度分量 u_3。

C.1.4 标准不确定度评定

C.1.4.1 由电流传感器转换系数引入的不确定度分量

某电流传感器最大允许误差为 ±1%，按照均匀分布计算，则其标准不确定度为：

$$u_1 = \frac{1\%}{\sqrt{3}} = 0.58\%$$

C.1.4.2 由测量重复性引入的不确定度分量

测量重复性引入的不确定度分量用测量结果的实验标准偏差表示，经实验对输出电流峰值进行 10 次重复读数后，计算出 10 次读数的平均值为 500 A，实验标准偏差为 7 A，则：

$$u_2 = \frac{s(I_i)}{\overline{I_x}} = \frac{7}{500} = 1.4\%$$

C.1.4.3 由示波器示值误差引入的不确定度分量

在进行峰值电流测量时，选用的示波器最大允许误差为 ±1%，服从均匀分布，即 $k = \sqrt{3}$，则由示波器示值误差引入的不确定度分量为：

$$u_3 = \frac{1\%}{\sqrt{3}} = 0.58\%$$

C.1.4.4　标准不确定度分量一览表：

不确定度来源	标准不确定度		灵敏系数	标准不确定度分量
	符号	数值		
电流传感器转换系数引入	u_1	0.58%	1	0.58%
测量重复性引入	u_2	1.4%	1	1.4%
示波器示值误差引入	u_3	0.58%	1	0.58%

C.1.5　合成标准不确定度

各测量不确定度分量按不相关考虑，则被校脉冲磁场发生器输出电流峰值的合成标准不确定度 $u_c(I)$ 为：

$$u_c(I)=\sqrt{u_1^{\ 2}+u_2^{\ 2}+u_3^{\ 2}}\approx 1.62\%$$

C.1.6　扩展不确定度

取包含因子 $k=2$，则扩展不确定度为：

$$U_{rel}=k\cdot u_c(I)=2\times 1.62\%=3.24\%\approx 3.2\%$$

C.2　感应线圈因数测量结果不确定度的评定

C.2.1　测量方法

采用电流传感器和数字电压表以及场强分析仪对感应线圈的线圈因数进行校准。

C.2.2　测量模型

在标准条件下，忽略温度等因素的影响，有

$$k=H/I \qquad (C.2)$$

其中电流 I 是通过电流传感器转换系数 K 和数字电压表读数 V 相乘得出，场强 H 由场强分析仪测得。

C.2.3　不确定度来源

对于感应线圈的线圈因数，其测量结果的主要不确定度来源有：

a）由场强测量引入的不确定度分量 u_1；

b）由电流测量引入的不确定度分量 u_2；

c）由测量重复性引入的不确定度分量 u_3。

C.2.4　标准不确定度评定

C.2.4.1　由场强测量引入的不确定度分量

经查说明书，场强分析仪的最大允许误差优于 ±0.5dB，认为是均匀分布，则其标准不确定度为：

$$u_1=\frac{6\%}{\sqrt{3}}=3.5\%$$

C.2.4.2　由电流测量引入的不确定度分量

某电流传感器最大允许误差为 ±1%，按照均匀分布计算，则其标准不确定度为：

$$\frac{1\%}{\sqrt{3}}=0.58\%$$

某数字电压表测量的最大允许误差为±0.06%，按照均匀分布计算，则其标准不确定度为：

$$\frac{0.06\%}{\sqrt{3}}=0.04\%$$

则电流测量引入的不确定度分量为：

$$u_2=\sqrt{(0.58)^2+(0.04)^2}=0.58\%$$

C.2.4.3　由测量重复性引入的不确定度分量

测量重复性引入的测量不确定度分量用测量结果的实验标准偏差表示，经实验对感应线圈因数进行10次重复读数后，计算出10次读数的平均值为0.887 1/m，实验标准偏差为0.005 1/m。

取单次测量值作为测量结果，则测量重复性引入的相对标准不确定度分量u_3为：

$$u_3=\frac{0.005}{0.887}=0.56\%$$

C.2.4.4　标准不确定度分量一览表：

不确定度来源	标准不确定度		灵敏系数	标准不确定度分量
	符号	数值		
场强测量引入	u_1	3.5%	1	3.5%
电流测量引入	u_2	0.58%	1	0.58%
测量重复性引入	u_3	0.56%	1	0.56%

C.2.5　合成标准不确定度

各测量不确定度分量独立不相关，则被校脉冲磁场发生器的感应线圈因数的合成标准不确定度$u_c(k)$为：

$$u_c(k)=\sqrt{{u_1}^2+{u_2}^2+{u_3}^2}\approx 3.5\%$$

C.2.6　扩展不确定度

取包含因子$k=2$，则扩展不确定度为：

$$U_{rel}=k\cdot u_c(k)=2\times 3.5\%=7.0\%$$

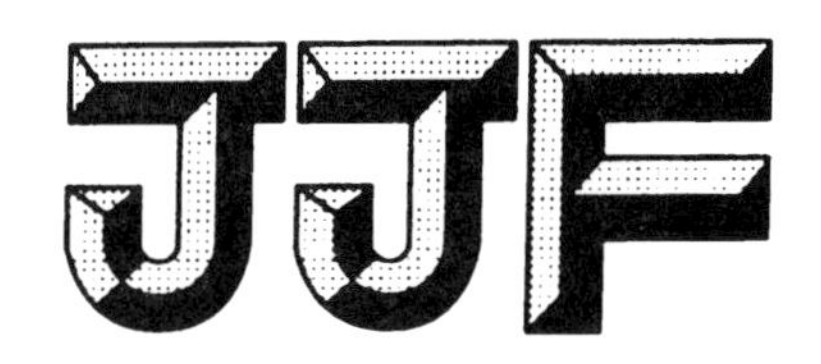

中华人民共和国工业和信息化部
电子计量技术规范

JJF（电子）0038—2019

阻尼振荡磁场发生器校准规范

Calibration Specification of Damped Oscillatory Magnetic Field Generators

2019－08－26 发布　　　　2019－12－01 实施

中华人民共和国工业和信息化部　发布

阻尼振荡磁场发生器校准规范

JJF（电子）0038—2019

Calibration Specification of Damped Oscillatory Magnetic Field Generators

归 口 单 位：中国电子技术标准化研究院

主要起草单位：工业和信息化部电子第五研究所

广州赛宝计量检测中心服务有限公司

参加起草单位：佛山赛宝信息产业技术研究院有限公司

重庆赛宝工业技术研究院

空军研究院

本规范技术条文委托起草单位负责解释

本规范主要起草人：

张　成（工业和信息化部电子第五研究所）

陈　彦（工业和信息化部电子第五研究所）

付贵瑜（广州赛宝计量检测中心服务有限公司）

参加起草人：

阚　飞（佛山赛宝信息产业技术研究院有限公司）

杜好岗（重庆赛宝工业技术研究院）

黎琼玮（空军研究院）

阻尼振荡磁场发生器校准规范

目　　录

引　　言

本规范依据 JJF1071—2010《国家计量校准规范编写规则》、JJF1001—2011《通用计量名词术语》和 JJF1059.1—2012《测量不确定度评定与表示》编写。

本规范为首次在国内发布。

阻尼振荡磁场发生器校准规范

1 范围

本校准规范适用于电磁兼容试验用阻尼振荡磁场发生器的校准。

2 引用文件

GB/T 17626.10 电磁兼容试验和测量技术抗扰度试验

注：凡是注日期的引用文件，仅注日期的版本适用于本校准方法；凡是不注日期的引用文件，其最新版本（包括所有的修改单）适用于本校准规范。

3 术语和计量单位

3.1 衰减率 decay rate of one pulse

单个脉冲3到6个周期区间的最小峰值与第一峰值比值。

3.2 重复率 repetition time of the pulses

阻尼振荡脉冲的重复时间，单位为个/秒。

3.3 感应线圈 induction coil

具有确定形状和尺寸的导体环。当环中流过电流时，在其平面和所包围的空间内产生确定的磁场。

[GB/T 17626.10—2017，术语和定义4.2]

3.4 感应线圈因数 induction coil factor

尺寸一定的感应线圈所产生的磁场强度与相应电流的比值。磁场强度是在没有受试设备的情况下，在线圈平面中心处测得的，单位为1/m。

[GB/T 17626.10—2017，术语和定义4.3]

4 概述

阻尼振荡磁场发生器（图1，输出电流波形图2、图3）由高压电源、振荡电路电感、振荡电路电容、充电电阻、持续时间控制开关和感应线圈组成。感应线圈由铜、铝或其他非磁性导电的材料制成，与发生器相连接产生与规定的均匀性相对应的磁场强度，用于模拟设备遭受由隔离刀闸切合高压母线时产生的阻尼振荡磁场干扰的情况。

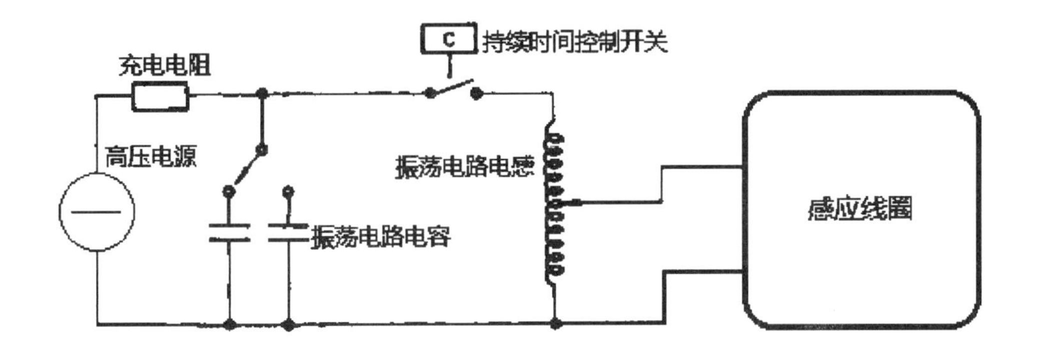

图1　阻尼振荡磁场发生器示意

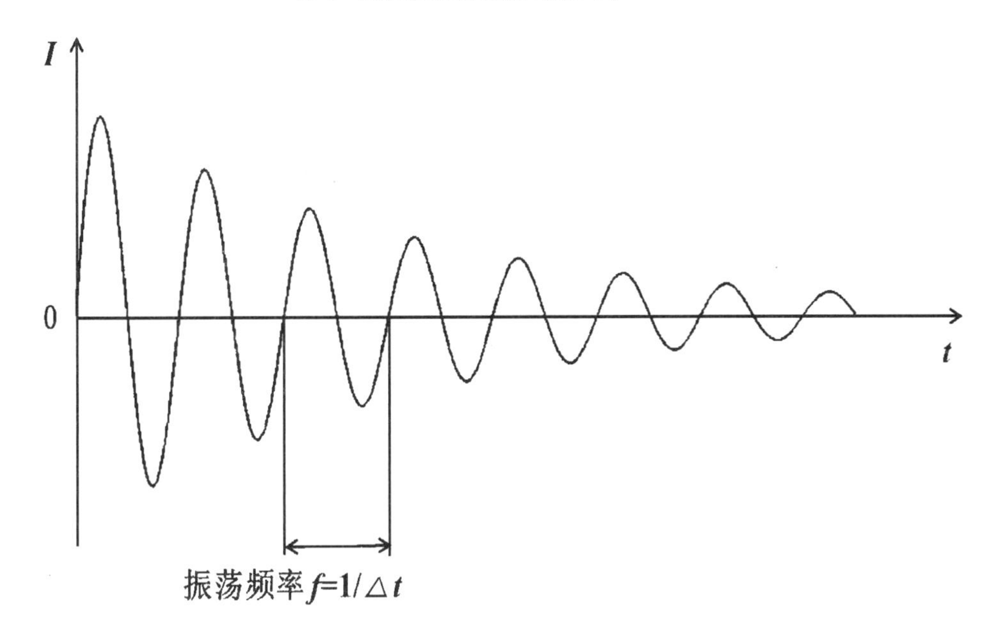

图2　阻尼振荡磁场发生器输出电流波形(单一脉冲)

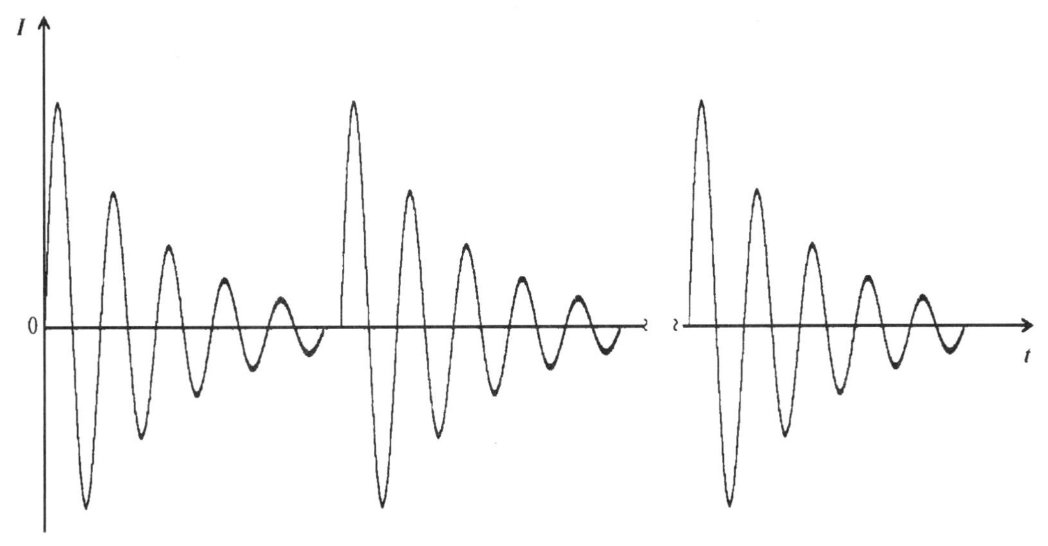

图3　阻尼振荡磁场发生器输出电流波形(连续脉冲)

5 计量特性

5.1 输出电流峰值

范围：(10～100)A，最大允许误差：±10%；

5.2 振荡频率

频率：0.1MHz、1MHz，最大允许误差：±10%；

5.3 衰减率

最大允许范围：≤50%。

5.4 重复率

频率：0.1MHz，重复率：≥40个/秒；

频率：1MHz，重复率：≥400个/秒。

5.5 感应线圈因数

范围：(0.5～110)1/m。

5.6 试验持续时间

试验持续时间：2s(+10%，-0%)。

6 校准条件

6.1 环境条件

6.1.1 环境温度：(23±5)℃；

6.1.2 相对湿度：≤80%；

6.1.3 电源电压及频率：(220±22)V，(50±1)Hz；

6.1.4 周围无影响仪器正常工作的电磁干扰和机械振动。

6.2 测量标准及其他设备

6.2.1 示波器

带宽不小于100MHz；

幅值测量最大允许误差：±1%；

时间间隔测量最大允许误差：±1%。

6.2.2 电流传感器(电流探头)

带宽不小于10MHz；

转换系数最大允许误差：±1%；

测量范围不小于100A。

6.2.3 电磁场探头/场强分析仪

测量范围：1nT～10mT；

带宽不小于10MHz；

最大允许误差：±7%。

6.2.4　数字电压表

测量范围:0.1V ~ 100V(50 Hz ~ 100 kHz);

最大允许误差: ±0.1%。

6.2.5　工频电流源

恒流输出不小于3A;

输出频率:50Hz;

稳定性:0.2%/min。

7　校准项目和校准方法

7.1　外观及工作正常性检查

7.1.1　被校阻尼振荡磁场发生器各部分应完整,无影响正常工作的机械损伤。

7.1.2　接通设备电源,将被校阻尼振荡磁场发生器开机预热15分钟。

7.2　输出电流峰值

7.2.1　将阻尼振荡磁场发生器的输出端连接磁场线圈,将电流传感器钳接到磁场线圈上,电流传感器输出连接示波器的输入端,如图4所示。

7.2.2　设置阻尼振荡磁场发生器振荡频率为0.1MHz,输出电流10A。

7.2.3　示波器输入端口阻抗设为高阻。设置示波器,将电流传感器转换系数补偿入示波器中,使示波器显示电流值。按下阻尼振荡磁场发生器的“运行”按钮,用示波器捕捉输出电流波形图,读取示波器上波形第一峰值并记录在附录A表A.2中。

7.2.4　校准完毕后,将阻尼振荡磁场发生器的输出关闭。

7.2.5　按照表A.2中校准点依次调整阻尼振荡磁场发生器的振荡频率和输出电流,按照7.2.3 ~ 7.2.4步骤中的方法进行测量,并将测量结果记录在附录A表A.2中。

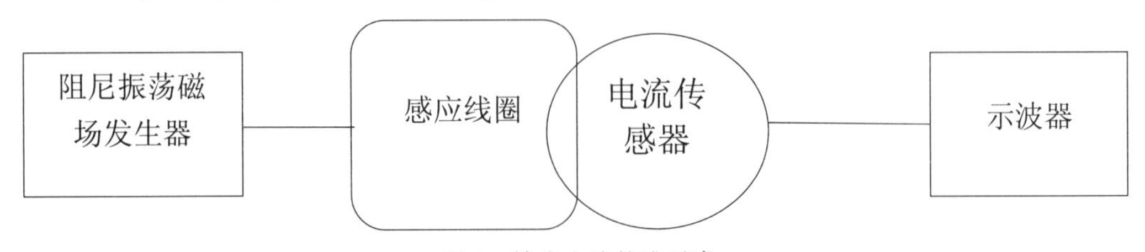

图4　输出电流校准示意

7.3　振荡频率

7.3.1　将阻尼振荡磁场发生器的输出端连接磁场线圈,将电流传感器钳接到磁场线圈上,电流传感器输出连接示波器的输入端,如图4所示。

7.3.2　设置阻尼振荡磁场发生器振荡频率为0.1MHz。

7.3.3　示波器输入端口阻抗设为高阻。按下阻尼振荡磁场发生器的“运行”按钮,用示波器捕捉完整输出电流波形图,使用光标截取单个完整周期 Δt 如图2所示,振荡频率通过 $f = 1/\Delta t$ 计算得出,并记录入附录A表A.3中。

7.3.4　校准完毕后,将阻尼振荡磁场发生器的输出关闭。

7.3.5　调整阻尼振荡磁场发生器的振荡频率为1MHz,按照7.3.3 ~ 7.3.4步骤中的方法进行测量，并将测量结果记录在附录 A 表 A.3 中。

7.4 衰减率

7.4.1 将阻尼振荡磁场发生器的输出端连接感应线圈，将电流传感器钳接到感应线圈上，电流传感器输出连接示波器的输入端，如图 4 所示。

7.4.2 设置阻尼振荡磁场发生器振荡频率为 0.1MHz。

7.4.3 示波器输入端口阻抗设为高阻。按下阻尼振荡磁场发生器的“运行”按钮，用示波器捕捉完整输出电流波形，如图 2 所示，使用光标读取 3～6 个周期区间的最小峰值（第 12 峰）A_1 与第一峰值 A_p 通过公式（1）计算得出衰减率，结果记录入附录 A 表 A.4 中。

7.4.4 校准完毕后，将阻尼振荡磁场发生器的输出关闭。

7.4.5 调整阻尼振荡磁场发生器的振荡频率为 1MHz，按照 7.4.3～7.4.4 步骤中的方法进行测量，并将测量结果记录在附录 A 表 A.4 中。

$$p = \frac{A_1}{A_P} \qquad (1)$$

7.5 重复率

7.5.1 将阻尼振荡磁场发生器的输出端连接感应线圈，将电流传感器钳接到感应线圈上，电流传感器输出连接示波器的输入端，如图 4 所示。

7.5.2 设置阻尼振荡磁场发生器振荡频率为 0.1MHz。

7.5.3 示波器输入端口阻抗设为高阻，检波方式设置为峰值检波模式。按下阻尼振荡磁场发生器的“运行”按钮，用示波器捕捉多个完整输出电流波形，如图 3 所示，使用光标置于两个相邻完整脉冲波形起始位置并读取 Δt，重复率通过 $f = 1/\Delta t$ 计算得出，并记录入附录 A 表 A.5 中。

7.5.4 校准完毕后，将阻尼振荡磁场发生器的输出关闭。

7.5.5 调整阻尼振荡磁场发生器的振荡频率为 1MHz，按照 7.5.3～7.5.4 步骤中的方法进行测量，并将测量结果记录在附录 A 表 A.5 中。

7.6 感应线圈因数

7.6.1 将工频电流源的输出连接到感应线圈，将电流传感器钳接到感应线圈上，场强分析仪探头置于线圈中心，电流传感器的输出连接数字电压表的输入端，如图 5 所示。

7.6.2 设置电流源的输出电流值为 3A。

7.6.3 将数字电压表及场强分析仪调到合适的量程，通过电流传感器转换系数 K 和数字电压表读数 V 相乘得出电流 I，场强分析仪置于线圈中心测量场强 H，分别记录到附录 A 表 A.6 中。

7.6.4 感应线圈因数 k 通过公式（2）计算得出，并将计算结果记录到附录 A 表 A.6 中。

$$k = H/Ik = \frac{E}{I} \qquad (2)$$

7.6.5 校准完毕后，将工频电流源的输出关闭。

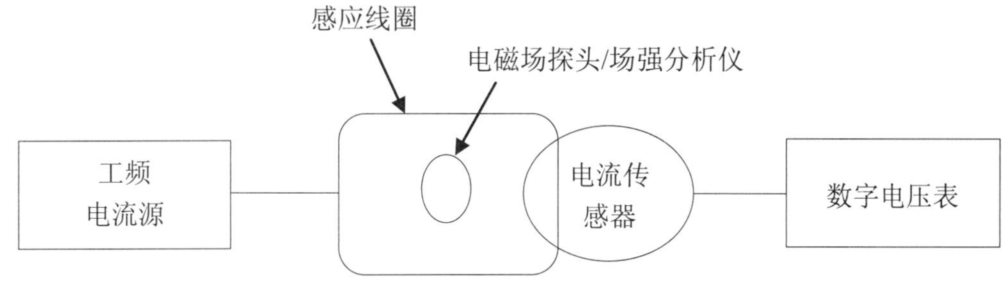

图5　感应线圈因数校准示意

7.7　试验持续时间

7.7.1　将阻尼振荡磁场发生器的输出端连接感应线圈，将电流传感器钳接到感应线圈上，电流传感器输出连接示波器的输入端，如图4所示。

7.7.2　设置阻尼振荡磁场发生器振荡频率为0.1MHz，输出时间为2s。

7.7.3　示波器输入端口阻抗设为高阻，检波方式设置为峰值检波模式。按下阻尼振荡磁场发生器的“运行”按钮，用示波器捕捉全部完整输出电流波形，如图3所示，使用光标置于第一个脉冲和最后一个脉冲读取Δt，记录入附录A表A.7中。

7.7.4　校准完毕后，将阻尼振荡磁场发生器的输出关闭。

7.7.5　调整阻尼振荡磁场发生器的振荡频率为1MHz，按照7.7.3~7.7.4步骤中的方法进行测量，并将测量结果记录在附录A表A.7中。

8　校准结果表达

校准后，出具校准证书。校准证书至少应包含以下信息：

a）标题：“校准证书”；

b）实验室名称和地址；

c）进行校准的地点（如果与实验室的地址不同）；

d）证书的唯一性标识（如编号），每页及总页数的标识；

e）客户的名称和地址；

f）被校对象的描述和明确标识；

g）进行校准的日期，如果与校准结果的有效性和应用有关时，应说明被校对象的接收日期；

h）如果与校准结果的有效性应用有关时，应对被校样品的抽样程序进行说明；

i）校准所依据的技术规范的标识，包括名称及代号；

j）本次校准所用测量标准的溯源性及有效性说明；

k）校准环境的描述；

l）校准结果及其测量不确定度的说明；

m）对校准规范的偏离的说明；

n）校准证书签发人的签名；

o）校准结果仅对被校对象有效的说明；

p）未经实验室书面批准，不得部分复制证书的声明。

9 复校时间间隔

阻尼振荡磁场发生器复校时间间隔一般不超过 12 个月。由于复校时间间隔的长短是由仪器的使用情况、使用者、仪器本身质量等诸多因素所决定的，因此，送校单位可根据实际使用情况自主决定复校时间间隔。

附录 A

原始记录格式

A.1 外观及工作正常性检查

表 A.1 外观及工作正常性检查

项目	检查结果
外观检查	
工作正常性检查	

A.2 输出电流峰值

表 A.2 输出电流峰值

振荡频率/ MHz	电流标称值/A	电流标准值/A	示值误差/A	扩展不确定度/A ($k=2$)
0.1	10			
	…			
	100			
1	10			
	…			
	100			

A.3 振荡频率

表 A.3 振荡频率

标称值/MHz	标准值/MHz	示值误差/MHz	扩展不确定度/MHz，($k=2$)
0.1			
1			

A.4 衰减率

表 A.4 衰减率

设定频率/ MHz	标称值	标准值	示值误差	扩展不确定度 ($k=2$)
0.1	50%			
1	50%			

A.5 重复率

表 A.5 重复率

设定频率/ MHz	标称值/个/秒	标准值/个/秒	示值误差/个/秒	扩展不确定度/个/秒 ($k=2$)
0.1	40			
1	400			

A.6 感应线圈因数

表 A.6 感应线圈因数

<table>
<tr><td colspan="2">频率:50Hz</td><td colspan="3">电流传感器转换系数:</td></tr>
<tr><td>数字电压表
电压测量值/V</td><td>实测电流/A</td><td>实测场强/A/m</td><td>感应线圈因数/1/m</td><td>扩展不确定度/1/m
($k=2$)</td></tr>
<tr><td></td><td></td><td></td><td></td><td></td></tr>
</table>

A.7 试验持续时间

表 A.7 试验持续时间

设定频率/ MHz	标称值/s	标准值/s	示值误差/s	扩展不确定度/s ($k=2$)
0.1	2			
1	2			

附录 B

校准证书内页格式

B.1 外观及工作正常性检查

表 B.1 外观及工作正常性检查

项目	检查结果
外观检查	
工作正常性检查	

B.2 输出电流峰值

表 B.2 输出电流峰值

振荡频率/ MHz	电流标称值/A	电流标准值/A	示值误差/A	扩展不确定度/A ($k=2$)
0.1	10			
	…			
	100			
1	10			
	…			
	100			

B.3 振荡频率

表 B.3 振荡频率

标称值/MHz	标准值/MHz	示值误差/MHz	扩展不确定度/MHz ($k=2$)
0.1			
1			

B.4 衰减率

表 B.4 衰减率

设定频率/ MHz	标称值	标准值	示值误差	扩展不确定度（$k=2$）
0.1	50%			
1	50%			

B.5 重复率

表 B.5 重复率

设定频率/ MHz	标称值/个/秒	标准值/个/秒	示值误差/个/秒	扩展不确定度/个/秒（$k=2$）
0.1	40			
1	400			

B.6 感应线圈因数

表 B.6 感应线圈因数

频率/Hz	实测电流/A	实测场强/A/m	感应线圈因数/1/m	扩展不确定度/1/m（$k=2$）
50				

B.7 试验持续时间

表 B.7 试验持续时间

设定频率/ MHz	标称值/s	标准值/s	示值误差/s	扩展不确定度/s（$k=2$）
0.1	2			
1	2			

附录 C

测量不确定度评定示例

C.1 输出电流峰值测量结果不确定度的评定

C.1.1 测量方法

采用示波器和电流传感器对输出电流峰值进行校准。

C.1.2 测量模型

$$I = K \cdot V \qquad (C.1)$$

其中：

K ——电流传感器转换系数；

V ——示波器上的电压读数。

C.1.3 不确定度来源

对于阻尼振荡磁场发生器的输出电流峰值，不确定度来源有：

a）测量重复性引入的不确定度分量 u_{I_1}；

b）由电流传感器转换系数引入的不确定度分量 u_{I_2}；

c）由示波器示值误差引入的不确定度分量 u_{I_3}；

C.1.4 标准不确定度评定

C.1.4.1 由测量重复性引入的不确定度分量：

测量重复性引入的不确定度分量用测量结果的实验标准偏差表示，经实验对输出峰值进行 10 次重复读数后，计算出 10 次读数的平均值为 50A，实验标准偏差为 0.7A，则：

$$u_{I_1} = \frac{s(I_i)}{I_x} = \frac{0.7}{50} = 1.4\%$$

C.1.4.2 由电流传感器转换系数引入的不确定度分量

某电流传感器最大允许误差为 ±1%，按照均匀分布计算，则其标准不确定度：

$$u_{I_2} = \frac{1\%}{\sqrt{3}} = 0.58\%$$

C.1.4.3 由示波器示值误差引入的不确定度分量

在进行输出峰值电流测量时，某示波器最大允许误差为 ±1%，服从均匀分布，即 $k = \sqrt{3}$，则由示波器示值误差引入的不确定度分量为：

$$u_{I_3} = \frac{1\%}{\sqrt{3}} = 0.58\%$$

C.1.4.4　标准不确定度分量一览表：

不确定度来源	标准不确定度		灵敏系数	标准不确定度分量
	符号	数值		
测量重复性引入	u_{I_1}	1.4%	1	0.58%
电流传感器转换系数引入	u_{I_2}	0.58%	1	1.4%
示波器示值误差引入	u_{I_3}	0.58%	1	0.58%

C.1.5　合成标准不确定度

各测量不确定度分量按不相关考虑，则被校阻尼振荡磁场发生器输出电流峰值的合成标准不确定度 $u_c(I)$ 为：

$$u_c(I)=\sqrt{{u_{I_1}}^2+{u_{I_2}}^2+{u_{I_3}}^2}\approx 1.62\%$$

C.1.6　扩展不确定度

取包含因子 $k=2$，则扩展不确定度为：

$$U=k\cdot u_c(I)=2\times 1.62\%=3.24\%\approx 3.2\%$$

C.2　振荡频率测量结果不确定度的评定

C.2.1　测量方法

采用示波器和电流传感器对振荡频率进行校准。

C.2.2　测量模型

$$f=\frac{1}{\Delta t} \qquad \text{(C.2)}$$

其中 Δt 为示波器上光标截取的单个完整周期的读数。

C.2.3　不确定度来源

对于阻尼振荡磁场发生器的振荡频率，不确定度来源有：

a）测量重复性引入的不确定度分量 u_{f_1}；

b）由示波器时间测量不准确引入的不确定度分量 u_{f_2}；

C.2.4　标准不确定度评定

C.2.4.1　由测量重复性引入的不确定度分量

测量重复性引入的不确定度分量用测量结果的实验标准偏差表示，经实验对振荡频率进行10次重复读数后，计算出10次读数的平均值为100.2 kHz，实验标准偏差为0.68 kHz，则：

$$u_{f_1}=\frac{0.68}{100.2}=0.68\%$$

C.2.4.2　由示波器时间测量不准确引入的不确定度分量

示波器的最大允许误差查说明书为优于±0.1%，服从按均匀分布，则由示波器时间测量不准确引入的不确定度分量为：

$$u_{f_2}=\frac{0.1}{\sqrt{3}}=0.06\%$$

C.2.4.3 标准不确定度分量一览表：

不确定度来源	标准不确定度		灵敏系数	标准不确定度分量
	符号	数值		
测量重复性引入	u_{f_1}	0.68%	1	0.68%
示波器时间测量不准确引入	u_{f_2}	0.06%	1	0.06%

C.2.5 合成标准不确定度

各测量不确定度分量按不相关考虑，则被校阻尼振荡磁场发生器振荡频率的合成标准不确定度 $u_c(f)$ 为：

$$u_c(f)=\sqrt{{u_{f_1}}^2+{u_{f_2}}^2}\approx 0.68\%$$

C.2.6 扩展不确定度

取包含因子 $k=2$，则扩展不确定度为：

$$U_{rel}=k\cdot u_c(f)=2\times 0.68\%=1.4\%$$

C.3 感应线圈因数测量结果不确定度的评定

C.3.1 测量方法

采用电流传感器和数字电压表以及场强分析仪对感应线圈的线圈因数进行校准。

C.3.2 测量模型

在标准条件下，忽略温度等因素的影响，有

$$k=H/I \quad (C.3)$$

其中，电流 I 是通过电流传感器转换系数 K 和数字电压表读数 V 相乘得出，场强 H 由场强分析仪测得。

C.3.3 不确定度来源

对于感应线圈的线圈因数，其测量结果的主要不确定度来源有：

a）由场强测量引入的不确定度分量 u_1；

b）由电流测量引入的不确定度分量 u_2；

c）由测量重复性引入的不确定度分量 u_3。

C.3.4 标准不确定度评定

C.3.4.1 由场强测量引入的不确定度分量

经查说明书，场强分析仪的最大允许误差优于 ±0.5dB，认为是均匀分布，则其标准不确定度：

$$u_1=\frac{6\%}{\sqrt{3}}=3.5\%$$

C.3.4.2 由电流测量引入的不确定度分量

某电流传感器最大允许误差为 ±1%，按照均匀分布计算，则其标准不确定度为：

$$\frac{1\%}{\sqrt{3}}=0.58\%$$

某数字电压表测量的最大允许误差为 ±0.06%，按照均匀分布计算，则其标准不确定度为：

$$\frac{0.06\%}{\sqrt{3}}=0.04\%$$

则电流测量引入的不确定度分量为：

$$u_2=\sqrt{(0.58)^2+(0.04)^2}=0.58\%$$

C.3.4.3 由测量重复性引入的不确定度分量

测量重复性引入的测量不确定度分量用测量结果的实验标准偏差表示，经实验对感应线圈因数进行 10 次重复读数后，计算出 10 次读数的平均值为 0.882 1/m，实验标准偏差为 0.006 1/m。

取单次测量值作为测量结果，则测量重复性引入的相对标准不确定度 u_3 为：

$$u_3=\frac{0.006}{0.882}=0.68\%$$

C.3.4.4 标准不确定度分量一览表：

不确定度来源	标准不确定度		灵敏系数	标准不确定度分量
	符号	数值		
场强测量引入	u_1	3.5%	1	3.5%
电流测量引入	u_2	0.58%	1	0.58%
测量重复性引入	u_3	0.68%	1	0.68%

C.3.5 合成标准不确定度

各测量不确定度分量独立不相关，则被校阻尼振荡磁场发生器的感应线圈因数的合成标准不确定度 $u_c(k)$ 为：

$$u_c(k)=\sqrt{{u_1}^2+{u_2}^2+{u_3}^2}\approx 3.5\%$$

C.3.6 扩展不确定度

取包含因子 $k=2$，则扩展不确定度为：

$$U_{\mathrm{rel}}=k\cdot u_c(k)=2\times 3.5\%=7.0\%$$

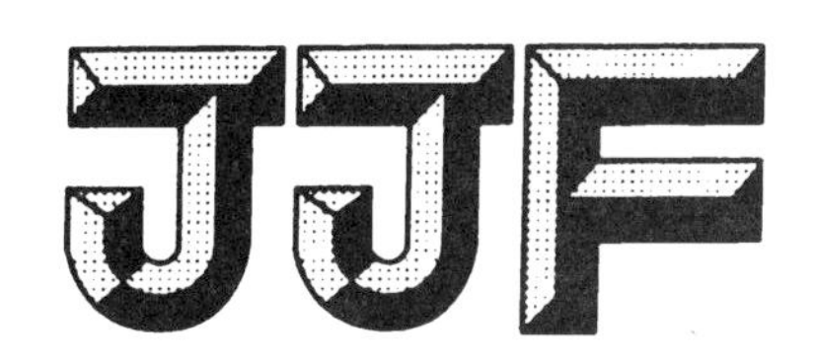

中华人民共和国工业和信息化部电子计量技术规范

JJF（电子）0039—2019

大型地网接地阻抗测试仪校准规范

Calibration Specification of Large Ground Network Earth Impedance Testers

2019－08－26 发布　　2019－12－01 实施

中华人民共和国工业和信息化部 发布

大型地网接地阻抗测试仪校准规范

JJF（电子）0039—2019

Calibration Specification of Large Ground Network Earth Impedance Testers

归 口 单 位：中国电子技术标准化研究院

主要起草单位：广州广电计量检测股份有限公司

本规范技术条文委托起草单位负责解释

本规范主要起草人：

吕东瑞（广州广电计量检测股份有限公司）

张　辉（广州广电计量检测股份有限公司）

李建征（广州广电计量检测股份有限公司）

参加起草人：

余海雄（广州广电计量检测股份有限公司）

钟　毅（广州广电计量检测股份有限公司）

朱镇杰（广州广电计量检测股份有限公司）

刘晓琴（广州广电计量检测股份有限公司）

大型地网接地阻抗测试仪校准规范

目　　录

引　　言

本规范依据国家计量技术规范 JJF1071—2010《国家计量校准规范编写规则》和 JJF1059.1—2012《测量不确定度评定与表示》编写。

本规范为首次在国内发布。

大型地网接地阻抗测试仪校准规范

1 范围

本校准规范适用于大型地网接地阻抗测试仪(以下简称地阻仪)的校准。

2 引用文件

本规范引用了下列文件:

JJG 366—2004《接地电阻表检定规程》

DL/T 845.2—2004《电阻测量装置通用技术条件 第2部分 工频接地电阻测试仪》

DL/T 475—2006《接地装置特性参数测量导则》

注:凡是注日期的引用文件,仅注日期的版本适用于本规范;凡是不注日期的引用文件,其最新版本(包括所有的修改单)适用于本规范。

3 术语和计量单位

3.1 电压(电位)极 voltage (electric potential) electrode

为获得测量接地电阻所需的电压(电位)量的接地导体。

[DL/T 845.2—2004,定义3.3]

3.2 电流极 current electrode

为给大地注入测量接地电阻所需的测试电流的接地导体。

[DL/T 845.2—2004,定义3.4]

3.3 辅助接地电阻 auxiliary ground (earth) resistance

测量接地电阻时,作为电位端和电流端使用的辅助接地极和大地之间的电阻。

[DL/T 845.2—2004,定义3.5]

3.4 地电压 ground voltage

接地导体上的干扰电压,由试验电流产生的电压除外。

[JJG 366—2004,术语3.5]

4 概述

地阻仪主要用于测量大型接地网(110kV及以上电压等级变电所、装机容量200MW以上的火电厂和水电厂或等效面积在5000m^{2}以上的接地装置)的接地阻抗等工频特性参数。

地网接地电阻的测量一般采用三线或四线制测量法,即恒流电压降法。目前,测量大型接地装置工频特性参数的方法主要有工频大电流法和异频法两种:工频大电流法为了提高信噪比,减小测量误差,采用加大测试电流(一般在30A以上)的原理;异频法则是通过改变测试电流频率来避开50Hz工频干扰，即信号频率（在40Hz～60Hz范围内）与干扰频率不同，就可以通过滤波器来滤除工频干扰。地阻仪的工作原理如图1所示。

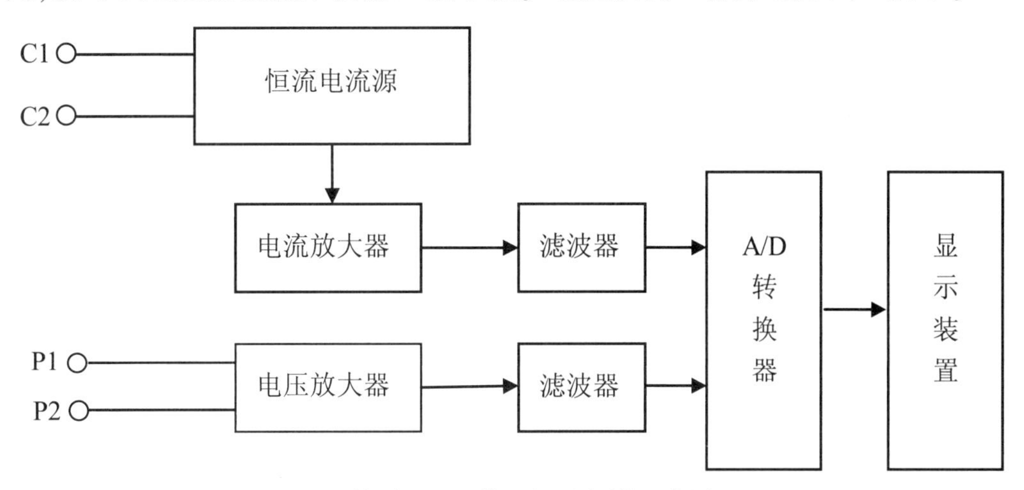

图1　异频大型地网接地电阻测试仪工作原理

5　计量特性

5.1　接地电阻

范围：0.01Ω～200Ω，最大允许误差：±1.0%。

5.2　测试电流

范围：(0.1～20)A（异频法），(10～60)A（大电流法）；最大允许误差：±5%。

5.3　测试频率

（异频法地阻仪）频率范围：40Hz～60Hz，最大允许误差：±0.5Hz。

5.4　辅助接地电阻引起的改变量

地阻仪的辅助接地电阻由50Ω改变至表1规定值时，示值误差的改变量不应超过表1的规定值。

表1　辅助接地电阻引起的改变量

辅助接地电阻 Ω	辅助接地电阻引起的改变量
0,10,20	$\leqslant E_L$
100,1000	$\leqslant 2E_L$
注：E_L为地阻仪最大允许误差的绝对值。	

5.5　地电压反击引起的改变量

地阻仪的测试端子分别施加表2规定的等效工频电压时，引起被校地阻仪示值的改变量不应超过表2的规定值。

表2　地电压引起的改变量

等效工频电压 V	地电压引起的改变量
5	$\leqslant E_L$
10	$\leqslant 2E_L$
注：E_L为地阻仪最大允许误差的绝对值。	

注：具体计量特性，可参照被校地阻仪的技术要求。以上要求不适用于合格性判别，仅供参考。

6　校准条件

6.1　环境条件

6.1.1　环境温度：(23 ±2)℃。

6.1.2　相对湿度：45% ~75%。

6.1.3　交流电源：(220 ±4.4)V，(50 ±0.5)Hz；或化学电源：(额定值 ±0.2)V。

6.1.4　周围无影响正常校准工作的机械振动和电磁干扰。

6.2　测量标准及其他设备

6.2.1　交流电阻器

测量范围：0.01Ω ~500Ω，最大允许误差：±0.2%，电阻的额定功率应大于实际使用功率。

6.2.2　标准电流表

测量范围：(0.1 ~100)A，最大允许误差：±0.5%。

6.2.3　标准频率表

测量范围：(40 ~60)Hz，最大允许误差：±0.1Hz。

6.2.4　交流电压表

测量范围：(0.1 ~100)V(40Hz ~60Hz)，最大允许误差：±0.5%。

6.2.5　辅助电阻

阻值分别为10Ω、20Ω、50Ω、100Ω、1000Ω，电阻额定功率不小于实际使用功率，最大允许误差：±5%。

6.2.6　辅助设备：调压器、隔离变压器。

7　校准项目和校准方法

7.1　外观和功能性检查

被校地阻仪的外观应整洁完好，无影响仪器正常使用和安全性能的机械损伤；各种必要的标志应清晰准确。各种调节旋钮、按键应灵活可靠；应有明显的接地端钮及接地标志。检查结果记录于附录A表A.1中。

7.2　接地电阻的校准

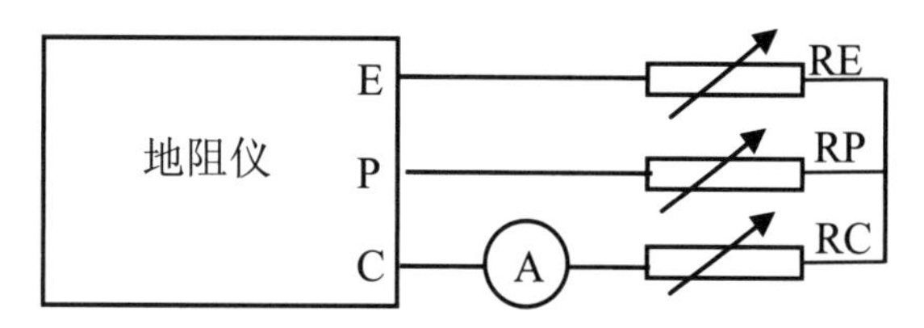

E－接地端；P－电压（电位）端；C－电流端；

RE－标准电阻器；RC、RP－辅助接地电阻；A－标准电流表

图2　三端地阻仪校准接线示意

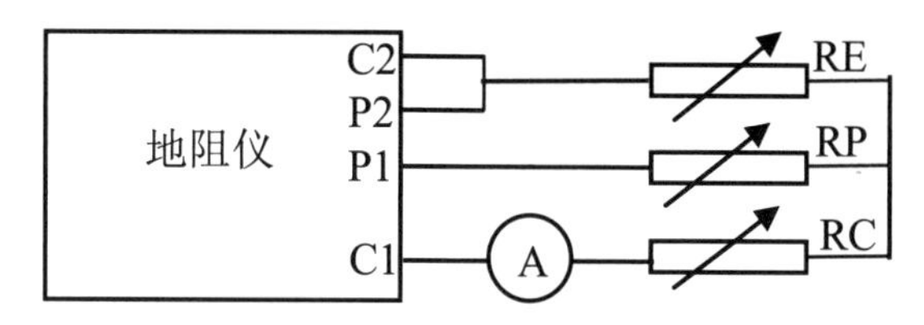

P1、P2－电压（电位）端；C1、C2－电流端；

RE－标准电阻器；RC、RP－辅助接地电阻；A－标准电流表

图3　四端地阻仪校准接线示意

7.2.1　接线如图2、图3所示，采用三端或四端接线法，RC、RP接50Ω辅助接地电阻。

7.2.2　在被校地阻仪量程的10%～100%范围内均匀选取不少于5个校准点，按选取校准点调节标准电阻器RE的阻值至R_n，记下被校地阻仪的显示读数值R_x，测试数据记录于附录A表A.2中。

7.2.3　按式（1）计算电阻示值误差：

$$\Delta R=\frac{R_x-R_n}{R_n}\times 100\% \quad (1)$$

式中：

ΔR —— 被校地阻仪电阻示值误差；

R_x —— 被校地阻仪电阻示值；

R_n —— 被校地阻仪电阻示值的实际值。

7.3　测试电流的校准

7.3.1　采用标准电流表法，接线如图2、图3所示，RC、RP接50Ω辅助接地电阻。

7.3.2　用标准电流表对被校地阻仪的输出电流进行测量，读取标准电流表示值I_n，测试数据记录于附录A表A.3中。

7.3.3　按式（2）计算电流示值误差：

$$\Delta I=\frac{I_x-I_n}{I_n}\times 100\% \quad (2)$$

式中：

ΔI —— 电流示值误差；

I_x —— 被校地阻仪电流示值；

I_n —— 标准电流表示值。

7.4　测试频率的校准(适用于异频法地阻仪)

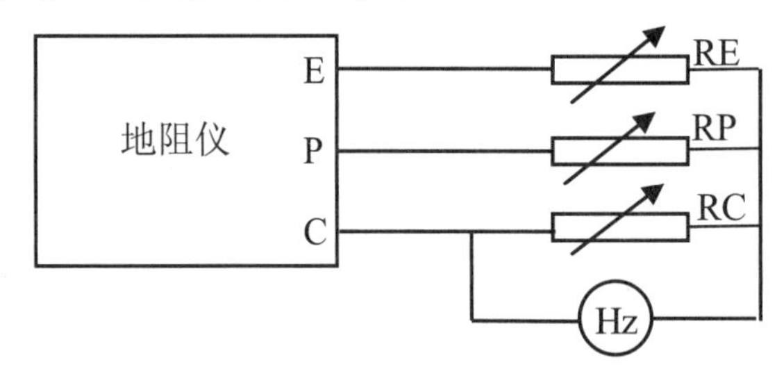

E－接地端；P－电压(电位)端；C－电流端；

RE－标准电阻器；RC、RP－辅助接地电阻；Hz－标准频率表

图4　三端地阻仪校准接线原理

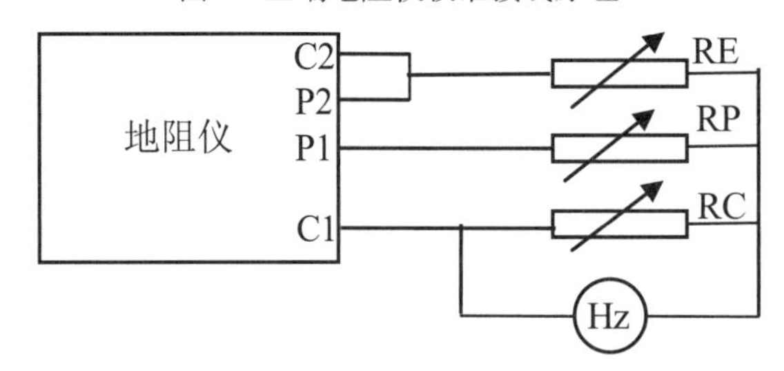

P1、P2－电压(电位)端；C1、C2－电流端；

RE－标准器(等效接地电阻)；RC、RP－辅助接地电阻；Hz－标准频率表

图5　四端地阻仪校准接线示意

7.4.1　对异频法地阻仪的频率校准采用标准频率表法，接线如图4、图5所示，RC、RP接50Ω辅助接地电阻。

7.4.2　调节被校地阻仪的试验频率，用标准频率表对被校地阻仪的试验频率进行测量，读取标准频率表示值f_n，测试数据记录于附录A表A.4中。

7.4.3　按式(3)计算频率示值误差：

$$\Delta f=\frac{f_x-f_n}{f_n}\times 100\% \tag{3}$$

式中：

Δf —— 频率示值误差；

f_x —— 被校地阻仪频率示值；

f_n —— 标准频率表示值。

7.5　辅助接地电阻引起的改变量

7.5.1　接线如图2、图3所示，在被校地阻仪电阻量程上限值或其附近值，将RP、RC同时依次置于0Ω、10Ω、20Ω、100Ω、1000Ω的辅助接地电阻各测量一次，测试数据记录于附录A表A.5中。

7.5.2　测量结果与辅助接地电阻值为50Ω时测量结果的示值误差之差即为由辅助接地电阻引起的改变量，用式(4)计算。改变量不应超过表1的规定值。

$$e=\frac{R_{x2}-R_{x1}}{R_n}\times 100\% \tag{4}$$

式中：

e —— 由辅助接地电阻引起的改变量；

R_{x1} ——RP、RC 接 50Ω 辅助电阻时地阻仪示值；

R_{x2} ——RP、RC 接其他阻值的辅助电阻时地阻仪示值；

R_n —— 标准电阻值。

7.6 地电压反击引起的改变量

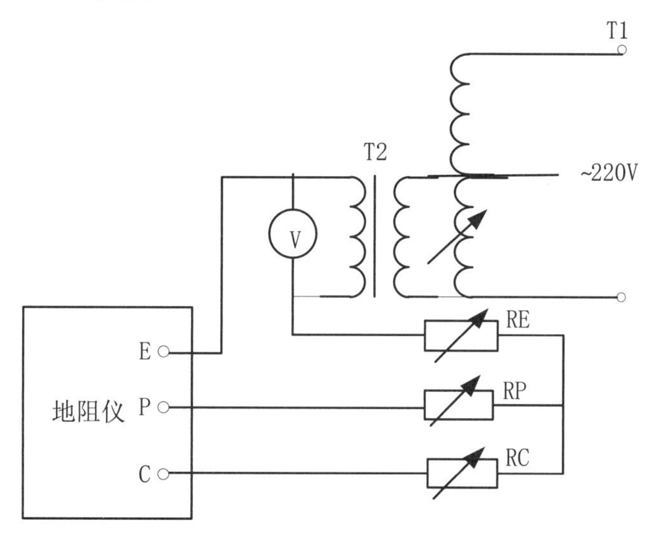

V－标准电压表；E－接地端；P－电压（电位）端；C－电流端；T1－调压器；T2－隔离变压器

RE－标准电阻器；RC、RP－辅助接地电阻

图 6 三端地阻仪校准接线示意图

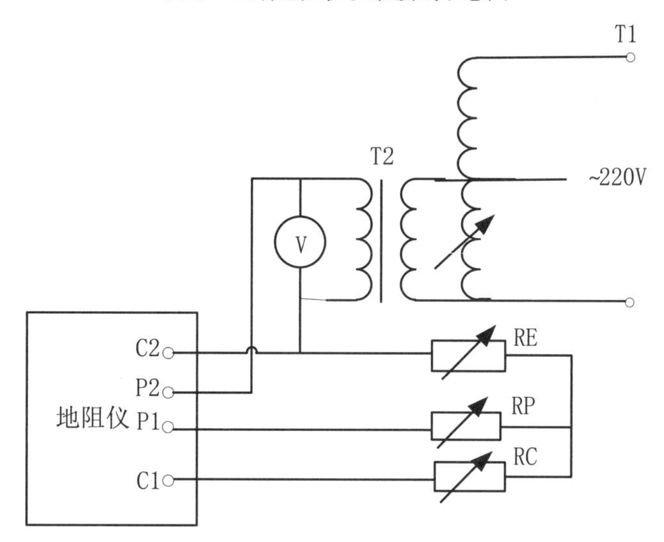

V－标准电压表；P1、P2－电压（电位）端；C1、C2－电流端；T1－调压器；T2－隔离变压器

RE－标准电阻器；RC、RP－辅助接地电阻

图 7 四端地阻仪校准接线示意图

7.6.1 接线如图 6、图 7 所示，对被校地阻仪分别施加 5V、10V 的等效工频地电压，调节标准电阻器（或电阻箱）RE，在被校地阻仪电阻量程上限值或其附近值，测得 RE 的读数值 R_x。

7.6.2 保持调压器位置不变，切断电源，再次调节 RE，使电阻示值在相同的点上，记录 RE 的读数值 R_s，测试数据记录于附录 A 表 A.6 中。

7.6.3 由地电压反击引起的改变量用式(5)计算,其影响不应超过表2的规定值。

$$E = \frac{R_x - R_s}{R_m} \times 100\% \quad \cdots\cdots (5)$$

式中:

E —— 由地电压反击引起的改变量;

R_{m} ——被校地阻仪的量程上限值。

8 校准结果表达

校准结果应在校准证书上反映。校准证书应至少包括以下信息:

a）标题:“校准证书”;

b）实验室名称和地址;

c）进行校准的地点(如果与实验室的地址不同);

d）证书的唯一性标识(如编号),每页及总页数的标识;

e）客户的名称和地址;

f）被校对象的描述和明确标识;

g）进行校准的日期,如果与校准结果的有效性和应用有关时,应说明被校对象的接收日期;

h）如果与校准结果的有效性应用有关时,应对被校样品的抽样程序进行说明;

i）校准所依据的技术规范的标识,包括名称及代号;

j）本次校准所用测量标准的溯源性及有效性说明;

k）校准环境的描述;

l）校准结果及其测量不确定度的说明;

m）对校准规范的偏离的说明;

n）校准证书或校准报告签发人的签名、职务或等效标识;

o）校准结果仅对被校对象有效的说明;

p）未经实验室书面批准,不得部分复制证书的声明。

9 复校时间间隔

建议复校时间间隔不超过1年。由于复校时间间隔的长短是由仪器的使用情况、使用者、仪器本身质量等诸多因素决定的,因此,送校单位可根据实际使用情况自主决定复校时间间隔。

附录 A

原始记录格式

A.1 外观及功能性检查

表 A.1 外观及功能性检查记录

项目	检查结果
外观检查	
功能性检查	

A.2 接地电阻的校准

表 A.2 接地电阻校准记录

测试电流/A	标准值/Ω	示值/Ω	误差/Ω	测量不确定度（$k=$ ）

A.3 测试电流的校准

表 A.3 测试电流校准记录

频率/Hz	示值/A	标准值/A	误差/A	测量不确定度（$k=$ ）

A.4　测试频率的校准

表 A.4　测试频率校准记录

电流/A	示值/Hz	标准值/Hz	误差/Hz	测量不确定度（$k=$　）

A.5　辅助接地电阻引起的改变量

表 A.5　辅助接地电阻引起的改变量校准记录

示值/Ω 辅助电阻 实测值/Ω	0Ω	10Ω	20Ω	100Ω	1000Ω

A.6　地电压反击引起的改变量

表 A.6　地电压反击引起的改变量校准记录

地电压/V	标称值/Ω	示值/Ω

附录 B

校准证书内页格式

B.1 外观及工作正常性检查

表 B.1 外观及工作正常性检查

项目	检查结果
外观检查	
工作正常性检查	

B.2 接地电阻的校准

表 B.2 接地电阻的校准

测试电流/A	标准值/Ω	示值/Ω	误差/Ω	测量不确定度（$k=$ ）

B.3 测试电流的校准

表 B.3 测试电流的校准

频率/Hz	示值/A	标准值/A	误差/A	测量不确定度（$k=$ ）

B.4 测试频率的校准

表 B.4 测试频率的校准

电流/A	示值/Hz	标准值/Hz	误差/Hz	测量不确定度（$k=$ ）

B.5 辅助接地电阻引起的改变量

表 B.5 辅助接地电阻引起的改变量

示值/Ω 辅助电阻 实测值/Ω	0Ω	10Ω	20Ω	100Ω	1000Ω
改变量/ %					

B.6 地电压反击引起的改变量

表 B.6 地电压反击引起的改变量

地电压/V	标称值/Ω	示值/Ω	改变量/ %

附录 C

测量结果的不确定度评定示例

C.1　电阻测量结果不确定度评定

C.1.1　测量模型

采用直接测量法，按规范校准方法接线，调节标准器电阻至校准点，当被校测试仪的工作电流稳定后，读取被校测试仪的电阻指示值。

$$\Delta R = R_X - R_N \qquad \text{(C.1)}$$

式中：

ΔR —— 电阻示值误差；

R_X —— 被测仪器示值；

R_N —— 标准电阻值。

则 $c_1 = \partial \Delta R / \partial R_x = 1$；$c_2 = \partial \Delta R / \partial R_N = -1$。

C.1.2　不确定度来源

不确定度来源主要有被校仪器测量重复性引入的不确定度分量；标准器自身引入的不确定度分量；被校测试仪示值分辨率不足引入的不确定度分量；环境条件（温度、湿度、电源、电磁场）影响引起的误差等。由于测量是在实验室中进行，环境条件影响引起的误差可忽略不计。

C.1.3　标准不确定度的评定

C.1.3.1　测量重复性引入的不确定度 u_A，按 A 类不确定度评定。

按上述方法对标准电阻器 1Ω（测试电流 5A）连续测量 10 次，数据如下：

序号	1	2	3	4	5	平均值
实测值（Ω）	0.999	0.998	0.997	0.998	0.996	0.9972
序号	6	7	8	9	10	
实测值（Ω）	0.996	0.997	0.998	0.997	0.996	

根据贝塞尔公式 $s = \sqrt{\dfrac{\sum_{i=1}^{n}(R_i - \bar{R})^2}{n-1}} = 1.03m\Omega$

因此重复性测量引入的标准不确定度为：$u_A = s = 1.03\text{m}\Omega$

C.1.3.2　标准电阻器引入的不确定度 u_1，按 B 类不确定度评定

标准电阻器 1Ω 时准确度为 0.2%，视其为均匀分布，包含因子 $k = \sqrt{3}$，则有：

$$u_1 = 0.2\% \times 1\Omega/\sqrt{3} = 1.2\text{m}\Omega$$

C.1.3.3　被测仪器示值分辨率引入的不确定度 u_2，按 B 类不确定度评定。

被校测试仪电阻示值分辨率为 1mΩ，视其为均匀分布，包含因子 $k=\sqrt{3}$，则有 $u_2 = 1\text{m}\Omega/2\sqrt{3} = 0.29\text{m}\Omega$。

C.1.4　合成标准不确定度

不确定度分量如表 C.1.4 所示。

表 C.1.4　不确定度分量一览表

不确定度来源	标准不确定度		灵敏系数	标准不确定度分量
	符号	数值		
测量重复性引入	u_A	1.03mΩ	1	1.03mΩ
标准电阻器引入	u_1	1.2mΩ	−1	1.2mΩ
示值分辨率不足引入	u_2	0.29mΩ	1	0.29mΩ

以上各不确定度分量独立不相关。由于测量重复性包含示值分辨率引入的不确定度分量，为避免重复计算，因此舍去 u_2。测量结果的合成标准不确定度为：

$$u_c = \sqrt{u_A^2 + u_1^2} = \sqrt{1.03^2 + 1.2^2} = 1.58\text{m}\Omega$$

C.1.5　扩展不确定度

取 $k=2$，则 $U = 2 \times u_c \approx 4\text{m}\Omega$

C.2　电流测量结果不确定度评定

C.2.1　测量模型

采用直接测量法，用标准电流表对被校试验装置的输出电流进行测量，以被校测试仪示值减去标准电流表示值即为电流示值误差。

$$\Delta I = I_x - I_n \quad \cdots\cdots (C.2)$$

式中：

ΔI　——被校测试仪电流示值误差；

I_x　——被校测试仪电流示值；

I_n　——标准电流表示值。

C.2.2　不确定度来源

不确定度来源主要有被校仪器测量重复性引入的不确定度分量；标准器自身引入的不确定度分量；被校测试仪示值分辨率不足引入的不确定度分量；环境条件（温度、湿度、电源、电磁场）影响引起的误差等。由于测量是在实验室中进行，环境条件影响引起的误差可忽略不计。

C.2.3　不确定度来源分析及标准不确定度评定

C.2.3.1　由测量重复性引入的标准不确定度 u_A

被校测试仪输出电流5A，用校准装置进行10次重复测量，数据如下：

序号	1	2	3	4	5	平均值
实测值(A)	4.98	4.97	4.96	4.98	4.97	4.975
序号	6	7	8	9	10	
实测值(A)	4.98	4.97	4.97	4.98	4.96	

单次测量值的实验标准偏差：$s=\sqrt{\frac{\sum_{i=1}^{n}(I_i-\bar{I})^2}{n-1}}=0.0053\text{A}$

则 $u_A=s=5.3\text{mA}$

C.2.3.2　由标准电流表自身误差引入的标准不确定度 u_1

标准器5A时最大允差为±0.5%，视其为均匀分布，包含因子 $k=\sqrt{3}$，则有：

$$u_1=0.5\%\times 5\text{A}/\sqrt{3}=14.4\text{mA}$$

C.2.3.3　被测仪器示值分辨率引入的不确定度 u_2

按B类方法评定。被校测试仪电流示值分辨率为0.01A，视其为均匀分布，包含因子 $k=\sqrt{3}$，则有：

$$u_2=0.01\text{A}/2\sqrt{3}=2.9\text{mA}$$

C.2.4　合成标准不确定度

C.2.4.1　不确定度分量如表C.2.4所示。

表C.2.4　不确定度分量一览

不确定度来源	标准不确定度		灵敏系数	标准不确定度分量
	符号	数值		
测量重复性引入	u_A	5.3mA	1	5.3mA
标准电流表引入	u_1	14.4mA	-1	14.4mA
示值分辨率不足引入	u_2	2.9mA	1	2.9mA

C.2.4.2　合成标准不确定度计算

以上各项标准不确定度分量是互不相关的。由于测量重复性包含示值分辨率引入的不确定度分量，为避免重复计算，重复性和示值分辨率误差引入的不确定度分量取大者。所以合成标准不确定度为：

$$u_c = \sqrt{u^2(\mathrm{I}_x) + u^2(\mathrm{I}_n)} = 15.34\text{mA}$$

C.2.5　扩展不确定度计算

取 $k=2$，则 $U = 2 \times u_c \approx 0.04\text{A}$

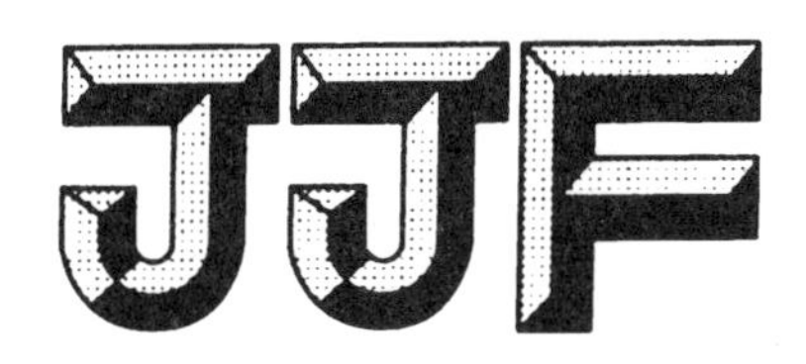

中华人民共和国工业和信息化部
电子计量技术规范

JJF（电子）0040—2019

静电放电靶校准规范

Calibration Specification of ESD Current Targets

2019－08－26 发布　　2019－12－01 实施

中华人民共和国工业和信息化部　发布

静电放电靶校准规范

Calibration Specification of ESD Current Targets

JJF（电子）0040—2019

归 口 单 位：中国电子技术标准化研究院

主要起草单位：广州广电计量检测股份有限公司

参加起草单位：苏州泰思特电子科技有限公司

本规范技术条文委托起草单位负责解释

本规范主要起草人：

张　辉（广州广电计量检测股份有限公司）

吕东瑞（广州广电计量检测股份有限公司）

罗燕红（广州广电计量检测股份有限公司）

李建征（广州广电计量检测股份有限公司）

参加起草人：

曾　昕（广州广电计量检测股份有限公司）

薛玉韬（广州广电计量检测股份有限公司）

胡小军（苏州泰思特电子科技有限公司）

静电放电靶校准规范

目　录

引　　言

本规范依据 JJF 1071—2010《国家计量校准规范编写规则》和 JJF 1059.1—2012《测量不确定度评定与表示》编写。

本规范为首次在国内发布。

静电放电靶校准规范

1 范围

本规范适用于静电放电靶-衰减器-电缆组成的静电放电模拟器放电电流测量链路的校准。

2 引用文件

本规范引用了下列文件：

GB/T 17626.2-2018/IEC 61000-4-2:2008 电磁兼容试验和测量技术静电放电抗扰度试验。

ISO 10605:2008 道路车辆静电放电产生的电磁骚扰试验方法(Road vehicles - Test methods for electrical disturbances from electrostatic discharge)。

注：凡是注日期的引用文件，仅注日期的版本适用于本规范；凡是不注日期的引用文件，其最新版本(包括所有的修改单)适用于本规范。

3 术语和计量单位

3.1 输入阻抗 input impedance

静电放电靶输入端的内电极和接地结构之间的阻抗，单位：Ω。

[GB/T17626.2—2018 附录 B，B.1]

3.2 转移阻抗 transfer impendence

注入到静电放电靶输入端的电流和静电放电靶-衰减器-电缆链路输出端 50Ω 精密负载上的电压之比(精密负载放置在电缆的一端，替代示波器的负载)，单位：V/A。

[GB/T17626.2—2018 附录 B，B.3]

转移阻抗按式(1)计算：

$$Z_{sys}=\frac{V_{50}}{I_{sys}} \quad (1)$$

式中：

Z_{sys} ——测量链路的转移阻抗，V/A；

V_{50} ——50Ω 负载电阻两端的电压，V；

I_{sys} ——注入到静电放电靶输入端的电流，A。

3.3 插入损耗 insertion loss

静电放电靶-衰减器-电缆链路的插入损耗，单位：dB。

链路的插入损耗按式(2)计算：

$$S_{21}=20\lg[2Z_{sys}/(R_{in}+50)] \quad (2)$$

[GB/T17626.2—2018 附录 B,B.2.1]

式中：

S_{21} ——测量链路的插入损耗，dB；

Z_{sys} ——测量链路的转移阻抗，V/A；

R_{in} ——放电靶的输入阻抗，Ω。

4 概述

静电放电靶用于校准静电放电模拟器的放电电流，靶面由内电极、环形绝缘间隙和接地结构三部分组成，靶内部由大约25个电阻值为51Ω的电阻并联于内电极和接地结构之间，使静电放电靶的内电极和接地结构之间的直流阻抗不大于2.1Ω。静电放电靶输出端接衰减器，衰减器一般为20dB，并配同轴电缆组成测量链路。校准时把静电放电靶－衰减器－电缆链路作为一个整体进行校准，静电放电靶－衰减器－电缆链路的结构原理如图1所示。

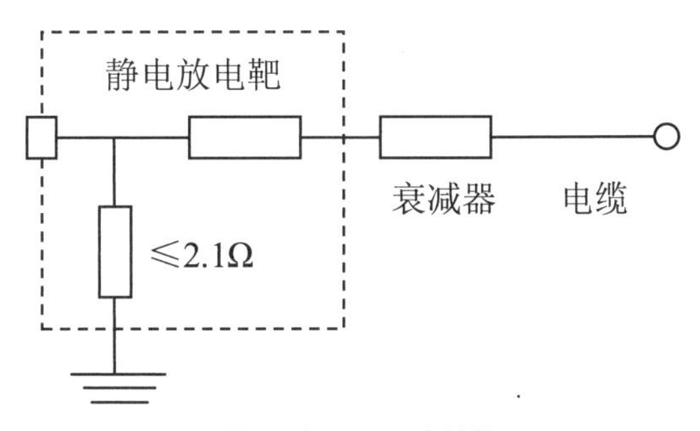

图1　静电放电靶链路结构原理

5 计量特性

5.1 输入阻抗

直流阻值：(0.95～2.1)Ω；最大允许误差：±5%。

5.2 转移阻抗

转移阻抗：(0.08～0.25)V/A。

5.3 插入损耗

插入损耗最大允许误差：±0.5dB，9kHz～1GHz；±1.2dB，(1～4)GHz。

注：以上范围及指标不适用于合格性判定，仅供参考。

6 校准条件

6.1 环境条件

6.1.1 环境温度：15℃～35℃。

6.1.2 环境相对湿度：30%～60%。

6.1.3 其他：周围无影响仪器正常工作的电磁干扰和机械振动。

6.2 测量标准及其他设备

6.2.1　网络分析仪

频率范围:9kHz ~ 4GHz;

动态范围:≥100dB;

传输系数模值:±0.1dB。

6.2.2　校准适配器

插入损耗:<0.3dB,DC ~ 4GHz;

回波损耗:>30dB,DC ~ 1GHz;>20dB,(1 ~ 4)GHz。

6.2.3　直流电流源

直流电流:(0.01 ~ 2)A,最大允许误差:±0.1%。

6.2.4　数字多用表

直流电压:10mV ~ 10V,最大允许误差:±0.1%;

电阻测量:(0.1 ~ 10)Ω,最大允许误差:±0.5%。

6.2.5　50Ω 负载

直流电阻值:50Ω,最大允许误差:±1%。

6.2.6　同轴衰减器

衰减值:10dB,DC ~ 4GHz,最大允许误差:±0.5dB;

电压驻波比:≤1.2。

7　校准项目和校准方法

7.1　外观及工作正常性检查

被校静电放电靶 - 衰减器 - 电缆链路外观应完好,静电放电靶端面平整,衰减器的衰减值应清晰标注,线缆应无明显机械损伤和弯折形变。检查结果记录于附录 A 表 A.1 中。

7.2　输入阻抗

7.2.1　用数字多用表测量静电放电靶的输入阻抗,设置数字多用表为电阻测量功能,选择合适的量程,将表笔或测试线短接测量引线电阻对测量结果进行修正或清零。

7.2.2　如图 2 所示,用数字多用表的表笔或测试线分别接触静电放电靶的内电极和外环接地结构,数字多用表的测量值即为静电放电靶的直流输入阻抗 R_{in},记录于附录 A 表 A.2 中。

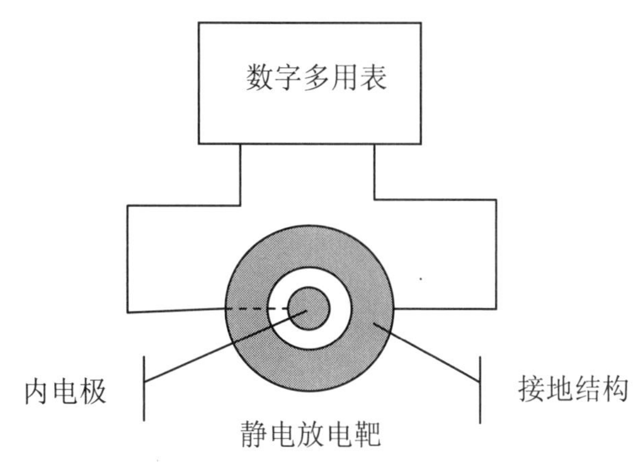

图2　输入阻抗校准示意图

7.2.3　按式(3)计算输入阻抗的示值误差：

$$\Delta = \frac{R_0 - R_{in}}{R_{in}} \times 100\% \quad \cdots\cdots (3)$$

式中：

Δ　——输入阻抗示值误差；

R_0　——输入阻抗标称值，Ω；

R_{in}　——数字多用表测量值，Ω。

7.3　转移阻抗

7.3.1　如图3所示，直流电流源输出正极接静电放电靶的电流输入端内电极，静电放电靶－衰减器－电缆链路的输出端转接50Ω负载，链路电缆接地端和电阻的电流输出端接直流电流源的回路端。

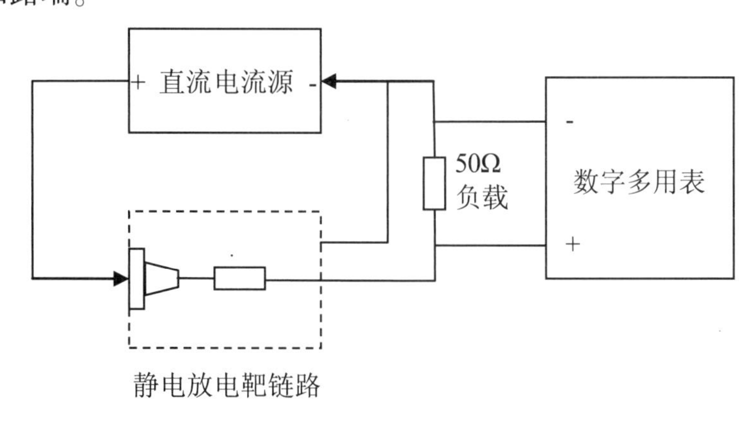

图3　转移阻抗校准连接示意

7.3.2　设置电源输出电流I_{sys}为1A（或按使用要求设置），用数字多用表测量50Ω负载两端的电压V_{50}，记录于附录A表A.3中。

7.3.3　用式(1)计算静电放电靶－衰减器－电缆链路的转移阻抗Z_{sys}，记录于附录A表A.3中。

7.4　插入损耗

7.4.1　用网络分析仪测量静电放电靶－衰减器－电缆链路的插入损耗，网络分析仪的测量模式设置为传输测量S_{21}或S_{12}，扫描类型设置为对数频率，源信号功率设置为－10dBm，中频带宽设为不大于100Hz，起始频率为9kHz，终止频率大于等于4GHz。

7.4.2　如图4所示，将测试电缆和10dB衰减器接入网络分析仪的测试端口，对网络分析仪进行测量前的直通校准。

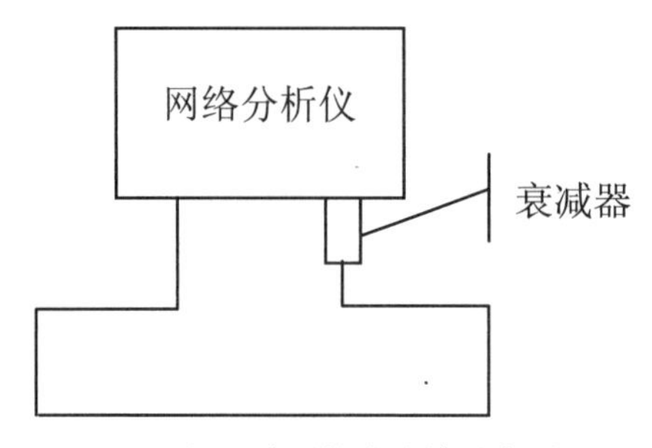

图4　直通校准连接示意图

7.4.3　按图5连接校准适配器和静电放电靶－衰减器－电缆链路，校准适配器和静电放电靶的端面对接使固定位对齐并固定，测试线缆和衰减器接至校准适配器，静电放电靶－衰减器－电缆链路输出端接至网络分析仪的输入端。

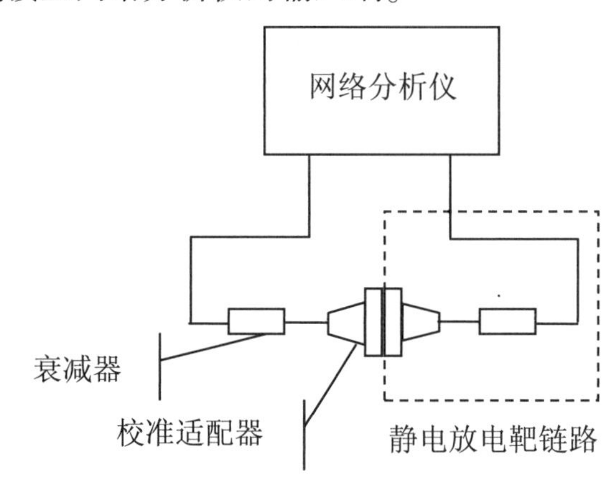

图5　插入损耗校准连接示意

7.4.4　用网络分析仪标记功能读取各频率点的测量结果，所选频率点应包括起始频率9kHz和上限频率4GHz，网络分析仪示值的绝对值即为静电放电靶－衰减器－电缆链路的插入损耗S'_{21}，记录于附录A表A.4中。

7.4.5　用式(4)计算插入损耗的示值误差：

$$\Delta = 20\lg[2Z_{sys}/(R_{in}+50)] - S'_{21} \qquad (4)$$

式中：

Δ　——插入损耗示值误差，dB；

$20\lg[2Z_{sys}/(R_{in}+50)]$——插入损耗标称值，dB；

$-S'_{21}$——网络分析仪测量值，dB。

8　校准结果表达

校准后，出具校准证书。校准证书应至少包含以下信息：

a）标题："校准证书"；

b）实验室名称和地址；

c）进行校准的地点（如果与实验室的地址不同）；

d）证书或报告的唯一性标识（如编号），每页及总页数的标识；

e）客户的名称和地址；

f）被校准对象的描述和明确标识；

g）进行校准的日期，如果与校准结果的有效性有关时，应说明被校对象的接收日期；

h）如果与校准结果的有效性应用有关时，应对被校样品的抽样程序进行说明；

i）校准所依据的技术规范的标识，包括名称及代号；

j）本次校准所用测量标准的溯源性及有效性说明；

k）校准环境的描述；

l）校准结果及其测量不确定度的说明；

m）对校准规范的偏离的说明；

n）校准证书签发人的签名、职务或等效标识；

o）校准结果仅对被校对象有效的说明；

p）未经实验室书面批准，不得部分复制证书的声明。

9 复校时间间隔

建议复校时间间隔不超过1年。由于复校时间间隔的长短是由仪器的使用情况、使用者、仪器本身质量等诸多因素决定的，因此，送校单位可根据实际使用情况自主决定复校时间间隔。

附录 A

原始记录格式

A.1 外观及工作正常性检查

表 A.1 外观及工作正常性检查

项目	检查结果
外观检查	
工作正常性检查	

A.2 输入阻抗

表 A.2 输入阻抗

标称值/Ω	测量值/Ω	误差/Ω	不确定度($k=2$)

A.3 转移阻抗

表 A.3 转移阻抗

电流值/A	电压值/V	转移阻抗/V/A	不确定度($k=2$)

A.4 插入损耗

表 A.4 插入损耗

频率	标称值/dB	测量值/dB	误差/dB	不确定度/dB ($k=2$)
9kHz				
…				
4000MHz				

附录 B

校准证书内页格式

B.1 外观及工作正常性检查

表 B.1 外观及工作正常性检查

项目	检查结果
外观检查	
工作正常性检查	

B.2 输入阻抗

表 B.2 输入阻抗

标称值/Ω	测量值/Ω	误差/Ω	不确定度($k=2$)

B.3 转移阻抗

表 B.3 转移阻抗

电流值/A	电压值/V	转移阻抗/V/A	不确定度($k=2$)

B.4 插入损耗

表 B.4 插入损耗

频率	标称值/dB	测量值/dB	误差/dB	不确定度/dB ($k=2$)
9kHz				
…				
4000MHz				

附录 C

测量不确定度评定示例

C.1 输入阻抗测量结果不确定度评定

C.1.1 测量模型

用数字多用表测量静电放电靶－衰减器－电缆链路输入阻抗的测量模型为：

$$R_{in}=R_0+\delta_{DMM}+\delta_R \quad \cdots\cdots (C.1)$$

式中：

R_{in} ——输入阻抗标称值，Ω；

R_0 ——数字多用表示值，Ω；

δ_{DMM} ——数字多用表误差，Ω；

δ_R ——示值分辨力误差。

C.1.2 不确定度来源

不确定度来源主要有数字多用表最大允差、示值分辨力误差、测量重复性引入的不确定度分量。

C.1.3 标准不确定度评定

C.1.3.1 数字多用表阻抗测量最大允差引入的不确定度分量 u_1

数字多用表阻抗测量最大允许误差为 ±0.5%，则测量阻抗 2Ω 时最大允许误差为 ±0.01Ω，按均匀分布，取 $k=\sqrt{3}$，则不确定度分量 $u_1=0.01\Omega/\sqrt{3}=0.0058\Omega$。

C.1.3.2 示值分辨力引入的不确定度分量 u_2

数字多用表阻抗测量时分辨力为 0.001Ω，半区间 $a=0.0005\Omega$，按均匀分布，取 $k=\sqrt{3}$，则不确定度分量 $u_2=0.0005\Omega/\sqrt{3}=0.00029\Omega$。

C.1.3.3 测量重复性引入的标准不确定度分量 u_A

对静电放电靶－衰减器－电缆链路的输入阻抗进行 10 次重复性测量，结果见下表(Ω)：

测量序号	1	2	3	4	5
测量结果	1.997	1.995	1.998	1.995	1.996
测量序号	6	7	8	9	10
测量结果	1.994	1.999	1.997	1.996	1.999
平均值 $\bar{x}_n$	1.9966	标准差 s	0.00172		

则 $u_A=s=\sqrt{\dfrac{\sum_{i=1}^{10}(x_i-\bar{x})^2}{(n-1)}}=0.00172\Omega$

由于测量重复性包含了人员读数时因分辨力引入的误差，因此由分辨力引入的不确定度分量 u_2 和测量重复性引入的不确定度分量 u_A 取大者。

C.1.4 合成标准不确定度

C.1.4.1 主要不确定度汇总表

不确定度来源(u_i)	$a_i(\Omega)$	k_i	$u_i(\Omega)$
数字多用表最大允许误差,u_1	0.01	$\sqrt{3}$	0.0058
示值分辨力,u_2	0.0005	$\sqrt{3}$	0.00029
测量重复性,u_A	0.00172	1	0.00172

C.1.4.2 合成标准不确定度计算

以上各项不确定度分量相互独立不相关,合成标准不确定度为:

$$u_c=\sqrt{u_1^2+u_A^2}=0.006\Omega$$

C.1.5 扩展不确定度

取包含因子 $k=2$,则扩展不确定度为:

$U=ku_c=0.012\Omega$,$k=2$;相对扩展不确定度 $U_{rel}=0.6\%$,$k=2$。

C.2 插入损耗测量结果不确定度评定

C.2.1 测量模型

用网络分析仪测量静电放电靶－衰减器－电缆链路插入损耗的测量模型为:

$$A_{Loss}=A_0+\delta_{Analyzer}+\delta_{\Gamma} \quad (C.2)$$

式中:

A_{Loss} ——静电放电靶－衰减器－电缆链路的插入损耗,dB;

A_0 ——网络分析仪示值,dB;

$\delta_{Analyzer}$——网络分析仪测量误差,dB;

δ_{Γ} ——系统失配引入的误差,dB。

C.2.2 不确定度来源

不确定度来源主要有网络分析仪电平动态准确度、传输系数模值误差、系统失配误差、测量重复性引入的不确定度分量等。

C.2.3 标准不确定度评定

C.2.3.1 网络分析仪电平测量动态准确度引入的不确定度分量 u_1

网络分析仪－50dB 时电平测量动态准确度约为 ±0.20dB,按均匀分布,取 $k=\sqrt{3}$,则不确定度分量 $u_1=0.20\text{dB}/\sqrt{3}=0.115\text{dB}$。

C.2.3.2 网络分析仪传输模值误差引入的不确定度分量 u_2

网络分析仪传输模值测量 9kHz～4GHz 最大允许误差为 ±0.056dB,按均匀分布,取 $k=\sqrt{3}$,则不确定度分量 $u_2=0.056\text{dB}/\sqrt{3}=0.033\text{dB}$。

C.2.3.3 网络分析仪示值分辨力引入的标准不确定度分量 u_3

网络分析仪测量电平时分辨力为 0.01dB,按均匀分布,$k=\sqrt{3}$,由分辨力引入的不确定度分量为:$u_3=0.005\ \text{dB}/\sqrt{3}=0.0029\text{dB}$。

C.2.3.4　校准适配器插入损耗引入的标准不确定度分量 u_4

校准时对校准适配器插入损耗进行修正，校准适配器插入损耗扩展不确定度 $U=0.10\text{dB}(k=2)$，由此引入的不确定度分量为：$u_4=0.10\ \text{dB}/2=0.05\text{dB}$。

C.2.3.5　系统失配误差引入的标准不确定度分量 u_5

校准系统失配误差最大按0.14dB计算，按反正弦分布，$k=\sqrt{2}$，由此引入的不确定度分量为：$u_5=0.14\ \text{dB}/\sqrt{2}=0.10\text{dB}$。

C.2.3.6　测量重复性引入的标准不确定度分量 u_A

对静电放电靶－衰减器－电缆链路的插入损耗@1000MHz进行10次重复性测量，结果见下表(dB)：

测量序号	1	2	3	4	5
测量结果	43.17	43.12	43.08	43.15	43.12
测量序号	6	7	8	9	10
测量结果	43.14	43.09	43.06	43.14	43.18
平均值 $\bar{x}_n$	43.125dB		标准差 s	0.039dB	

测量重复性引入的不确定度分量 $u_A=s=\sqrt{\dfrac{\sum_{i=1}^{10}(x_i-x_a)^2}{(n-1)}}=0.039\text{dB}$。

由于测量重复性包含了人员读数时因分辨力引入的误差，因此由分辨力引入的不确定度分量 u_3 和测量重复性引入的不确定度分量 u_A 取大者。

C.2.4　合成标准不确定度

C.2.4.1　主要不确定度汇总表

不确定度来源(u_i)	a_i(dB)	k_i	u_i(dB)
网络分析仪动态准确度，u_1	0.20	$\sqrt{3}$	0.115
网络分析仪传输模值误差，u_2	0.056	$\sqrt{3}$	0.033
示值分辨力，u_3	0.005	$\sqrt{3}$	0.003
校准适配器插入损耗，u_4	0.10	2	0.05
系统失配误差，u_5	0.14	$\sqrt{2}$	0.10
测量重复性，u_A	0.039	1	0.039

C.2.4.2　合成不确定度计算

以上各项不确定度分量相互独立不相关，合成标准不确定度为：

$$u_c=\sqrt{u_1^2+u_2^2+u_4^2+u_S^2+u_A^2}=0.17\text{dB}$$

C.2.5　扩展不确定度

取包含因子 $k=2$，则扩展不确定度为：

$U=ku_c=0.34\text{dB}$，$k=2$。

附录 D

静电放电靶校准适配器

校准适配器的一端为 N 型接口，另一端和静电放电靶的直径相同，能扩大同轴电缆的直径用于连接同轴电缆至静电放电靶的输入端，校准适配器的内导体的外直径等于静电放电靶的内电极直径，使校准适配器和静电放电靶的端面相吻合。因此静电放电靶和校准适配器具有相同的正面结构，如图 D.1 所示。

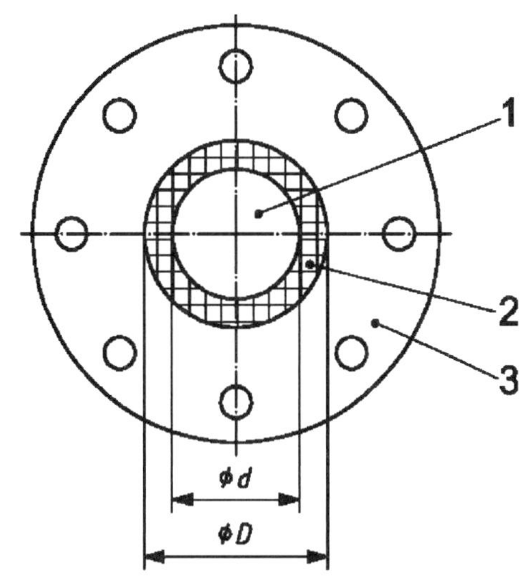

图 D.1　静电放电靶和校准适配器正面示意

图中：

1　——内电极；

2　——绝缘间隙；

3　——接地结构；

φd ——内电极外径；

φD ——接地结构内径。

校准适配器在 4GHz 带宽下保持(50 ± 1)Ω，两个面对面放置的校准适配器频率至 1GHz 时的回波损耗应优于 30dB，频率至 4GHz 时应优于 20dB；频率至 4GHz 的插入损耗应小于 0.3dB。只要满足上述技术要求，校准适配器除了圆锥形外也可以是其他形状。校准适配器连接到静电放电靶的示意图如图 D.2 所示。

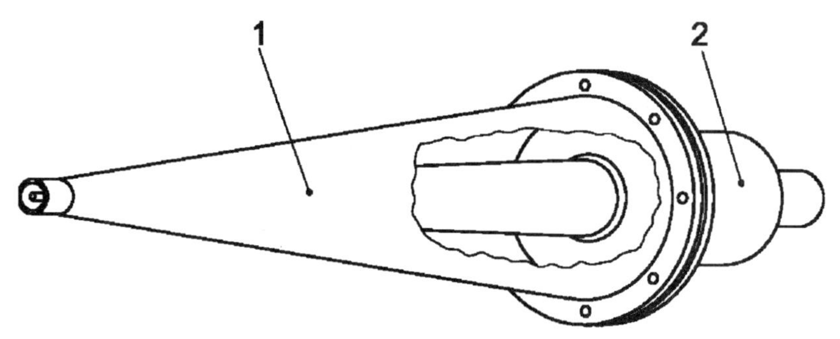

图 D.2　校准适配器和静电放电靶连接示意

图中：

1——校准适配器；

2——静电放电靶。

中华人民共和国工业和信息化部电子计量技术规范

JJF（电子）0041—2019

线圈圈数测量仪校准规范

Calibration Specification of Coil Number Meters

2019－08－26 发布　　2019－12－01 实施

中华人民共和国工业和信息化部　发布

线圈圈数测量仪校准规范

Calibration Specification of Coil Number Meters

JJF（电子）0041—2019

归 口 单 位：中国电子技术标准化研究院

主要起草单位：中国电子科技集团公司第二十研究所

参加起草单位：工业和信息化部电子工业标准化研究院

本规范技术条文委托起草单位负责解释

本规范主要起草人：

武丽仙（中国电子科技集团公司第二十研究所）

罗政元（中国电子科技集团公司第二十研究所）

参加起草人：

刘　冲（工业和信息化部电子工业标准化研究院）

陆　强（中国电子科技集团公司第二十研究所）

张　伟（中国电子科技集团公司第二十研究所）

线圈圈数测量仪校准规范

目　　录

引　　言

本规范依据 JJF1071—2010《国家计量校准规范编写规则》和 JJF1059.1—2012《测量不确定度评定与表示》编写。

本规范替代了 SJ 20241—93《YG 系列匝数仪检定规程》，主要变化如下：

——进行了重新命名；

——扩大了适用范围，匝数参数的测量范围扩展至（1～80000）匝，最大允许误差范围扩展至±（0.2%～2%），增加了直流电阻测量的校准项目；

——保留了指针式线圈圈数测量仪的校准方法，归纳至附录中。

线圈圈数测量仪校准规范

1 范围

本规范适用于线圈圈数(以下简称匝数)测量范围80000匝及以下的线圈圈数测量仪的校准。指针式线圈圈数测量仪(或匝数仪)的校准可依据本规范附录执行。

2 概述

线圈圈数测量仪(或匝数仪)基本的工作原理如图1所示,由微机系统、放大器及信号处理器等部件构成,当被校线圈中输入标准交流电流 I,会产生与被测线圈匝数 Wx 成正比的交变磁场,测量仪的环形线圈会感应出与该磁场成正比的交流电动势 E,测量仪通过测量电动势 E 并经过微机系统的计算,即可测量出线圈匝数 N。图1中 Wx 为被测环形线圈。

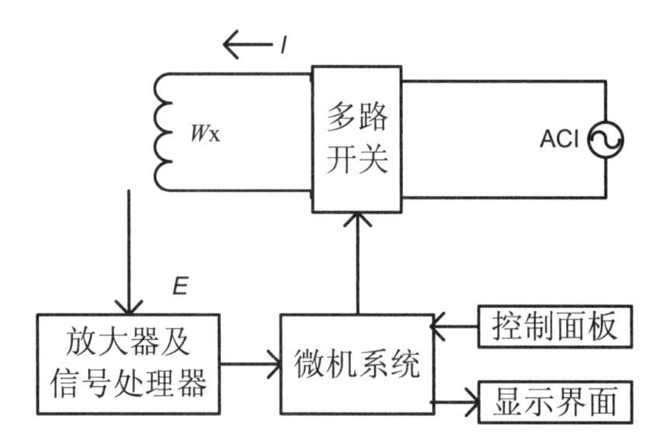

图1 线圈圈数测量仪原理

线圈圈数测量仪(或匝数仪)是用来测量各种环形线圈的匝数和直流电阻的仪器设备。按照结构和特点不同,分为指针式(指针平衡器式)和数字式两类。其适用于电感线圈、环形变压器线圈等各类线圈的测量。

3 计量特性

3.1 匝数

测量范围:(1～80000)匝,最大允许误差:±(0.2%～2%)。

3.2 直流电阻

测量范围:0.1Ω～100kΩ,最大允许误差:±(0.2%～2%)。

4 校准条件

4.1 环境条件

4.1.1 环境温度:20℃±5℃;

4.1.2 相对湿度:≤80%;

4.1.3　电源要求：(220±11)V、(50±1)Hz；

4.1.4　周围无影响仪器正常工作的电磁干扰和机械振动。

4.2　测量标准及其他设备

校准时由标准器、辅助设备及环境条件引起的扩展不确定度($k=2$)应不大于被校测量仪最大允许误差绝对值的1/3。标准器的测量范围应能覆盖被校测量仪的测量范围。

4.2.1　(可变)圈数标定仪

测量范围：(1～80000)匝，最大允许误差：±(0.05%～0.5%)。

4.2.2　直流电阻箱(器)

测量范围：0.01Ω～100kΩ，最大允许误差：±(0.01%～0.5%)。

5　校准项目和校准方法

5.1　外观及工作正常性检查

5.1.1　被校测量仪的外形结构应良好，产品名称、型号、编号、制造厂家应明确标记。

5.1.2　通电检查被校测量仪，零点调整功能应正常，数字显示字符应完整。

5.2　匝数的示值误差

5.2.1　满度校正

对于有量程选择和满度校正的数字式线圈圈数测量仪需进行满度校正，按图2所示将被校测量仪附带的标准校准线圈套入测试杆，将校准线圈的两端与被校测量仪的两测量端连接。按下相应标准校准线圈匝数 W_0 的量程键，此时调节“校正”旋钮，使匝数显示值显示 W_0 值。取下校准线圈。

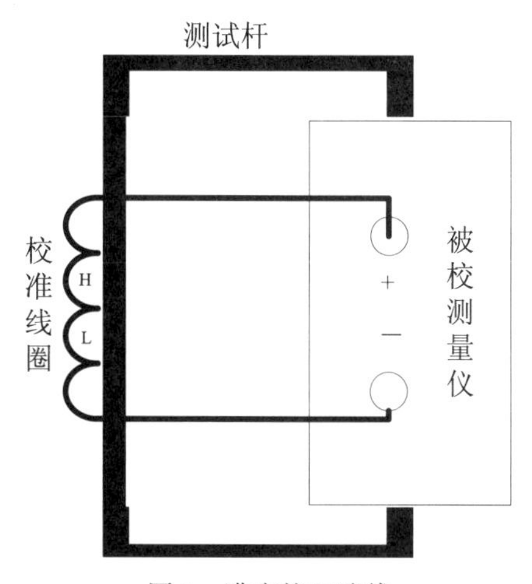

图2　满度校正连线

5.2.2　校准点的选取

手动量程的被校测量仪，将准确度最高的量程作为其基本量程，在基本量程的10%～100%范围内均匀选择不少于5个校准点；其他非基本量程均匀选取不少于3个校准点。

自动量程的被校测量仪，在(1000～10000)匝内均匀选取5～10个校准点。其余测量范围内按照1,2,5的倍数均匀选取校准点，即校准点选择为1匝、2匝、5匝、10匝、20匝、

50 匝、100 匝、200 匝、500 匝、20000 匝、50000 匝等。

校准点的选取也可以参照送校单位的要求进行。

5.2.3　按图 3 所示连接仪器设备。将(可变)圈数标定仪的绕组套入被校测量仪测试杆，使(可变)圈数标定仪的绕组下端紧贴测试台面，确认测试杆处于绕组中心位置。将(可变)圈数标定仪的线圈引出两端与数字被校测量仪的接线两端连接。

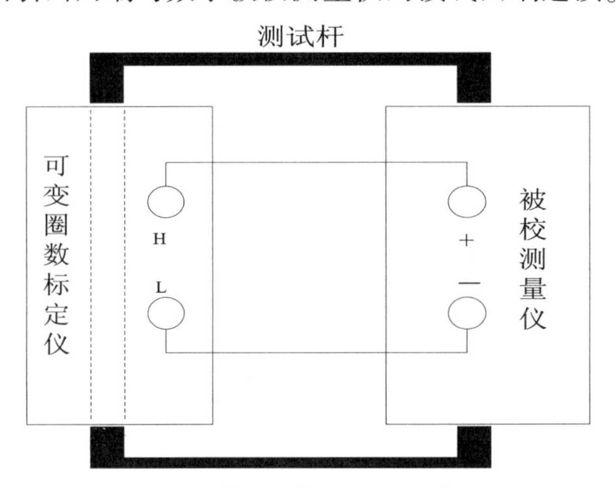

图 3　匝数的示值误差校准连线图

5.2.4　根据校准点设定可变圈数标定仪的输出值，被校测量仪设置为匝数连续测量状态，将被校测量仪的示值记录于附录 A 表 A.1 中。被校测量仪的匝数示值误差按公式(1)、(2)计算。

被校测量仪的匝数示值误差按公式(1)计算：

$$\Delta = W_X - W_N \qquad (1)$$

式中：

Δ ——示值误差，单位：匝；

W_X ——被校测量仪的示值，单位：匝；

W_N ——(可变)圈数标定仪的输出标准值，单位：匝。

被校测量仪的相对示值误差按公式(2)计算：

$$\gamma = \frac{\Delta}{W_N} \times 100\% \qquad (2)$$

式中：

γ ——相对示值误差。

5.2.5　指针式测量仪的校准方法参见附录 C。

5.3　直流电阻的示值误差

5.3.1　校准点的选取

在量程内可以按照 1，2，5 的倍数均匀选取校准点，或选取 10 的整数次幂点作为校准点。

校准点的选取也可以参照送校单位的要求进行。

5.3.2　采用直接测量法，将被校测量仪的功能选择在电阻测量功能。按图 4 连接。

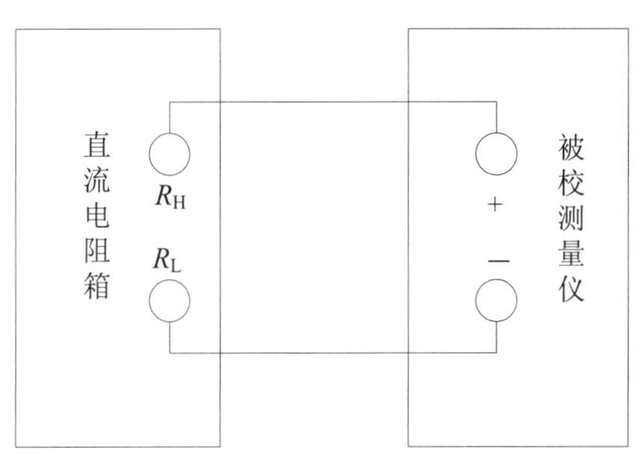

图4　直流电阻的示值误差校准连线图

5.3.3　将直流电阻箱的盘位全部置于零位，进行仪器校零。按照校准点调节直流电阻箱的电阻值 R_N，将测量仪示值 R_X 记录于附录 A 表 A.2 中，被校测量仪的直流电阻示值误差按公式（3）计算：

$$\Delta = R_X - R_N \qquad (3)$$

式中：

Δ　——示值误差，单位：Ω；

R_X　——被校测量仪的电阻示值，单位：Ω；

R_N　——直流电阻箱的标准值，单位：Ω；

被校测量仪的相对示值误差按公式（4）计算：

$$\gamma = \frac{\Delta}{R_N} \times 100\% \qquad (4)$$

式中：

γ　——相对示值误差。

6　校准结果表达

校准完成后应出具校准证书。校准证书应至少包含以下信息：

a）标题："校准证书"；

b）实验室名称和地址；

c）进行校准地点（如果与实验室的地址不同）；

d）证书的唯一性标识（如编号），每页和总页数的标识；

e）客户的名称和地址；

f）被校对象的描述和明确标识；

g）进行校准的日期，如果与校准结果的有效性和应用有关时，应说明被校对象的接收日期；

h）如果与校准结果有效性应用有关时，应对被校样品的抽样程序进行说明；

i）校准所依据的技术规范的标识，包括名称及代号；

j）本次校准所用测量标准的溯源性及有效性说明；

k）校准环境的描述；

l）校准结果及其测量不确定度的说明；

m）对校准规范的偏离的说明；

n）校准证书或校准报告签发人的签名、职务或等效标识；

o）校准结果仅对被校对象有效的声明；

p）未经实验室书面批准，不得部分复制证书的声明。

7 复校时间间隔

建议复校时间间隔不超过12个月。由于复校时间间隔的长短是由仪器的使用情况、使用者、仪器本身质量等诸因素所决定的，故送校单位可根据实际使用情况决定复校时间间隔。

附录 A

校准记录格式

A.1 外观及工作正常性检查

□正常　　□不正常

A.2 匝数的示值误差

表 A.1 匝数的示值误差

量程	标准值	示值	示值误差	测量不确定度（$k=2$）

A.3 直流电阻的示值误差

表 A.2 直流电阻的示值误差

量程	标准值	示值	示值误差	测量不确定度（$k=2$）

附录 B

测量不确定度评定示例

以型号为 YG108R 的数字线圈圈数测量仪为例,不确定度分析如下:

B.1 匝数测量不确定度评定

B.1.1 测量方法及测量模型

采用直接测量法。

测量模型为:

$$\Delta = W - W_{\mathrm{N}}$$

式中:

W —— 被校测量仪的匝数示值,单位:匝

W_N —— 可变圈数标定仪的匝数标准值,单位:匝

Δ —— 被校测量仪的匝数示值误差,单位:匝

B.1.2 主要不确定度来源

B.1.2.1 测量重复性引入的不确定度分量

B.1.2.2 被校测量仪的匝数测量的分辨力引入的不确定度分量

B.1.2.3 可变圈数标定仪的允许误差极限引入的不确定度分量

B.1.3 标准不确定度评定

B.1.3.1 由测量重复性引入的标准不确定度分量 u_{A}

用可变圈数标定仪对被校测量仪的匝数进行测量,在 1000 匝点进行重复测量 10 次,结果如下（单位:匝）:

$W_1 = 1000$　$W_2 = 1000$　$W_3 = 1000$　$W_4 = 1000$　$W_5 = 1000$

$W_6 = 1000$　$W_7 = 1000$　$W_8 = 1000$　$W_9 = 1000$　$W_{10} = 1000$

测量结果的平均值:$\overline{W} = \dfrac{\sum_{i=1}^{10} W_i}{10} = 1000$ 匝

单次测量值的实验标准偏差:

$$S_n(W) = \sqrt{\frac{\sum_{i=1}^{n}(W_i - \overline{W})^2}{n-1}} = 0 \text{ 匝}$$

则相对不确定度:$u_A = 0\%$

B.1.3.2 由被校测量仪匝数的分辨力引入的不确定度分量 u_1

被校测量仪的 1000 匝的分辨力 1 匝,按均匀分布,取 $k = \sqrt{3}$,由此引入的不确定度分量为:

$$u_1 = \frac{\delta_x}{2k} = \frac{1}{1000 \times 2\sqrt{3}} \times 100\% = 0.029\%$$

B.1.3.3　由可变圈数标定仪的允许误差极限引入的不确定度分量 u_2

可变圈数标定仪 1000 匝的点最大允许误差为 ±0.05%，即 $\alpha = 0.05\%$，按均匀分布，取 $k = \sqrt{3}$，由此引入的不确定度分量：

$$u_2 = \frac{\alpha}{k} = \frac{0.05\%}{\sqrt{3}} = 0.029\%$$

B.1.3.4　合成标准不确定度

u_1，u_2之间各不相关，则

$$u_c = \sqrt{u_1^2 + u_2^2} = 0.04\%$$

B.1.3.5　扩展不确定度

$U_{rel} = k \cdot u_c$，取 $k = 2$，由此得到 1000 匝点校准结果的扩展不确定度为：

$U_{rel} = 2u_c = 2 \times 0.04\% = 0.08\%$。

B.2　直流电阻测量不确定度评定

B.2.1　测量方法及测量模型

采用直接测量法。

测量模型为：

$$\Delta = R - R_N$$

式中：

R —— 被校测量仪的电阻示值，单位：Ω

R_N —— 电阻输出标准值，单位：Ω

Δ —— 被校测量仪的电阻示值误差，单位：Ω

B.2.2　主要不确定度来源

B.2.2.1　测量重复性引入的标准不确定度分量

B.2.2.2　被校测量仪的电阻的分辨力引入的不确定度分量

B.2.2.3　标准电阻的允许误差极限引入的标准不确定度分量

B.2.3　标准不确定度评定

B.2.3.1　由测量重复性引入的标准不确定度分量 u_A

用直流电阻箱 ZX54 对被校测量仪的电阻功能进行测量，在 10kΩ 点重复测量 10 次，结果如下：（单位：kΩ）

$R_1 = 10.010$　　$R_2 = 10.010$　　$R_3 = 10.011$　　$R_4 = 10.011$

$R_5 = 10.011$　　$R_6 = 10.011$　　$R_7 = 10.011$　　$R_8 = 10.011$

$R_9 = 10.011$　　$R_{10} = 10.011$

测量结果的平均值：

$$\bar{R}=\frac{\sum_{i=1}^{10}R_i}{10}=10.0108\ \mathrm{k\Omega}$$

单次测量值的实验标准偏差：

$$S_n(R)=\sqrt{\frac{\sum_{i=1}^{n}(R_i-\bar{R})^2}{n-1}}=4.2\times10^{-4}\ \mathrm{k\Omega}$$

则相对不确定度：$u_A=0.0042\%$

B.2.3.2　由被校测量仪的电阻的分辨力引入的标准不确定度分量 u_1

被校测量仪的电阻 10 kΩ 点的分辨力 0.001 kΩ，按均匀分布，取 $k=\sqrt{3}$，由此引入的不确定度分量为：

$$u_1=\frac{\delta_x}{2k}=\frac{0.001}{10\times2\sqrt{3}}\times100\%=0.0029\%$$

B.2.3.3　由电阻箱的电阻参数的允许误差极限引入的不确定度分量 u_2

电阻箱 10 kΩ 点的最大允许误差为 ±0.01%，即 $\alpha_1=0.01\%$，按均匀分布，取 $k=\sqrt{3}$，由此引入的不确定度分量：

$$u_2=\frac{\alpha}{k}=\frac{0.01\%}{\sqrt{3}}=0.0058\%$$

B.2.3.4　合成标准不确定度

考虑到 u_A，u_1，u_2之间各不相关，则

$$u_c=\sqrt{u_A^2+u_1^2+u_2^2}=0.0077\%$$

表 B.1　不确定度分量汇总

序号	不确定度来源	概率分布	不确定度分量
1	被校测量仪的重复性	正态	0.0042%
2	电阻的最大允许误差	均匀	0.0058%
3	被校测量仪的分辨力	均匀	0.0029%

B.2.3.5　扩展不确定度

$U_{rel}=k\cdot u_c$，取 $k=2$，由此得到电阻 10 kΩ 点校准结果的扩展不确定度为：

$U_{rel}=2u_c=2\times0.0077\%=0.015\%$

附录 C

指针式线圈圈数测量仪的校准方法的补充说明

C.1 灵敏度检查

被校测量仪加电，预热约 10 分钟，将灵敏度开关调到最大，选择开关置于第 1 挡，被校测量仪读数旋钮置于 1000 匝，调节可变圈数标定仪匝数旋钮，使平衡器指零，然后将标定仪（或被校测量仪）读数旋钮改变 ±1 匝，平衡器指针偏转的格数应（1 ~2）格以上。

被校测量仪选择开关置于“短路”位置，接入短路仪，固定紧。调节“短路调零”，使平衡器指针指向零位。再把标准短路环（1 匝）套入短路仪的测量铁芯根部，平衡器指针向右偏转应在（1/3 ~1/2）格以上。

C.2 匝数的示值误差的校准

1） 将（可变）圈数标定仪与被校测量仪按正文图 3 正确连接。

2） 将被校测量仪选择开关置于测量挡。

3） 被校测量仪的读数旋钮分别从 0 ~9（10 ）改变匝数。同时对应地改变可变圈数标定仪的旋钮，使被校测量仪指示平衡状态。

4） 将被校测量仪的读数旋钮的示值记录下来。

5） 对于指针式被校测量仪单独的 10000 匝，被校测量仪的读数旋钮全部置于 0，此时调节可变圈数标定仪的旋钮，使其平衡。

6） 将可变圈数标定仪的示值记录下来。

7） 被校测量仪的匝数示值误差按正文公式（1）、（2）计算。

C.3 绝缘电阻测量按照正文 6.4 执行。

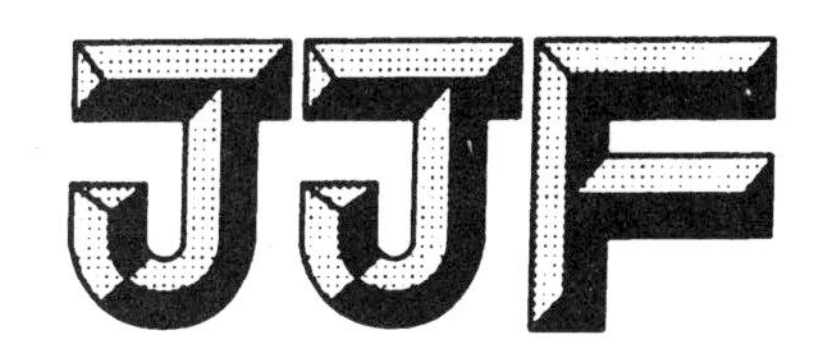

中华人民共和国工业和信息化部电子计量技术规范

JJF（电子）0042—2019

导通瞬断测试仪校准规范

Calibration Specification of Instantaneous Discontinuity Testing Instruments

2019－08－26 发布　　2019－12－01 实施

中华人民共和国工业和信息化部　发布

导通瞬断测试仪校准规范

Calibration Specification of Instantaneous Discontinuity Testing Instruments

JJF（电子）0042—2019

归 口 单 位：中国电子技术标准化研究院

主要起草单位：工业和信息化部电子第五研究所

广州赛宝计量检测中心服务有限公司

参加起草单位：佛山赛宝信息产业技术研究院有限公司

本规范技术条文委托起草单位负责解释

本规范主要起草人：

魏　武（工业和信息化部电子第五研究所）

蒋劲刚（工业和信息化部电子第五研究所）

郑健荣（广州赛宝计量检测中心服务有限公司）

参加起草人：

阚　飞（佛山赛宝信息产业技术研究院有限公司）

林何生（广州赛宝计量检测中心服务有限公司）

彭继煌（广州赛宝计量检测中心服务有限公司）

导通瞬断测试仪校准规范

目　　录

引　　言

本规范依据 JJF1071—2010《国家计量校准规范编写规则》和 JJF1059.1—2012《测量不确定度评定与表示》编写。

本规范为首次在国内发布。

导通瞬断测试仪校准规范

1 范围

本规范适用于瞬态导通电阻0.01Ω~99.99Ω，瞬断时间0.01μs~99.99μs，工作电流不大于100mA的导通瞬断测试仪的校准。

本规范不适用于汽车等行业工作电流大于100mA的导通瞬断测试仪的校准。

2 术语和计量单位

2.1 瞬态导通电阻

当电连接器、连接线束及互相连接的元器件处在振动、冲击、跌落、碰撞等动载荷环境试验中时，其导通电阻的量值大小处于连续动态高速变化的状态，导通瞬断测试仪理论上能够测量和捕捉到导通电阻每一个瞬时时刻的量值大小变化。当瞬间断路现象发生时，该瞬时时刻的导通电阻称为瞬态导通电阻。

2.2 瞬断时间

当瞬间断路现象发生时，电连接器从发生断路到重新导通会持续一段时间，这段瞬间断路现象发生的持续时间称为瞬断时间。

3 概述

导通瞬断测试仪是用来监测电连接器、连接线束及互相连接的元器件在振动、冲击、跌落、碰撞等动载荷环境试验时是否会突然发生瞬间断路现象的专用测试仪器。

导通瞬断测试仪主要采用“电阻分压法”原理实现瞬态导通电阻的测量，采用“脉冲计数-时间转换法”实现瞬断脉冲时间的测量。

导通瞬断测试仪由瞬断现象捕捉判断电路（瞬态导通电阻高速比较电路）和瞬断时间测量电路组合而成，通过高速比较瞬态导通电阻实测值与预置值，快速捕捉瞬断现象的发生，同时测量瞬态导通电阻和瞬断时间，进而判定连接线束等的连接可靠状态。当导通瞬断测试仪测到的瞬态导通电阻和瞬断时间量值都超过了相应的预置值时，则判断为瞬断现象发生，并产生瞬断报警。

导通瞬断测试仪按功能区分，可分为瞬态导通电阻可设置和固定不可设置两种，又可分为瞬态导通电阻值可测量显示和不测量显示两种。

4 计量特性

4.1 瞬态导通电阻报警设置

范围：0.01Ω~99.99Ω，最大允许误差：±（10%～50%）；

4.2　瞬态导通电阻测量

范围:0.01Ω~99.99Ω,最大允许误差:±(10%～50%);

4.3　瞬断时间报警设置

范围:0.01μs~99.99μs,最大允许误差:±(0.01μs～0.2μs);

4.4　瞬断时间测量

范围:0.01μs~99.99μs,最大允许误差:±(0.01μs～0.2μs)。

注:以上所列各项参数包括常见的导通瞬断测试仪的主要参数测量范围和最大允许误差,校准时应以被校导通瞬断测试仪的技术说明书中所列的测量范围及最大允许误差为准。

5　校准条件

5.1　环境条件

5.1.1　环境温度:(23±5)℃。

5.1.2　相对湿度:≤80%。

5.1.3　供电电压:(220±22)V或(110±11)V,(50±2)Hz。

5.1.4　周围无影响正常工作的机械振动和电磁干扰。

5.2　测量标准及其他设备

5.2.1　瞬态导通电阻和瞬断时间标准器

瞬态导通电阻范围:(0.01~99.99)Ω,最大允许误差:优于±5%;

瞬断时间范围:(0.01~99.99)μs,最大允许误差:优于±0.003μs。

5.2.2　交直流电阻箱

电阻范围:(0.01~100.00)Ω,频率范围:DC~1kHz,最大允许误差:优于±1%。

5.2.3　标准信号发生器

输出单脉冲电平(0.10~10.00)V,最大允许误差:优于±5%;

输出单脉冲脉冲宽度(0.01~100.00)μs,最大允许误差:优于±0.003μs。

6　校准项目和校准方法

6.1　外观与工作正常性检查

6.1.1　外观检查

仪器名称、型号、制造商、出厂编号、输出输入标志信息齐全,接线端子、开关、按键、拨盘功能正常,无松动、损伤、脱落。

6.1.2　工作正常性检查

通电后,开关、按键、显示屏和各种状态指示灯(标志)应工作正常。进行校准前,被校仪器及校准用设备应按规定预热半小时。

6.2　瞬态导通电阻报警设置

6.2.1　校准点的选取

对于瞬态导通电阻值为固定值,不可设置的导通瞬断测试仪,校准点为其标称值。

对于瞬态导通电阻值可设置的导通瞬断测试仪，每个瞬态导通电阻报警设置量程均匀选取3～5个校准点，应包含量程的10%、50%、100%点，也可根据客户需求选择校准点。

对于拥有多个通道的导通瞬断测试仪，应对其每个通道逐一进行校准。

6.2.2　瞬态导通电阻和瞬断时间标准器法

6.2.2.1　按图3连接仪器，将瞬态导通电阻和瞬断时间标准器的正负端分别接在被校的导通瞬断测试仪的测试输入端。

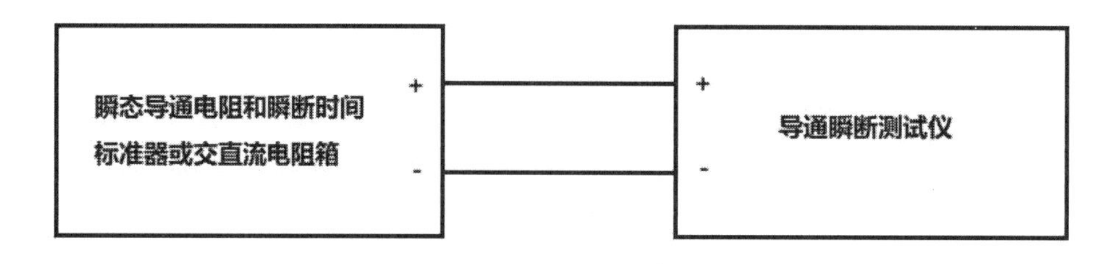

图3　瞬态导通电阻报警设置和测量校准接线

6.2.2.2　按所选择校准点设置导通瞬断测试仪的瞬态导通电阻报警设置值，瞬断时间设置为10.00μs，也可根据客户需求选择瞬断时间设置值；然后设置瞬态导通电阻和瞬断时间标准器的瞬态导通电阻为校准点值，设置瞬断时间大于10.00μs。按下导通瞬断测试仪的测试键开始进行测试。操作瞬态导通电阻和瞬断时间标准器输出，逐渐增大或减少瞬态导通电阻值，直到导通瞬断测试仪开始瞬断报警，参照附录A中表A.2格式，记录此时的瞬态导通电阻和瞬断时间标准器输出的瞬态导通电阻值 R_{s1} 为标准值，记录此时的导通瞬断测试仪的瞬态导通电阻报警设置值 R_{x1} 为标称值。

6.2.2.3　瞬态导通电阻报警设置示值误差按下式计算：

$$\Delta R_1 = R_{x1} - R_{s1} \qquad (1)$$

式中：

ΔR_1——被校导通瞬断测试仪的瞬态导通电阻报警设置示值误差，Ω；

R_{x1}——被校导通瞬断测试仪的瞬态导通电阻报警设置值，Ω；

R_{s1}——瞬态导通电阻和瞬断时间标准器输出的瞬态导通电阻标准值，Ω。

6.2.3　交直流电阻箱法

6.2.3.1　按图3连接仪器，将交直流电阻箱的正负端分别接在被校的导通瞬断测试仪的测试输入端。

6.2.3.2　按所选择校准点设置导通瞬断测试仪的瞬态导通电阻报警设置值，瞬断时间设置为10.00μs，也可根据客户需求选择瞬断时间设置值；设置交直流电阻箱的阻值比导通瞬断测试仪的瞬态导通电阻设置值略小。按下导通瞬断测试仪的测试键开始进行测试。调节交直流电阻箱，逐渐增大电阻值，一直增大到导通瞬断测试仪开始瞬断报警为止，参照附录A中表A.2格式，记录此时的交直流电阻箱的阻值 R_{s1} 为标准值，记录此时的导通瞬断测试仪的瞬态导通电阻报警设置值 R_{x1} 为标称值。

6.2.3.3　瞬态导通电阻报警设置示值误差按式(1)进行计算。

6.3 瞬态导通电阻测量

6.3.1 校准点的选取

没有瞬态导通电阻测量功能的导通瞬断测试仪，不校准该项目。

有瞬态导通电阻测量功能的导通瞬断测试仪，每个瞬断电阻测量量程均匀选取 3 ~ 5 个校准点，应包含量程的 10%、50%、100% 点，也可根据客户需求选择校准点。

对于拥有多个通道的导通瞬断测试仪，应对其每个通道逐一进行校准。

6.3.2 瞬态导通电阻和瞬断时间标准器法

6.3.2.1 按图 3 连接仪器，将瞬态导通电阻和瞬断时间标准器的正负端分别接在被校的导通瞬断测试仪的测试输入端。

6.3.2.2 按所选择校准点设置导通瞬断测试仪的瞬态导通电阻报警设置值，瞬断时间设置为 10.00μs，也可根据客户需求选择瞬断时间设置值；设置瞬态导通电阻和瞬断时间标准器的瞬态导通电阻为校准点值，设置瞬断时间大于 10.00μs。按下导通瞬断测试仪的测试键开始进行测试。操作瞬态导通电阻和瞬断时间标准器输出，逐渐增大或减小瞬态导通电阻值，直到导通瞬断测试仪开始瞬断报警，参照附录 A 中表 A.3 格式，记录此时的瞬态导通电阻和瞬断时间标准器输出的瞬态导通电阻值 R_{s2} 为标准值，记录此时的导通瞬断测试仪的瞬态导通电阻指示值 R_{x2} 为测量值。

6.3.2.3 瞬态导通电阻测量示值误差按下式计算：

$$\Delta R_2 = R_{x2} - R_{s2} \qquad (2)$$

式中：

ΔR_2——被校导通瞬断测试仪的瞬态导通电阻测量示值误差，Ω；

R_{x2}——被校导通瞬断测试仪的瞬态导通电阻指示值，Ω；

R_{s2}——瞬态导通电阻和瞬断时间标准器输出的瞬态导通电阻标准值，Ω。

6.3.3 交直流电阻箱法

6.3.3.1 按图 3 连接仪器，将交直流电阻箱的正负端分别接在被校的导通瞬断测试仪的测试输入端。

6.3.3.2 按所选择校准点设置导通瞬断测试仪的瞬态导通电阻报警设置值，瞬断时间设置为 10.00μs，也可根据客户需求选择瞬断时间设置值；设置交直流电阻箱的阻值比导通瞬断测试仪的瞬态导通电阻设置值略小。按下导通瞬断测试仪的测试键开始进行测试。调节交直流电阻箱，逐渐增大电阻值，一直增大到导通瞬断测试仪开始瞬断报警为止，参照附录 A 中表 A.3 格式，记录此时的交直流电阻箱的阻值 R_{s2} 为标准值，记录此时的导通瞬断测试仪的瞬态导通电阻测量值 R_{x2} 为测量值。

6.3.3.3 瞬态导通电阻测量示值误差按式(2)进行计算。

6.4 瞬断时间报警设置

6.4.1 校准点的选取

每个瞬断时间报警设置量程均匀选取 3 ~ 5 个校准点，应包含量程的 10%、50%、100% 点，也可根据客户需求选择校准点。

对于拥有多个通道的导通瞬断测试仪,应对其每个通道逐一进行校准。

6.4.2 瞬态导通电阻和瞬断时间标准器法

6.4.2.1 按图4连接仪器,将瞬态导通电阻和瞬断时间标准器的正负端分别接在被校的导通瞬断测试仪的测试输入端。

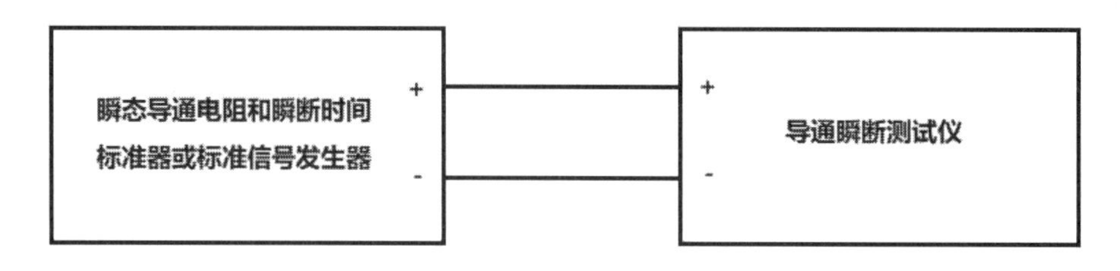

图4 瞬断时间报警设置和测量校准接线

6.4.2.2 按所选择校准点设置导通瞬断测试仪的瞬断时间报警设置值,瞬态导通电阻设置为10.00Ω,也可根据客户需求选择瞬态导通电阻设置值;设置瞬态导通电阻和瞬断时间标准器的瞬断时间为校准点值,设置瞬态导通电阻大于10.00Ω。按下导通瞬断测试仪的测试键开始进行测试。操作瞬态导通电阻和瞬断时间标准器输出,逐渐增大或减小瞬断时间值,直到导通瞬断测试仪开始瞬断报警,参照附录A中表A.4格式,记录此时的瞬态导通电阻和瞬断时间标准器输出的瞬断时间值 T_{s1} 为标准值,记录此时的导通瞬断测试仪的瞬断时间报警设置值 T_{x1} 为标称值。

6.4.2.3 瞬断时间报警设置示值误差按下式计算:

$$\Delta T_1 = T_{x1} - T_{s1} \quad (3)$$

式中:

ΔT_1——被校导通瞬断测试仪的瞬断时间报警设置误差,μs;

T_{x1}——被校导通瞬断测试仪的瞬断时间报警设置值,μs;

T_{s1}——瞬态导通电阻和瞬断时间标准器输出的瞬断时间标准值,μs。

6.4.3 标准信号发生器法

6.4.3.1 按图4连接仪器,将标准信号发生器的输出端分别接在被校的导通瞬断测试仪的测试输入端。

6.4.3.2 按所选择校准点设置导通瞬断测试仪的瞬断时间报警设置值,瞬态导通电阻设置为10.00Ω,也可根据客户需求选择瞬态导通电阻设置值;标准信号发生器设置为单脉冲输出模式,设置单脉冲信号的脉宽时间为校准点值。按下导通瞬断测试仪的测试键开始进行测试。操作标准信号发生器输出单脉冲信号,调节单脉冲电平和脉宽使得导通瞬断测试仪发生瞬断报警,参照附录A中表A.4格式,记录此时的标准信号发生器输出的单脉冲脉宽时间值 T_{s1} 为标准值,记录此时的导通瞬断测试仪的瞬断时间报警设置值 T_{x1} 为标称值。

6.4.3.3 瞬断时间报警设置示值误差按式(3)进行计算。

6.5 瞬断时间测量

6.5.1 校准点的选取

每个瞬断时间测量量程均匀选取3～5个校准点，应包含量程的10%、50%、100%点，也可根据客户需求选择校准点。

对于拥有多个通道的导通瞬断测试仪，应对其每个通道逐一进行校准。

6.5.2 瞬态导通电阻和瞬断时间标准器法

6.5.2.1 按图4连接仪器，将瞬态导通电阻和瞬断时间标准器的正负端分别接在被校的导通瞬断测试仪的测试输入端。

6.5.2.2 按所选择校准点设置导通瞬断测试仪的瞬断时间报警设置值，瞬态导通电阻设置为10.00Ω，也可根据客户需求选择瞬态导通电阻设置值；设置瞬态导通电阻和瞬断时间标准器的瞬断时间为校准点值，设置瞬态导通电阻大于10.00Ω。按下导通瞬断测试仪的测试键开始进行测试。操作瞬态导通电阻和瞬断时间标准器输出，逐渐增大或减少瞬断时间值，直到导通瞬断测试仪开始发生瞬断报警，参照附录A中表A.5格式，记录此时的瞬态导通电阻和瞬断时间标准器输出的瞬断时间值 T_{s2} 为标准值，记录此时的导通瞬断测试仪的瞬断时间指示值 T_{x2} 为测量值。

6.5.2.3 瞬断时间测量示值误差按下式计算：

$$\Delta T_2 = T_{x2} - T_{s2} \qquad (4)$$

式中：

ΔT_2——被校导通瞬断测试仪的瞬断时间测量误差，μs；

T_{x2}——被校导通瞬断测试仪的瞬断时间指示值，μs；

T_{s2}——瞬态导通电阻和瞬断时间标准器输出的瞬断时间标准值，μs。

6.5.3 标准信号发生器法

6.5.3.1 按图4连接仪器，将标准信号发生器的输出端分别接在被校的导通瞬断测试仪的测试输入端。

6.5.3.2 按所选择校准点设置导通瞬断测试仪的瞬断时间报警设置值，瞬态导通电阻设置为10.00Ω，也可根据客户需求选择瞬态导通电阻设置值；标准信号发生器设置为单脉冲输出模式，设置单脉冲信号的脉宽时间为校准点值。按下导通瞬断测试仪的测试键开始进行测试。操作标准信号发生器输出单脉冲信号，调节单脉冲电平和脉宽使得导通瞬断测试仪发生瞬断报警，参照附录A中表A.5格式，记录此时的标准信号发生器输出的单脉冲脉宽时间值 T_{s2} 为标准值，记录此时的导通瞬断测试仪的瞬断时间指示值 T_{x2} 为测量值。

6.5.3.3 瞬断时间测量示值误差按式(4)进行计算。

7 校准结果表达

校准后，出具校准证书。校准证书至少应包含以下信息：

a）标题："校准证书"；

b）实验室名称和地址；

c）进行校准的地点（如果与实验室的地址不同）；

d）证书的唯一性标识(如编号)，每页及总页数的标识；

e）客户的名称和地址；

f）被校对象的描述和明确标识；

g）进行校准的日期，如果与校准结果的有效性和应用有关时，应说明被校对象的接收日期；

h）如果与校准结果的有效性应用有关时，应对被校样品的抽样程序进行说明；

i）校准所依据的技术规范的标识，包括名称及代号；

j）本次校准所用测量标准的溯源性及有效性说明；

k）校准环境的描述；

l）校准结果及其测量不确定度的说明；

m）对校准规范的偏离的说明；

n）校准证书签发人的签名、职务或等效标识；

o）校准结果仅对被校对象有效的说明；

p）未经实验室书面批准，不得部分复制证书的声明。

8 复校时间间隔

建议复校时间间隔为1年。由于复校时间间隔的长短是由仪器的使用情况、使用者、仪器本身质量等诸因素所决定的，因此送校单位可根据实际使用情况自主决定复校时间间隔。

附录 A

校准原始记录格式

A.1 外观及工作正常性检查

表 A.1 外观及工作正常性检查

项目	检查结果
外观检查	
工作正常性检查	

A.2 瞬态导通电阻报警设置

表 A.2 瞬态导通电阻报警设置

瞬断时间设置值	标称值	标准值	示值误差	测量不确定度（$k=2$）
10μs（推荐值）				

A.3 瞬态导通电阻测量

表 A.3 瞬态导通电阻测量

瞬断时间设置值	指示值	标准值	示值误差	测量不确定度（$k=2$）
10μs（推荐值）				

A.4 瞬断时间报警设置

表 A.4 瞬断时间报警设置

瞬态导通电阻设置值	标称值	标准值	示值误差	测量不确定度（$k=2$）
10.00Ω（推荐值）				

A.5 瞬断时间测量

表 A.5 瞬断时间测量

瞬态导通电阻设置值	指示值	标准值	示值误差	测量不确定度（$k=2$）
10.00Ω（推荐值）				

附录 B

校准证书内页格式

B.1 外观及工作正常性检查

表 B.1 外观及工作正常性检查

项目	检查结果
外观检查	
工作正常性检查	

B.2 瞬态导通电阻报警设置

表 B.2 瞬态导通电阻报警设置

瞬断时间设置值	标称值	标准值	示值误差	测量不确定度（$k=2$）
10μs（推荐值）				

B.3 瞬态导通电阻测量

表 B.3 瞬态导通电阻测量

瞬断时间设置值	指示值	标准值	示值误差	测量不确定度（$k=2$）
10μs（推荐值）				

B.4 瞬断时间报警设置

表 B.4 瞬断时间报警设置

瞬态导通电阻设置值	标称值	标准值	示值误差	测量不确定度（$k=2$）
10.00Ω（推荐值）				

B.5 瞬断时间测量

表 B.5 瞬断时间测量

瞬态导通电阻设置值	指示值	标准值	示值误差	测量不确定度（$k=2$）
10.00Ω（推荐值）				

附录 C

测量不确定度评定示例

C.1 瞬态导通电阻测量示值误差校准不确定度评定

C.1.1 概述

环境条件：温度 23.5℃，相对湿度 65%

测量标准：瞬态导通电阻和瞬断时间标准器

被测对象：导通瞬断测试仪

测量方法：以瞬态导通电阻为例，采用瞬态导通电阻和瞬断时间标准器法，见规范 6.4.2。

C.1.2 测量模型

设 R_s 为瞬态导通电阻和瞬断时间标准器输出的瞬态导通电阻标准值，R_x 为被校的导通瞬断测试仪瞬态导通电阻的指示值，则被校导通瞬断测试仪的瞬态导通电阻测量示值误差：

$$\Delta R = R_x - R_s \qquad (C.1)$$

式中：

ΔR ——被校导通瞬断测试仪的瞬态导通电阻测量示值误差，Ω；

R_x ——被校导通瞬断测试仪的瞬态导通电阻指示值，Ω；

R_s ——瞬态导通电阻和瞬断时间标准器输出的瞬态导通电阻标准值，Ω。

C.1.3 不确定度来源

在实验室环境下，温度、湿度等环境条件引入的不确定度分量可以忽略。

C.1.3.1 瞬态导通电阻和瞬断时间标准器的短期稳定性引入的不确定度分量 $u_1(R)$；

C.1.3.2 瞬态导通电阻和瞬断时间标准器测量不准确引入的不确定度分量 $u_2(R)$；

C.1.3.3 导通瞬断测试仪瞬态导通电阻测量分辨力引入的不确定度分量 $u_3(R)$；

C.1.3.4 导通瞬断测试仪瞬态导通电阻测量重复性引入的不确定度分量 $u_4(R)$。

C.1.4 标准不确定度评定

C.1.4.1 瞬态导通电阻和瞬断时间标准器的短期稳定性引入的不确定度分量 $u_1(R)$

瞬态导通电阻和瞬断时间标准器的瞬态导通电阻短期稳定性主要与脉冲波形质量有关，受到上冲、阻尼振荡等参数影响，参考说明书指标，在 10Ω 测试点，短期稳定性满足 ±0.1Ω，按 B 类方法评定，在区间内为均匀分布，$k=\sqrt{3}$，则：

$$u_1(R) = \frac{0.1}{\sqrt{3}} = 0.06\Omega \qquad (C.2)$$

C.1.4.2 瞬态导通电阻和瞬断时间标准器测量不准确引入的不确定度分量 $u_2(R)$

参考说明书指标，瞬态导通电阻和瞬断时间标准器的瞬态导通电阻准确度满足±0.3Ω，按B类方法评定，估计为均匀分布，$k=\sqrt{3}$，则：

$$u_2(R)=\frac{0.3}{\sqrt{3}}=0.17\Omega \quad\cdots\cdots\cdots\cdots\cdots\cdots\cdots\cdots\cdots\cdots \quad (C.3)$$

C.1.4.3　导通瞬断测试仪瞬态导通电阻测量分辨力引入的不确定度分量 $u_3(R)$

参考说明书指标，导通瞬断测试仪瞬态导通电阻测量在10Ω测量点，分辨力为0.1Ω，故分辨力引入的最大可能误差为±0.05Ω，按B类方法评定，在区间内为均匀分布，$k=\sqrt{3}$，则：

$$u_3(R)=\frac{0.05}{\sqrt{3}}=0.029\Omega \quad\cdots\cdots\cdots\cdots\cdots\cdots\cdots\cdots\cdots\cdots \quad (C.4)$$

C.1.4.4　导通瞬断测试仪瞬态导通电阻测量重复性引入的不确定度分量 $u_4(R)$

测量结果的重复性引入的不确定度分量，通过多次测量进行A类评定。导通瞬断测试仪瞬态导通电阻多次测量结果见表C.1。用贝塞尔公式计算实验标准偏差。则：

$$s(R_0)=\sqrt{\frac{\sum_{i=1}^{10}(R_{0i}-\bar{R}_0)^2}{n-1}} \quad\cdots\cdots\cdots\cdots\cdots\cdots\cdots\cdots\cdots\cdots \quad (C.5)$$

式中：

R_{0i} ——被校导通瞬断测试仪的瞬态导通电阻测量第 i 次的测量值，Ω；

$\bar{R}_0$ ——被校导通瞬断测试仪的瞬态导通电阻测量多次测量值的平均值，Ω；

n ——重复测量的次数，这里 $n=10$。

表C.1　瞬态导通电阻测量示值误差

第 i 次测量	1	2	3	4	5	6	7	8	9	10
测量值/Ω	10.2	10.2	10.2	10.1	10.0	9.9	10.0	10.1	10.1	10.0

根据表C.1中数据，可由公式（C.5）计算出重复测量的实验标准偏差：

$$s(R_0)=0.11\Omega \quad\cdots\cdots\cdots\cdots\cdots\cdots\cdots\cdots\cdots\cdots \quad (C.6)$$

校准时取单次测量结果，则测量重复性引入的相对标准不确定度：

$$u_4(R)=s(R_0)=0.11\Omega \quad\cdots\cdots\cdots\cdots\cdots\cdots\cdots\cdots\cdots\cdots \quad (C.7)$$

C.1.5　合成标准不确定度

标准不确定度分量的汇总见表C.2。

表C.2　瞬态导通电阻测量示值误差相对标准不确定度分量

不确定度分量	不确定度来源	评定方法	分布类型	k 值	标准不确定度
$u_1(R)$	瞬态导通电阻和瞬断时间标准器的短期稳定性引入	B	均匀分布	$\sqrt{3}$	0.06Ω
$u_2(R)$	瞬态导通电阻和瞬断时间标准器测量不准确引入	B	均匀分布	$\sqrt{3}$	0.17Ω
$u_3(R)$	导通瞬断测试仪瞬态导通电阻测量分辨力引入	B	均匀分布	$\sqrt{3}$	0.029Ω
$u_4(R)$	导通瞬断测试仪瞬态导通电阻测量重复性引入	A	正态分布	1	0.11Ω

为避免重复计算，瞬态导通电阻和瞬断时间标准器的短期稳定性引入的不确定度分量和瞬态导通电阻和瞬断时间标准器测量不准确引入的不确定度分量只取较大值，由于 $u_2(R)>u_1(R)$，故保留 $u_2(R)$ 舍去 $u_1(R)$；导通瞬断测试仪瞬态导通电阻测量分辨力引入的不确定度分量和瞬态导通电阻测量重复性引入的不确定度分量只取较大值，由于 $u_4(R)>u_3(R)$，故保留 $u_4(R)$ 舍去 $u_3(R)$。

由于标准不确定度分量各不相关，因此合成标准不确定度为：

$$u_c(R)=\sqrt{u_2(R)^2+u_4(R)^2}=0.21\Omega \quad \text{(C.8)}$$

C.1.6 扩展不确定度

取包含因子 $k=2$，则扩展不确定度为：

$$U(R)=k\times u_c(R)=2\times 0.21\Omega\approx 0.41\Omega$$

换算成相对扩展不确定度为：

$$U_{rel}(R)=\frac{U(R)}{10}\times 100\%=4.1\%$$

C.2 瞬断时间测量示值误差校准不确定度评定

C.2.1 概述

环境条件：温度23.5℃，相对湿度65%

测量标准：瞬态导通电阻和瞬断时间标准器

被测对象：导通瞬断测试仪

测量方法：以瞬断时间测量为例，采用瞬态导通电阻和瞬断时间标准器法，见规范6.6.2。

C.2.2 测量模型

设 T_s 为瞬断时间的标准值，T_x 为被校的导通瞬断测试仪瞬断时间的指示值，则被校导通瞬断测试仪的瞬断时间测量示值误差：

$$\Delta T=T_x-T_s \quad \text{(C.9)}$$

式中：

ΔT ——被校导通瞬断测试仪的瞬断时间测量示值误差，μs；

T_x ——被校导通瞬断测试仪的瞬断时间指示值，μs；

T_s ——瞬态导通电阻和瞬断时间标准器的瞬断时间标准值，μs。

C.2.3 不确定度来源

在实验室环境下，温度、湿度等环境条件引入的不确定度分量可以忽略。

C.2.3.1 瞬态导通电阻和瞬断时间标准器的短期稳定性引入的不确定度分量 $u_1(T)$；

C.2.3.2 瞬态导通电阻和瞬断时间标准器测量不准确引入的不确定度分量 $u_2(T)$；

C.2.3.3 导通瞬断测试仪瞬断时间测量分辨力引入的不确定度分量 $u_3(T)$；

C.2.3.4 导通瞬断测试仪瞬断时间测量重复性引入的不确定度分量 $u_4(T)$。

C.2.4 标准不确定度评定

C.2.4.1 瞬态导通电阻和瞬断时间标准器的短期稳定性引入的不确定度分量 $u_1(T)$

瞬态导通电阻和瞬断时间标准器的脉冲时间短期稳定性主要与脉冲时间波形质量有关，受到上冲、下冲、阻尼振荡等参数影响，参考说明书指标，短期稳定性满足 ±0.01μs，按B类方法评定，在区间内为均匀分布，$k=\sqrt{3}$，则：

$$u_1(T)=\frac{0.01}{\sqrt{3}}=0.006\mu s \quad \text{(C.10)}$$

C.2.4.2 瞬态导通电阻和瞬断时间标准器测量不准确引入的不确定度分量 $u_2(T)$

参考说明书指标，瞬态导通电阻和瞬断时间标准器的瞬断时间准确度满足 ±0.03μs，按B类方法评定，在区间内为均匀分布，$k=\sqrt{3}$，则：

$$u_2(T)=\frac{0.03}{\sqrt{3}}=0.018\mu s \quad \text{(C.11)}$$

C.2.4.3 导通瞬断测试仪瞬断时间测量分辨力引入的不确定度分量 $u_3(T)$

参考说明书指标，导通瞬断测试仪瞬断时间测量分辨力为0.01μs，按B类方法评定，故分辨力引入的最大可能误差为 ±0.005μs，在区间内为均匀分布，$k=\sqrt{3}$，则：

$$u_3(T)=\frac{0.005}{\sqrt{3}}=0.003\mu s \quad \text{(C.12)}$$

C.2.4.4 导通瞬断测试仪瞬断时间测量重复性引入的不确定度分量 $u_4(T)$

测量结果的重复性引入的不确定度分量，通过多次测量进行A类评定。导通瞬断测试仪瞬断时间多次测量结果见表C.3。用贝塞尔公式计算实验标准偏差。则：

$$s(T_0)=\sqrt{\frac{\sum_{i=1}^{10}(T_{0i}-\bar{T}_0)^2}{n-1}} \quad \text{(C.13)}$$

式中：

T_{0i} ——被校导通瞬断测试仪的瞬断时间测量第 i 次的测量值，μs；

$\bar{T}_0$ ——被校导通瞬断测试仪的瞬断时间测量多次测量值的平均值，μs；

n ——重复测量的次数，这里 $n=10$。

表C.3 瞬断时间测量示值误差

第 i 次测量	1	2	3	4	5	6	7	8	9	10
测量值/μs	10.01	10.00	10.01	10.01	10.00	10.00	10.01	10.00	10.00	10.01

根据表C.3中数据，可由公式（C.13）计算出重复测量的实验标准偏差：

$$s(T_0)=0.005\mu s \quad \text{(C.14)}$$

校准时取单次测量结果，则测量重复性引入的标准不确定度：

$$u_4(T)=s(T_0)=0.005\mu s \quad \text{(C.15)}$$

C.2.5 合成标准不确定度

标准不确定度分量的汇总见表C.4。

表 C.4 瞬断时间测量示值误差标准不确定度分量

不确定度分量	不确定度来源	评定方法	分布类型	k 值	标准不确定度
$u_1(T)$	瞬态导通电阻和瞬断时间标准器的短期稳定性引入	B	均匀分布	$\sqrt{3}$	0.006μs
$u_2(T)$	瞬态导通电阻和瞬断时间标准器测量不准确引入	B	均匀分布	$\sqrt{3}$	0.0018μs
$u_3(T)$	导通瞬断测试仪瞬断时间测量分辨力引入	B	均匀分布	$\sqrt{3}$	0.003μs
$u_4(T)$	导通瞬断测试仪瞬断时间测量重复性引入	A	正态分布	1	0.005μs

为避免重复计算，瞬态导通电阻和瞬断时间标准器的短期稳定性引入的不确定度分量和瞬态导通电阻和瞬断时间标准器测量不准确引入的不确定度分量只取较大值，由于 $u_2(T)>u_1(T)$，故保留 $u_2(T)$ 舍去 $u_1(T)$；导通瞬断测试仪瞬断时间测量分辨力引入的不确定度分量和瞬断时间测量重复性引入的不确定度分量只取较大值，由于 $u_4(T)>u_3(T)$，故保留 $u_4(T)$ 舍去 $u_3(T)$。

由于标准不确定度分量各不相关，因此合成标准不确定度为：

$$u_c(T)=\sqrt{u_2(T)^2+u_4(T)^2}=0.011\mu s \qquad (C.16)$$

C.2.6 扩展不确定度

取包含因子 $k=2$，则瞬态导通电阻和瞬断时间标准器在测量 10μs 时扩展不确定度为：

$$U(T)=k\times u_c(T)=2\times 0.011\mu s\approx 0.022\mu s$$

换算成相对扩展不确定度为：

$$U_{rel}(T)=\frac{U(T)}{10}\times 100\%=0.22\%$$

附录 D

瞬态导通电阻和瞬断时间标准器

D.1 概述

瞬态导通电阻和瞬断时间标准器是能够模拟电连接器及其组件在冲击、振动、温度、压力变化等动态环境下接触电阻值瞬间发生变动或跳变的计量标准仪器，能够产生标准的瞬态导通电阻量值和瞬断时间量值，用来对导通瞬断测试仪进行计量校准。

其内部电路工作原理如图 D.1 所示，标准器内部预置的瞬态导通报警设置电阻 R_{set} 与被检的导通瞬断测试仪内部电压源 VCC 及电阻 R_1 组成分压电路，当分压电路的电压大于被检的导通瞬断测试仪瞬态导通电阻报警设置值时，导通瞬断测试仪的比较器反转，瞬断脉冲检测及处理电路开始工作，时间计数器开始计数，当瞬断的脉冲宽度大于预置的瞬断时间报警设置值时，则发生瞬断报警；当分压电路的电压小于被检的导通瞬断测试仪瞬态导通电阻报警设置值时，导通瞬断测试仪判断为无瞬断现象发生，不予动作。

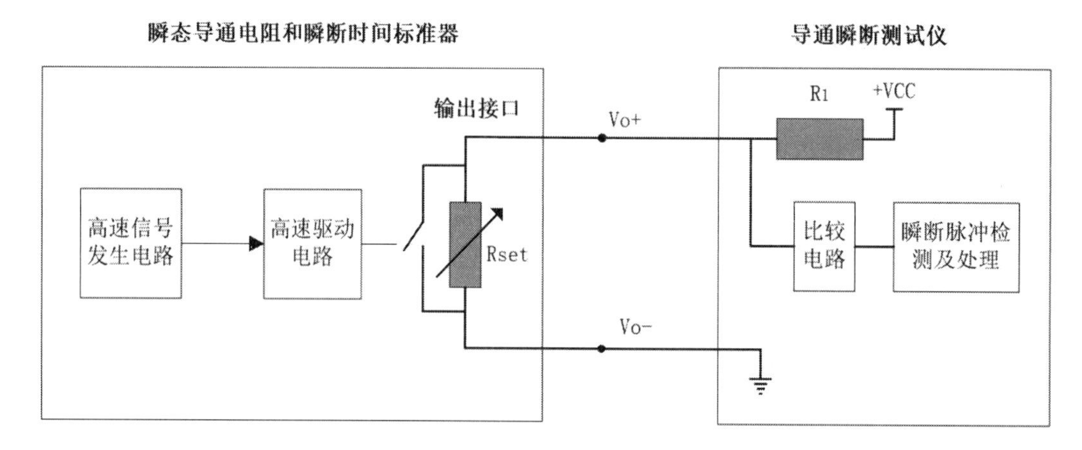

图 D.1　瞬态导通电阻及瞬断时间量值标准器工作原理示意

D.2 定义

D.2.1　瞬态导通电阻量值的波形定义

导通瞬断测试仪通过“电阻分压法”对瞬态导通电阻进行测量，实际上是将对瞬态导通电阻的测量转换为对瞬态电压的测量，即对瞬态电压脉冲的电平测量。

在实际应用中，被测的电连接器瞬态导通电阻量值需要达到或超过测试标准规定的阈值，才被认为是发生了瞬间断电现象，此时才需要启动时间计数器进行瞬断时间的测量。理想的瞬态导通电阻量值定义为瞬态电压脉冲的高电平，如图 D.2 中的 V_1 所示。

图 D.2 理想的瞬态电压脉冲波形示意

但由于测量仪器内部电路、接线端口、测试回路连线皆存在大小不同的引线电感和分布电容，这些环路阻抗的存在影响了瞬态电压脉冲信号，使得瞬态脉冲信号不可能是理想中的脉冲波形信号，其上升时间和下降时间可能变长、上升沿与下降沿不对称，同时产生过冲、下冲、阻尼振荡等严重干扰瞬态电压脉冲电平和脉冲宽度准确测量的形变，因此实际的瞬态导通电阻量值为排除了干扰后的高电平，如图 D.3 中的 V_k 所示。

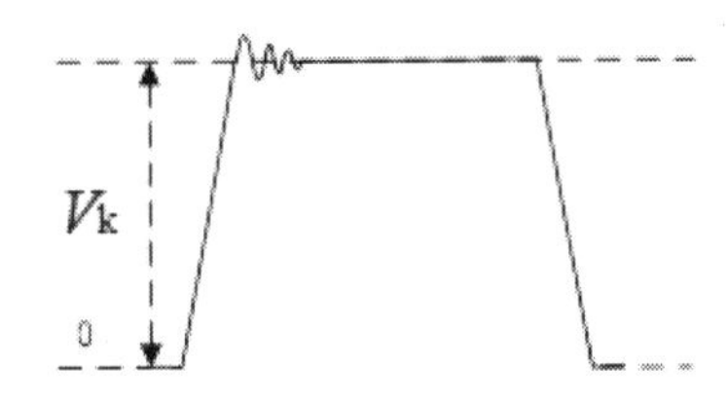

图 D.3 受到环路阻抗影响的瞬态电压脉冲波形示意

D.2.2 瞬断时间量值的波形定义

导通瞬断测试仪采用“脉冲计数 - 时间转换法”对瞬断时间进行测量，实际上是将瞬断时间的测量转换为瞬态脉冲电压的高电平持续时间的测量。

理想的瞬断时间量值的定义是在被测瞬断脉冲的上升沿结束点开始，用一个恒定频率的时钟信号源进行计数，在被测瞬断脉冲的下降沿起始点关闭计数，用得到的计数值乘以时钟信号源的周期就得到脉冲的持续时间，即瞬断时间量值，理想的瞬断时间量值定义波形如图 D.4 中 T_1 所示。

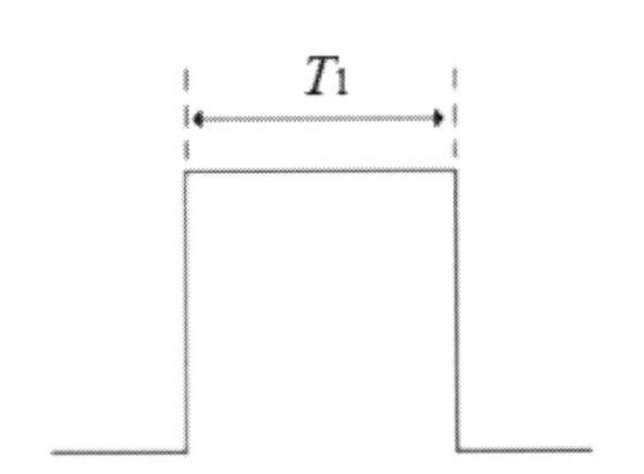

图 D.4 理想的瞬断脉冲波形示意

在实际应用中，由于测量仪器内部电路、接线端口、测试回路连线皆存在大小不同的引线电感和分布电容，这些环路阻抗的存在影响了瞬态电压脉冲信号，使得瞬态脉冲信号不可能是理想中的脉冲波形信号，因此实际的瞬断时间定义波形如图 D.5 中的 T_k 所示。

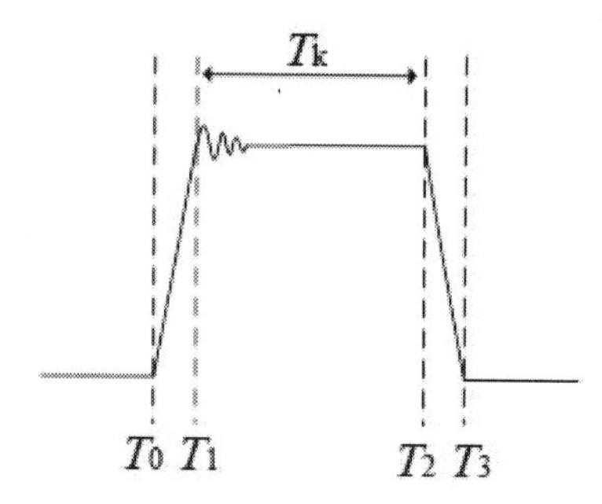

图 D.5　受到环路阻抗影响的瞬断脉冲波形示意

D.3　功能

D.3.1　瞬态导通电阻量值的输出

瞬态导通电阻及瞬断时间标准器利用外部输入的恒压源产生一个或多个瞬态导通电阻脉冲波形标准量值，用于模拟电连接器实际工作产生的瞬态导通电阻值，可根据设定输出瞬态导通电阻量值。

D.3.2　瞬断时间量值的输出

瞬态导通电阻及瞬断时间标准器利用外部输入的恒压源产生一个或多个瞬断时间脉冲波形标准量值，用于模拟电连接器的实际工作中产生的瞬断时间值，可根据设定输出瞬断时间量值。

D.4　技术指标

瞬态导通电阻及瞬断时间标准器的参考技术指标见表 D.1。

表 D.1　瞬态导通电阻及瞬断时间标准器参考技术指标

计量特性	设定输出范围	预置步进	最大允许误差
瞬态导通电阻	(0.01 ~99.99)Ω	0.01Ω	优于 ±5%
瞬断时间	(0.01 ~99.99)μs	0.01μs	优于 ±0.003μs

D.5　校准溯源

瞬态导通电阻和瞬断时间标准器产生的瞬态脉冲电平可通过数字示波器进行校准，溯源到国家脉冲波形参数基准装置。

瞬态导通电阻和瞬断时间标准器产生的瞬态脉冲高电平持续时间可通过数字示波器进行校准，溯源到国家脉冲波形参数基准装置。

中华人民共和国工业和信息化部电子计量技术规范

JJF（电子）0043—2019

循环伏安溶出分析仪校准规范

Calibration Specification of Cyclic Voltammetry Stripping Analyzers

2019－08－26 发布　　2019－12－01 实施

中华人民共和国工业和信息化部　发布

循环伏安溶出分析仪校准规范

JJF（电子）0043—2019

Calibration Specification of Cyclic Voltammetry Stripping Analyzers

归 口 单 位：中国电子技术标准化研究院

主要起草单位：广州广电计量检测股份有限公司

参加起草单位：瑞士万通中国有限公司

丽江市质量技术监督综合检测中心

本规范技术条文委托起草单位负责解释

本规范主要起草人：

龙　阳（广州广电计量检测股份有限公司）

庄　奕（广州广电计量检测股份有限公司）

张　辉（广州广电计量检测股份有限公司）

曾　昕（广州广电计量检测股份有限公司）

参加起草人：

陈朝晖（瑞士万通中国有限公司）

卢敬林（瑞士万通中国有限公司）

罗晓琳（广州广电计量检测股份有限公司）

吕东瑞（广州广电计量检测股份有限公司）

王　玮（丽江市质量技术监督综合检测中心）

循环伏安溶出分析仪校准规范

目　录

引　　言

本规范依据 JJF1071—2010《国家计量校准规范编写规则》和 JJF1059.1—2012《测量不确定度评定与表示》编写。

本规范为首次在国内发布。

循环伏安溶出分析仪校准规范

1 范围

本规范适用于循环伏安溶出分析仪(Cyclic Voltammetry Stripping Analyzer,简称 CVS 分析仪)的校准。

2 引用文件

JJG 748 示波极谱仪检定规程

GB/T 14666 分析化学术语

注:凡是注日期的引用文件,仅注日期的版本适用于本规范;凡是不注日期的引用文件,其最新版本(包括所有的修改单)适用于本规范。

3 术语和计量单位

3.1 伏安法 voltammetry

使用表面静止的液体或固体为极化电极,根据电解过程中得到的电流 - 电压曲线,进行定性和定量的方法。

[GB/T 14666—2003,方法 3.2.10]

3.2 阳极溶出伏安法 anodic stripping voltammetry

在一定的电位下,使待测金属离子部分地还原成金属并溶入微电极或析出于电极的表面,然后向电极施加反向电压,使微电极上的金属氧化而产生氧化电流,根据氧化过程的电流 - 电压曲线进行分析的伏安法。

[GB/T 14666—2003,方法 3.2.10.1]

3.3 阴极溶出伏安法 cathodic stripping voltammetry

工作电极在富集过程中作为阳极,在溶出过程中作为阴极的伏安法。用于测定不能生成汞齐的金属离子、阴离子和有机生物分子的方法,通过待测离子在一定条件下与其他已知配体(或离子)生成难溶化合物而在电极表面进行富集,然后电向反方向扫描,难溶化合物溶脱产生电流的方式进行测量的。

[GB/T 14666—2003,方法 3.2.10.2]

4 概述

循环伏安溶出分析仪用于电镀液添加剂含量测量,主要由电极、电解池、控制及数据处理系统组成。测量原理如图 1 所示:控制系统在工作电极和参比电极上施加扫描电压,并测量工作电极与辅助电极之间的响应电流。扫描过程中,扫描电位的正负交替施加,正电位时工作电极上已电镀的金属被不断溶出而进入电镀液,负电位时电镀液中的金属沉积到工作电极,这个过程循环变换。电极上沉积和溶出的金属量与经过电极的电量成正比关系。最后通过电量来计算电镀液添加剂的有效含量。

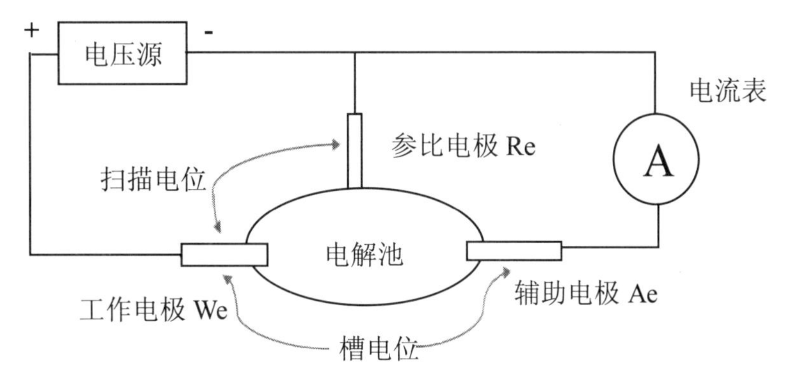

图 1　循环伏安溶出分析仪测量原理

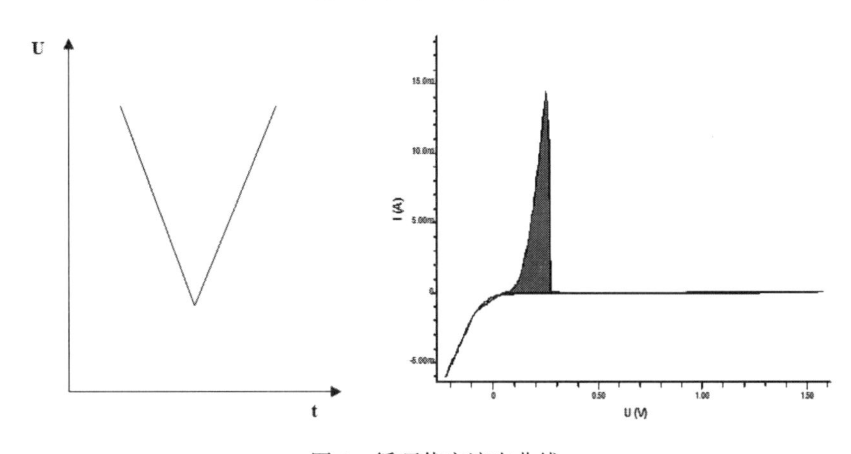

图 2　循环伏安溶出曲线

5　计量特性

5.1　直流电压：±(0.01～15)V,最大允许误差：±(0.2～2.0)%。

5.2　直流电流：±(0.001～1000)mA,最大允许误差：±(0.2～2.0)%。

5.3　线性误差：(0.1～1000)mL/L,最大允许误差：±10%。

5.4　重复性：(0.1～1000)mL/L,最大允许误差：≤5%。

注：以上技术指标不作为合格性判断依据,仅供参考。

6　校准条件

6.1　环境条件

6.1.1　环境温度：(15～35)℃,校准期间室温变化不大于1℃/h。

6.1.2　相对湿度：<80%。

6.1.3　实验室应清洁无尘,排风良好。

6.1.4　仪器应平稳地放在工作台上,周围无强电磁场干扰,无机械振动和冲击的影响。

6.2　测量标准及其他设备

6.2.1　数字多用表

直流电压：（ −15 ~ 15）V，最大允许误差：±（0.05 ~ 0.5）%。

注：直流电压最大允差（或不确定度）应不大于被校循环伏安溶出分析仪直流电压最大允许误差绝对值的1/3。

6.2.2 标准电阻

电阻值：0.1Ω ~ 1MΩ，准确度等级：优于0.1级；

温度系数：优于 10×10^{-6}/℃；

功率：≥0.5W。

6.2.3 电子天平

最大称量：≥100g，分度值不大于0.1mg，准确度等级①级。

6.2.4 辅助设备及试剂

容量瓶：100 mL，A级。

移液器：1000μL，最大允许误差 ±1%（1000μL）。

量筒：100mL，最大允许误差 ±0.5%。

试剂：聚乙二醇（化学纯，分子量10000）、五水硫酸铜（$CuSO_4 \cdot 5H_2O$，电子级）、盐酸（HCl饱和水溶液）、硫酸（H_2SO_4，化学纯）。

7 校准项目和校准方法

7.1 外观及工作正常性检查

外观及工作正常性检查用目视和手动进行，可以从以下几个方面检查：

7.1.1 仪器应有仪器名称、型号、出厂编号、制造厂名等标志。

7.1.2 仪器应能平稳地置于工作台上，各紧固件应紧固良好，各部件间的电缆线、连插线均应紧密可靠，滴定系统中各连接件应配合紧密，无漏液、渗透的现象，液路中应无气泡存在。

7.1.3 使用的电极应完好无损，能正常工作。

7.2 工作电极直流电压

7.2.1 断开被校循环伏安溶出分析仪的3个电极，按照图3所示将标准电阻与被校仪器对应电极的信号线连接，推荐 R_1 电阻值为500Ω、R_2 电阻值为5kΩ。

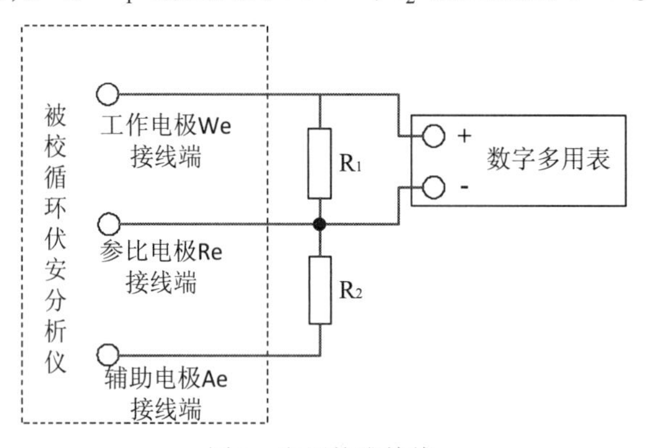

图3 电压校准接线

7.2.2 设置被校准循环伏安溶出分析仪的输出电压 U_x，在被校仪器测量范围内均匀选取不少于5个校准点，记录被校循环伏安溶出分析仪的电压设定值U_x和数字多用表的电压读数值U_s，记录于附录A表A.2中。

7.2.3　按式(1)计算电压相对示值误差：

$$\Delta_U = \frac{U_x - U_s}{U_s} \times 100\% \quad (1)$$

式中：

Δ_U　——工作电极直流电压相对示值误差；

U_x　——被校循环伏安溶出分析仪电压示值，V；

U_s　——数字多用表的电压示值，V。

7.3　辅助电极直流电流

7.3.1　断开被校循环伏安溶出分析仪的3个电极，按照图4所示将标准电阻与被校仪器对应电极的信号线连接。设置被校准循环伏安溶出分析仪电压输出U_b(一般输出1V)，根据被校仪器的电流测量范围，通过改变标准电阻R_1、标准电阻R_2来改变通过工作电极与辅助电极的电流，记录被校循环伏安溶出分析仪的电流值I_x和数字多用表的电压读数值U_s，记录于附录A表A.3中。例如，被校仪器电流测量范围为(0.001～1000)mA，当输出电压设置为1V时，推荐R_1、R_2电阻值都为1Ω、20Ω、2kΩ、50kΩ、1MΩ，对应电流为1000mA、50mA、0.5mA、0.02mA、0.001mA。

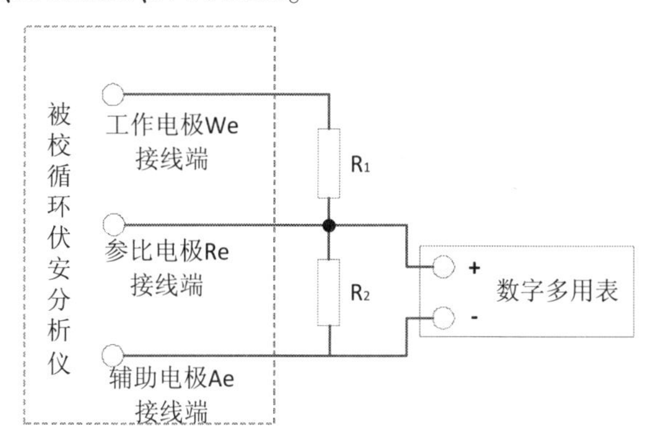

图4　电流校准接线

7.3.2　按式(2)计算电流相对示值误差：

$$\Delta_I = \left(\frac{1000 \times I_x R_2}{U_s} - 1\right) \times 100\% \quad (2)$$

式中：

Δ_I　——辅助电极直流电流相对示值误差；

I_x　——被校循环伏安溶出分析仪电流示值，mA；

R_2　——标准电阻R_2的电阻值，Ω；

U_s　——数字多用表的电压示值，V。

7.4　线性误差

7.4.1　将仪器电极接好，根据被校仪器测量范围，按照附录D配制系列溶液，选择某一浓度点的系列标准溶液进行定标，分别测量定标浓度范围±50%内的其他浓度的系列标准溶液，记录测量结果 c_i 于附录 A 表 A.4 中。例如，某被校仪器能够测量的最大浓度为 15mL/L，可以使用 10mL/L 进行仪器定标，然后测试 5mL/L、10mL/L、15mL/L 系列溶液。

7.4.2　按公式(3)计算线性误差：

$$\Delta_i = \frac{c_i - c_{si}}{c_{si}} \times 100\% \qquad (3)$$

式中：

Δ_i ——第 i 个浓度测量结果的线性误差；

c_i ——第 i 个浓度标准溶液的仪器测量值，mL/L；

c_{si} ——第 i 个浓度标准溶液的标准值，mL/L。

取绝对值最大结果作为仪器线性误差。

7.5　重复性

按照 7.4 步骤，测量 3 次中间浓度点的系列标准溶液。按式(4)计算重复性：

$$\delta = \frac{c_{\max} - c_{\min}}{\bar{c}} \times 100\% \qquad (4)$$

式中：

δ —— 重复性；

$c_{\max}$、$c_{\min}$ —— 3 次测试值中的最大值、最小值，mL/L；

$\bar{c}$ —— 3 次测试值的算术平均值，mL/L。

8　校准结果表达

校准后，出具校准证书。校准证书至少应包含以下信息：

a）标题："校准证书"；

b）实验室名称和地址；

c）进行校准的地点(如果与实验室的地址不同)；

d）证书的唯一性标识(如编号)，每页及总页数的标识；

e）客户的名称和地址；

f）被校对象的描述和明确标识；

g）进行校准的日期，如果与校准结果的有效性和应用有关时，应说明被校对象的接收日期；

h）如果与校准结果的有效性应用有关时，应对被校样品的抽样程序进行说明；

i）校准所依据的技术规范的标识，包括名称及代号；

j）本次校准所用测量标准的溯源性及有效性说明；

k）校准环境的描述；

l）校准结果及其测量不确定度的说明；

m）对校准规范的偏离的说明；

n）校准证书签发人的签名、职务或等效标识；

o）校准结果仅对被校对象有效的说明；

p）未经实验室书面批准，不得部分复制证书的声明。

9　复校时间间隔

建议复校时间间隔不超过1年。由于复校时间间隔的长短是由仪器的使用情况、使用者、仪器本身质量等诸多因素决定的，因此，送校单位可根据实际使用情况自主决定复校时间间隔。

附录 A

原始记录格式

A.1 外观及工作正常性检查

表 A.1 外观及工作正常性检查

项目	检查结果
外观检查	
工作正常性检查	

A.2 工作电极直流电压

表 A.2 工作电极直流电压相对示值误差

设定值(V)	实测值(V)	相对误差(%)	扩展不确定度($k=2$)

A.3 辅助电极直流电流

表 A.3 辅助电极直流电流相对示值误差

电阻值(Ω)	实测电压(V)	电流示值(mA)	相对误差(%)	扩展不确定度($k=2$)

A.4 线性误差

表 A.4 线性误差

标准值(mL/L)	测量值(mL/L)	误差(%)	扩展不确定度($k=2$)

A.5 重复性

表 A.5 重复性

标准值(mL/L)	c_1(mL/L)	c_2(mL/L)	c_3(mL/L)	重复性(%)

附录 B

校准证书内页格式

B.1 外观及工作正常性检查

表 B.1 外观及工作正常性检查

项目	检查结果
外观检查	
工作正常性检查	

B.2 工作电极直流电压

表 B.2 工作电极直流电压相对示值误差

设定值(V)	实测值(V)	相对误差(%)	扩展不确定度($k=2$)

B.3 辅助电极直流电流

表 B.3 辅助电极直流电流相对示值误差

电流示值(mA)	实测值(mA)	相对误差(%)	扩展不确定度($k=2$)

B.4 线性误差

表 B.4 线性误差

标准值(mL/L)	误差(%)	扩展不确定度($k=2$)

B.5 重复性

表 B.5 重复性

标准值(mL/L)	重复性(%)

附录 C

校准结果不确定度评定示例

C.1 直流电压示值误差测量结果不确定度的评定

C.1.1 测量模型

$$\Delta_U = U_d - U_s \quad (C.1.1)$$

式中：

Δ_U ——直流电压示值误差；

U_d ——被校设备显示值平均值，V；

U_s ——数字多用表测量值，V。

由测量模型可知，U_d和 U_s为独立测量，根据不确定度传播定律，灵敏系数分别为 1、-1。

C.1.2 不确定度来源

测量不确定度来源主要有：测量重复性引入的不确定度分量、分辨力引入的不确定度分量、数字多用表量值溯源引入的不确定度分量。

C.1.3 标准不确定度评定

C.1.3.1 测量重复性引入的标准不确定度u_1

测量中，以 1V 作为重复性测量点进行连续 10 次测量，得到输出值测量列（V）：1.003、1.002、1.003、1.002、1.001、1.000、1.003、1.002、1.003、1.002。

则可以得到：

$$s = \sqrt{\sum_{i=1}^{n}(U_{di} - \overline{U_d})^2/(n-1)} = 0.0010\text{V} \quad (C.1.2)$$

$$u_1 = \frac{s}{1\text{V}} \times 100\% = 0.1\% \quad (C.1.3)$$

C.1.3.2 分辨力引入的标准不确定度u_2

被校仪器分辨力为 0.001 V，$a = 0.0005V$，按照均匀分布，$k = \sqrt{3}$，因此：

$$u_2 = \frac{a}{1V \times \sqrt{3}} = 0.03\% \quad (C.1.4)$$

C.1.3.3 数字多用表引入的标准不确定度u_3

根据数字多用表的电压最大允许误差为 ±0.1%，$a = 0.1\%$，按照均匀分布，$k = \sqrt{3}$，因此：

$$u_3 = \frac{a}{\sqrt{3}} = 0.06\% \quad (C.1.5)$$

C.1.4 合成标准不确定度

不确定度分量见表 C.1.1：

表 C.1.1 标准不确定度分量一览

不确定度来源	标准不确定度		灵敏系数	标准不确定度分量
	符号	数值		
测量重复性	u_1	0.1%	1	0.1%
分辨力	u_2	0.03%	1	0.03%
数字多用表	u_3	0.06%	-1	-0.06%

由于测量重复性包含了分辨力引入的不确定度分量，取较大值作为测量结果的不确定度分量，删除u_2，即

$$u_{crel}=\sqrt{u_1^2+u_3^2}=0.12\% \quad\cdots\cdots\cdots\cdots (C.1.6)$$

C.1.5 扩展不确定度

取包含因子 $k=2$，则扩展不确定度为：

$$U_{rel}=u_{crel}\times k\approx 0.3\% \quad\cdots\cdots\cdots\cdots (C.1.7)$$

C.2 直流电流示值误差结果不确定度的评定

C.2.1 测量模型

$$\Delta_I=I_x-\frac{U_s}{1000R_2}=I_x-I_s \quad\cdots\cdots\cdots\cdots (C.2.1)$$

式中：

Δ_I ——直流电流相对示值误差；

I_x ——被校循环伏安溶出分析仪的电流示值，mA；

I_s ——标准电流值，mA；

R_2 ——标准电阻 R_2的电阻值，Ω；

U_s ——数字多用表的电压测量示值，V。

C.2.2 不确定度来源

测量不确定度来源主要有：测量重复性引入的不确定度分量、分辨力引入的不确定度分量、数字多用表和标准电阻量值溯源引入的不确定度分量。

C.2.3 标准不确定度评定

C.2.3.1 测量重复性引入的标准不确定度u_1

测量中，以 5mA 作为重复性测量点进行连续 10 次测量，得到输出值测量列（mA）：5.002、5.003、5.002、5.000、5.002、5.001、5.003、5.004、5.002、5.003。

则可以得到：

$$s=\sqrt{\sum_{i=1}^{n}(U_{di}-\overline{U_d})^2/(n-1)}=0.0011\text{mA} \quad\cdots\cdots\cdots\cdots (C.2.2)$$

$$u_1=\frac{s}{5\mathrm{mA}}=0.02\% \quad \cdots\cdots \quad (\mathrm{C.2.3})$$

C.2.3.2　分辨力引入的标准不确定度u_2

被校仪器分辨力为0.001 mA，$a=0.0005\mathrm{mA}$，按照均匀分布，$k=\sqrt{3}$，因此：

$$u_2=\frac{a}{5\mathrm{mA}\times\sqrt{3}}=0.006\% \quad \cdots\cdots \quad (\mathrm{C.2.4})$$

C.2.3.3　数字多用表引入的标准不确定度u_3

根据数字多用表的电流最大允许误差为±0.1%，$a=0.1\%$，按照均匀分布，$k=\sqrt{3}$，因此：

$$u_3=\frac{a}{\sqrt{3}}=0.06\% \quad \cdots\cdots \quad (\mathrm{C.2.5})$$

C.2.3.4　标准电阻引入的标准不确定度u_4

根据标准电阻的最大允许误差为±0.1%，$a=0.1\%$，按照均匀分布，$k=\sqrt{3}$，因此：

$$u_4=\frac{a}{\sqrt{3}}=0.06\% \quad \cdots\cdots \quad (\mathrm{C.2.6})$$

C.2.4　合成标准不确定度

不确定度分量见表C.1.2：

表C.1.2　标准不确定度分量一览

不确定度来源	标准不确定度		灵敏系数	标准不确定度分量
	符号	数值		
测量重复性	u_1	0.02%	1	0.02%
分辨力	u_2	0.006%	1	0.006%
数字多用表	u_3	0.06%	−1	−0.06%
标准电阻	u_4	0.06%	−1	−0.06%

由于测量重复性包含了分辨力引入的不确定度分量，取较大值作为测量结果的不确定度分量，删除u_2，即：

$$u_{crel}=\sqrt{u_1^2+u_3^2+u_4^2}=0.09\% \quad \cdots\cdots \quad (\mathrm{C.2.7})$$

C.2.5　扩展不确定度

取包含因子$k=2$，则扩展不确定度为：

$$U_{rel}=u_{crel}\times k\approx 0.2\% \quad \cdots\cdots \quad (\mathrm{C.2.8})$$

C.3　线性误差校准结果不确定度的评定

C.3.1　测量模型

$$\Delta=\mathrm{c}-c_s \quad \cdots\cdots \quad (\mathrm{C.3.1})$$

式中：

Δ ——线性误差，mL/L；

c ——仪器的测量值，mL/L；

c_s ——标准溶液的标准值，mL/L。

C.3.2 不确定度来源

测量不确定度来源主要有：测量重复性引入的不确定度分量，电子天平、移液器和容量瓶量值溯源引入的不确定度分量。

C.3.3 标准不确定度评定

C.3.3.1 测量重复性引入的标准不确定度u_1

测量中，以10mL/L浓度的标准溶液作为重复性测量点进行连续3次测量，测量列（mL/L）：9.547、9.586、9.534。

$$s=\frac{max(c_i)-min(c_i)}{R} \quad \text{(C.3.2)}$$

$$u_1=\frac{u(c)}{\bar{c}}\times 100\%=0.3\% \quad \text{(C.3.3)}$$

式中：

R ——极差系数，1.69。

C.3.3.2 电子天平引入的标准不确定度u_2

根据电子天平的校准证书知道，$U=0.05\text{mg}$，$k=2$，因此：

$$u=\frac{U}{k}=0.025\text{mg} \quad \text{(C.3.4)}$$

$$u_2=\frac{u}{1\text{g}}\times 100\%=0.003\% \quad \text{(C.3.5)}$$

C.3.3.3 移液器引入的标准不确定度u_3

根据1000μL移液器的最大允许误差为±1%，即±10 μL，$a=10$ μL，按均匀分布，$k=\sqrt{3}$，因此：

$$u=\frac{a}{k}\approx 5.77\mu\text{L} \quad \text{(C.3.6)}$$

$$u_3=\frac{u}{100\text{mL}}\times 100\%=0.006\% \quad \text{(C.3.7)}$$

C.3.3.4 容量瓶引入的标准不确定度u_4

根据100mL容量瓶的最大允许误差为±0.1%，$a=0.1\%$，按均匀分布，$k=\sqrt{3}$，因此：

$$u_4=\frac{a}{k}=0.07\% \quad \text{(C.3.8)}$$

C.3.4 合成标准不确定度的评定

不确定度分量见表C.1.3：

表 C.1.3 标准不确定度分量一览

不确定度来源	标准不确定度		灵敏系数	标准不确定度分量
	符号	数值		
测量重复性	u_1	0.3%	1	0.3%
电子天平	u_2	0.003%	-1	-0.003%
移液器	u_3	0.006%	-1	-0.006%
容量瓶	u_4	0.07%	-1	-0.07%

则合成相对标准不确定度为：

$$u_{crel}=\sqrt{u_1^2+u_2^2+u_3^2+u_4^2}=0.4\% \quad (C.3.9)$$

C.3.5 扩展不确定度

取包含因子 $k=2$，则扩展不确定度为：

$$U_{rel}=u_{crel}\times k\approx 1\% \quad (C.3.10)$$

附录 D

试剂配制方法

D.1 试剂配制步骤

第一步：按照 D.2 的方法配制空白液（VMS）。

第二步：按照 D.3 的方法配制标准抑制剂溶液。

第三步：按照 D.4 的方法配制某一浓度系列标准溶液。

D.2 常见空白液（VMS）配制

首先，使用电子天平称量 75g 五水硫酸铜（$CuSO_4 \cdot 5H_2O$），在烧杯中溶解于 210g 硫酸（H_2SO_4），注意配制中会释放大量的热量，需要缓慢加入并搅拌。

其次，烧杯中加入 750mL 纯水，并加入 60mL 盐酸，转移到 1000mL 的容量瓶中。

再次，将烧杯中的硫酸铜溶液转移到容量瓶中，并用纯水多次冲洗烧杯，将冲洗液也转移到容量瓶中。

最后，用纯水定容到 1000mL，空白液（VMS）配制完成。

D.3 标准抑制剂溶液配制

首先，用电子天平称取 1.0g 聚乙二醇（分子量 10000），在烧杯中用纯水溶解，将此溶液转移到 100mL 容量瓶中。

其次，使用纯水反复冲洗几次烧杯，冲洗液也转移到容量瓶中，定容到 100mL，浓度为 10g/L 的标准抑制剂溶液配制完成。

D.4 某一浓度系列标准溶液配制

用移液器或量筒分别取 D.3 配制的标准抑制剂溶液 5μL、10μL、15μL、0.5mL、1mL、1.5mL、5mL、10 mL、15 mL、40 mL、70 mL、100 mL，分别转移到 3 个 100mL 容量瓶中，然后分别使用纯电镀液（空白液）定容到 100mL，即配制标准抑制剂体积浓度分别为 0.05 mL/L、0.1 mL/L、0.15 mL/L、5mL/L、10mL/L、15mL/L、50mL/L、100mL/L、150mL/L、400mL/L、700mL/L、1000mL/L 的系列标准溶液。

D.5 注意事项

（1）可根据仪器厂家或客户配制其他浓度的系列标准溶液，纯电镀液（空白液）可根据仪器厂家或客户配制，也可参照附录 D.2 配制。

（2）如果需要配制大于 500mL/L 标准溶液，按照 D.4 步骤，需要把标准抑制剂溶液浓度减小。

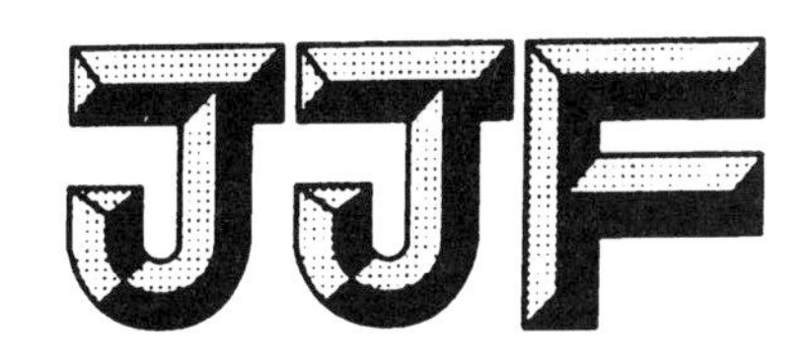

中华人民共和国工业和信息化部
电子计量技术规范

JJF（电子）0044—2019

液晶屏接触角测量仪校准规范

Calibration Specification of LCD Contact Angle Measuring Instruments

2019－08－26 发布　　2019－12－01 实施

中华人民共和国工业和信息化部 发布

液晶屏接触角测量仪校准规范

JJF（电子）0044—2019

Calibration Specification of
LCD Contact Angle Measuring Instruments

归 口 单 位：中国电子技术标准化研究院

主要起草单位：广州广电计量检测股份有限公司

参加起草单位：河南广电计量检测有限公司

本规范技术条文委托起草单位负责解释

本规范主要起草人：

龚俊庆（广州广电计量检测股份有限公司）

任正晖（广州广电计量检测股份有限公司）

谢才智（广州广电计量检测股份有限公司）

叶凌华（广州广电计量检测股份有限公司）

参加起草人：

庄　奕（广州广电计量检测股份有限公司）

袁　仍（广州广电计量检测股份有限公司）

魏　亮（河南广电计量检测有限公司）

液晶屏接触角测量仪校准规范

目　　录

引　　言

本规范依据 JJF1071—2010《国家计量校准规范编写规则》和 JJF1059.1—2012《测量不确定度评定与表示》编写。

本规范为首次在国内发布。

液晶屏接触角测量仪校准规范

1 范围

本规范适用于液晶屏检测用的光学成像原理的接触角测量仪的校准。其他光学成像测量的接触角测量仪可参考本规范校准。

2 引用文件

JJG 646 移液器检定规程

GB/T 30693 塑料薄膜与水接触角的测量

HG/T 4590 塔填料表面润湿性能测定方法

注：凡是注日期的引用文件，仅注日期的版本适用于本规范；凡是不注日期的引用文件，其最新版本（包括所有的修改单）适用于本规范。

3 术语和计量单位

3.1 接触角 contact angle

液体在固体表面形成液滴并达到平衡时，在气、液、固三相交点处作气液界面的切线，该切线与固液界线之间的夹角即为接触角，单位：（°）。

［GB/T 30693，3.1］

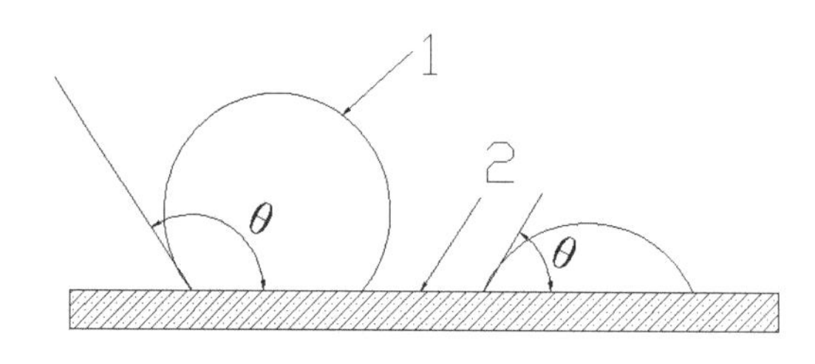

1——液滴；2——样品表面；θ——接触角

注：此图所示为大于90°（左）和小于90°（右）的两个接触角。

图1 接触角原理示意

4 概述

液晶屏接触角测量仪主要用于测量液体对固体的接触角，即液体对固体的浸润性。液晶屏接触角测量仪由光源、成像系统、工作台、液滴系统、数据处理系统等部分组成，测量原理为：液滴系统为泵驱动或手动的微量注射器，在针头末端悬挂液滴，升高工作台使试样表面接触悬挂的液滴，然后移开工作台以完成液滴的转移，此过程中，不允许液滴滴落或喷出到试样表面。成像系统拍摄液滴轮廓图像后，通过数据处理系统计算出接触角。

图2为接触角测量仪工作原理示意。

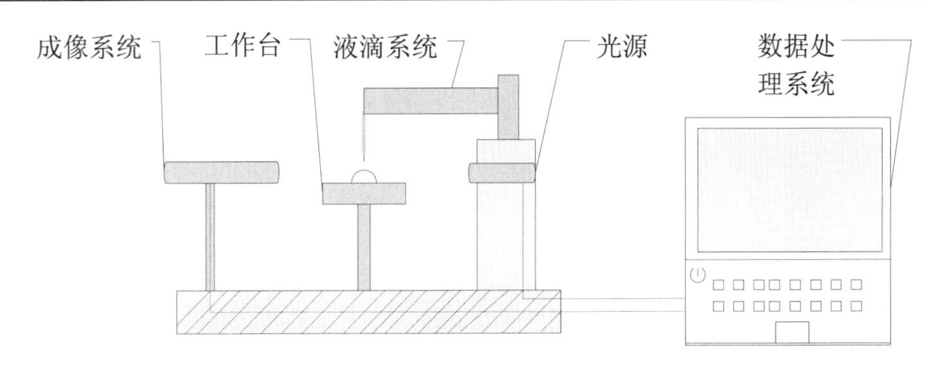

图2　接触角测量仪工作原理示意

5　计量特性

5.1　液滴体积

(1～5)μL。

5.2　接触角

测量范围:(0～180)°,最大允许误差:±0.5°。

5.3　接触角示值测量重复性

≤0.3°。

注:以上要求不适用于合格性判别,仅供参考。

6　校准条件

6.1　环境条件

6.1.1　环境温度:(20±5)℃;

6.1.2　相对湿度:≤70%;

6.1.3　室温变化不大于1℃/h;

6.1.4　周围无影响正常校准工作的振动、磁场等外部干扰。

6.2　校准介质

校准介质为纯水,且应符合GB6682—2008《分析实验用水规格和试验方法》要求的蒸馏水或去离子水,并提前24h放入仪器室内,使其温度与室温温差不得大于2℃。

6.3　测量标准及其他设备

6.3.1　电子天平

量程:(40～220)g,分度值0.01mg,准确度等级Ⅰ级

6.3.2　温度计

测量范围:(0～50)℃,分度值0.1℃

6.3.3　接触角标准片

测量范围:(5～150)°,测量不确定度 $U=0.05°$ ($k=2$) (详见附录D)

6.3.4　带盖称量瓶

容量:(10～30)mL

7 校准项目和校准方法

7.1 外观及工作正常性检查

液晶屏接触角测量仪的各移动、转动部位应灵活，工作台升降应顺畅无阻滞或跳动现象，显示屏视场内应光照均匀、成像清晰，无影响测量的霉斑、阴影、色差、场曲等因素。铭牌应有仪器名称、生产厂家、型号、出厂编号等标识。

7.2 液滴体积

7.2.1 液滴体积采用衡量法进行校准。校准前电子天平需预热达到平衡、稳定。液滴系统从装有纯水的容器中吸入纯水，并完成一次滴水动作，排出针头内空气。

7.2.2 液滴体积校准点一般选取 3μL，也可根据客户要求适当增加校准点。

7.2.3 将称量瓶放到电子天平秤盘上，待天平显示稳定后，天平置零。

7.2.4 液滴系统输送相应体积液滴至针头末端，并处于静止悬挂状态。

7.2.5 从电子天平上取出称量瓶，置于工作台上，缓慢升高工作台直至称量瓶底部接触液滴，工作台下降移开。

7.2.6 将称量瓶放到电子天平秤盘上，记录此时天平的示值，同时测量并记录容器内纯水的温度到附录 A 表 A.2 中。

7.2.7 用所测得的液滴质量和纯水在不同温度 t 时的密度(附录 E)，用式(1)计算液滴体积。

$$V = \frac{m}{\rho_w} \times 1000 \quad (1)$$

式中：

V ——液滴的实际体积，μL；

m ——液滴的质量值，g；

ρ_w ——纯水在温度 t 时的密度，g/cm^3。

7.2.8 重复上述操作步骤 6 次，每次测量结果不超过条款 5.1 要求。计算 6 次测量的平均值作为液滴体积的校准结果，记录于附录 A 表 A.2 中。

7.3 接触角示值误差

7.3.1 调整工作台水平与光轴平行。将接触角标准片垂直放置在工作台上，上下调节工作台，使标准片图形位于仪器视场中央，前后调整标准片位置，使标准片液滴影像能清晰成像，校准点一般选取 30°、60°、108°、120°，也可根据客户需求增加校准点。清晰成像后获取图片信息并通过数据处理系统计算接触角示值，记录到附录 A 表 A.3 中。

7.3.2 按照上述操作步骤每个校准点测量 3 次，计算 3 次测量的算术平均值 $\bar{a}$，平均值与接触角标准片标准值 a 的差值即为该点的示值误差 δ，示值误差按式(2)计算：

$$\delta = \bar{a} - a \quad (2)$$

式中：

$\bar{a}$ ——测量仪示值的平均值，(°)；

a ——接触角标准片标准值，(°)。

7.4　接触角示值重复性

7.4.1　一般选取30°的接触角计算其实验标准偏差作为接触角示值重复性，也可根据客户需求选取。

7.4.2　按照7.3中示值误差的校准步骤重复测量10次，记录每次示值a_i到附录A表A.4中，按式(3)计算实验标准偏差：

$$s=\sqrt{\frac{1}{n-1}\sum_{i=1}^{n}(a_i-\bar{a})^2} \quad \cdots\cdots (3)$$

式中：

a_i ——第i次测量的仪器示值，°；

$\bar{a}$ ——10次测量的算术平均值，°；

n ——测量次数，$n=10$。

8　校准结果表达

校准后，出具校准证书。校准证书至少应包含以下信息：

a）标题："校准证书"；

b）实验室名称和地址；

c）进行校准的地点（如果与实验室的地址不同）；

d）证书的唯一性标识（如编号），每页及总页数的标识；

e）客户的名称和地址；

f）被校对象的描述和明确标识；

g）进行校准的日期，如果与校准结果的有效性和应用有关时，应说明被校对象的接收日期；

h）如果与校准结果的有效性应用有关时，应对被校样品的抽样程序进行说明；

i）校准所依据的技术规范的标识，包括名称及代号；

j）本次校准所用测量标准的溯源性及有效性说明；

k）校准环境的描述；

l）校准结果及其测量不确定度的说明；

m）对校准规范的偏离的说明；

n）校准证书签发人的签名、职务或等效标识；

o）校准结果仅对被校对象有效的说明；

p）未经实验室书面批准，不得部分复制证书的声明。

9　复校时间间隔

建议复校时间间隔不超过1年。由于复校时间间隔的长短是由仪器的使用情况、使用者、仪器本身质量等诸多因素决定的，因此，送校单位可根据实际使用情况自主决定复校时间间隔。

附录 A

原始记录格式

A.1 外观及工作正常性检查

表 A.1 外观及工作正常性检查

项目	检查结果
外观检查	
工作正常性检查	

A.2 液滴体积

表 A.2 液滴体积

序号	设定值（μL）	温度（℃）	液滴质量（g）	纯水密度（g/cm^3）	液滴体积（μL）	校准结果（μL）
1						$\bar{V}$ =
2						
3						
4						
5						
6						

A.3 接触角示值误差

表 A.3 接触角示值误差

标准值（°）	示值（°）			示值平均值（°）	示值误差（°）	不确定度 U（$k=2$）（°）
	1	2	3			

A.4 接触角示值重复性

表 A.4 接触角示值重复性

<table>
<tr><td>标准值(°)</td><td colspan="10">示值(°)</td></tr>
<tr><td rowspan="2"></td><td>1</td><td>2</td><td>3</td><td>4</td><td>5</td><td>6</td><td>7</td><td>8</td><td>9</td><td>10</td></tr>
<tr><td></td><td></td><td></td><td></td><td></td><td></td><td></td><td></td><td></td><td></td></tr>
<tr><td>示值重复性</td><td colspan="10">$s=\sqrt{\frac{1}{n-1}\sum_{i=1}^{n}(a_i-\bar{a})^2}=$</td></tr>
</table>

附录 B

校准证书内页格式

B.1 外观及工作正常性检查

表 B.1 外观及工作正常性检查

项目	检查结果
外观检查	
工作正常性检查	

B.2 液滴体积

表 B.2 液滴体积

设定值(μL)	校准结果(μL)	不确定度 U（$k=2$）（μL）

B.3 接触角示值误差

表 B.3 接触角示值误差

标准值(°)	示值平均值(°)	示值误差(°)	不确定度 U（$k=2$）（°）

B.4 接触角示值重复性

表 B.4 接触角示值重复性

接触角示值重复性(°)：	

附录 C

测量不确定度评定示例

C.1 接触角示值误差测量结果不确定度的评定

C.1.1 测量模型

使用接触角标准片校准接触角示值误差的数学模型为：

$$\delta = a_i - a \qquad \text{(C.1)}$$

式中：

δ ——接触角示值误差，(°)；

a_i ——测得值，(°)；

a ——接触角标准片标准值，(°)。

C.1.2 不确定度来源

不确定度来源主要有：接触角标准片引入的标准不确定度、测量重复性引入的标准不确定度、接触角标准片与成像系统视轴线不垂直引入的标准不确定度。

C.1.3 标准不确定度评定

C.1.3.1 接触角标准片引入的标准不确定度 u_1

根据证书查接触角标准片的测量不确定度 $U=0.05°$，包含因子 $k=2$，则 $u_1=0.05°/2=0.025°$。

C.1.3.2 测量重复性引入的标准不确定度 u_2

以一台接触角测量仪测量接触角标准片的60°，连续10次得到的测量值为：59.72°、59.74°、59.78°、59.75°、59.82°、59.80°、59.76°、59.70°、59.85°、59.81°。则单次测量的实验标准差：$s=\sqrt{\dfrac{\sum_{i=1}^{n}(a_i-\bar{a})^2}{n-1}}=0.047°$。

接触角角度一般连续测量3次，以其算术平均值作为测量结果，则：$u_2=0.047°/\sqrt{3}=0.027°$。

C.1.3.3 接触角标准片与成像系统视轴线不垂直引入的标准不确定度 u_3

接触角标准片平面要求与成像系统视轴线应调整至相互垂直，实际操作时受到人为摆正误差、人眼分辨（目视观察视场边缘的清晰差异）等因素影响，一般导致接触角值变化不超过 $\pm 0.1°$，按均匀分布，则 $u_3=0.1°/\sqrt{3}=0.057°$。

C.1.4 合成标准不确定度

C.1.4.1 主要不确定度汇总表

不确定度来源	标准不确定度		灵敏系数	标准不确定度分量
	符号	数值		
接触角标准片	u_1	0.025°	−1	−0.025°
测量重复性	u_2	0.027°	1	0.027°
接触角标准片与成像系统视轴线不垂直	u_3	0.057°	−1	−0.057°

C.1.4.2　合成标准不确定度计算

以上各项不确定度分量相互独立不相关，所以合成标准不确定度为：

$$u_c = \sqrt{{u_1}^2 + {u_2}^2 + {u_3}^2} = \sqrt{0.025^2 + 0.027^2 + 0.057^2} = 0.068°$$

C.1.5　扩展不确定度

取包含因子 $k=2$，则扩展不确定度为：$U = k \cdot u_c = 2 \times 0.068° \approx 0.14°$。

C.2　液滴体积测量结果不确定度的评定

C.2.1　测量模型

使用衡量法测量液滴体积的数学模型为：

$$V = \frac{m}{\rho_w} \times 1000 \qquad (C.2)$$

式中：

V ——被检液滴的实际体积，(μL)；

m ——称得液滴的质量值，(g)；

ρ_w ——纯水在温度 t 时的密度，(g/cm³)；

C.2.2　不确定度来源

不确定度来源主要有：电子天平引入的标准不确定度、测量重复性引入的标准不确定度、温度测量误差及变化引入的标准不确定度。

C.2.3　标准不确定度评定

C.2.3.1　电子天平引入的标准不确定度 u_1

采用量程为220g 分度值为 0.01mg 的电子天平测量，电子天平的最大允许误差为 ±0.15mg，均匀分布，取 $k=\sqrt{3}$，则：$u_1 = 0.15\text{mg}/\sqrt{3} = 0.087\text{mg} = 0.000087\text{g}$。

C.2.3.2　测量重复性引入的标准不确定度 u_2

用电子天平称量液滴的质量并计算体积，连续 10 次得到的测量结果为：4.88μL、4.92μL、4.95μL、4.92μL、4.90μL、4.86μL、4.85μL、4.88μL、4.92μL、4.86μL。则单次测量的实验标准差：$s = \sqrt{\frac{\sum_{i=1}^{n}(V_i - \overline{V})^2}{n-1}} = 0.033\mu\text{L}$。

对液滴体积一般连续测量 6 次，以其算术平均值作为测量结果，则：$u_2 = 0.033\mu\text{L}/\sqrt{6}$

$=0.013\mu L$。

C.2.3.3 温度测量误差及变化引入的标准不确定度 u_3

温度测量误差及变化一般不超过 ±0.3℃，查纯水密度表可知其密度变化不超过 $\pm 0.0001 g/cm^3$，均匀分布，取 $k=\sqrt{3}$，则：$u_3=(0.0001\ g/cm^3)/\sqrt{3}=0.00006\ g/cm^3$。

C.2.4 合成标准不确定度

C.2.4.1 主要不确定度汇总表

不确定度来源	标准不确定度		灵敏系数	标准不确定度分量
	符号	数值		
电子天平	u_1	0.000087g	1000	0.087μL
测量重复性	u_2	0.013μL	1	0.013μL
温度测量误差及变化	u_3	$0.00006 g/cm^3$	-5	0.000μL

C.2.4.2 合成标准不确定度计算

以上各项不确定度分量相互独立不相关，所以合成标准不确定度为：

$$u_c=\sqrt{u_1{}^2+u_2{}^2+u_3{}^2}=\sqrt{0.087^2+0.013^2+0.000^2}=0.088\mu L$$

C.2.5 扩展不确定度

取包含因子 $k=2$，则扩展不确定度为：

$$U=k\cdot u_c=2\times 0.088\mu L\approx 0.18\mu L$$

附录 D

接触角标准片示意图

接触角标准片示意图见图 D.1

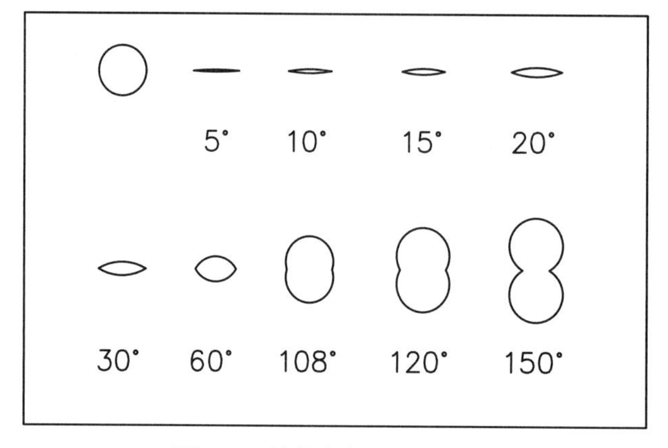

图 D.1　接触角标准片示意图

附录 E

纯水密度表

纯水密度表(不含空气)　　单位 g/cm³

t/℃	0	0.1	0.2	0.3	0.4	0.5	0.6	0.7	0.8	0.9
15	0.9991	0.9991	0.9991	0.9991	0.9990	0.9990	0.9990	0.9990	0.9990	0.9990
16	0.9989	0.9989	0.9989	0.9989	0.9989	0.9989	0.9988	0.9988	0.9988	0.9988
17	0.9988	0.9988	0.9987	0.9987	0.9987	0.9987	0.9987	0.9986	0.9986	0.9986
18	0.9986	0.9986	0.9986	0.9985	0.9985	0.9985	0.9985	0.9985	0.9984	0.9984
19	0.9984	0.9984	0.9984	0.9983	0.9983	0.9983	0.9983	0.9983	0.9982	0.9982
20	0.9982	0.9982	0.9982	0.9981	0.9981	0.9981	0.9981	0.9981	0.9980	0.9980
21	0.9980	0.9980	0.9979	0.9979	0.9979	0.9979	0.9979	0.9978	0.9978	0.9978
22	0.9978	0.9977	0.9977	0.9977	0.9977	0.9977	0.9976	0.9976	0.9976	0.9976
23	0.9975	0.9975	0.9975	0.9975	0.9974	0.9974	0.9974	0.9974	0.9973	0.9973
24	0.9973	0.9973	0.9972	0.9972	0.9972	0.9972	0.9971	0.9971	0.9971	0.9971
25	0.9970	0.9970	0.9970	0.9970	0.9969	0.9969	0.9969	0.9969	0.9968	0.9968
26	0.9968	0.9968	0.9967	0.9967	0.9967	0.9966	0.9966	0.9966	0.9966	0.9965
27	0.9965	0.9965	0.9965	0.9964	0.9964	0.9964	0.9963	0.9963	0.9963	0.9963
28	0.9962	0.9962	0.9962	0.9961	0.9961	0.9961	0.9961	0.9960	0.9960	0.9960
29	0.9959	0.9959	0.9959	0.9959	0.9958	0.9958	0.9958	0.9958	0.9957	0.9957
30	0.9956	0.9956	0.9956	0.9956	0.9955	0.9955	0.9955	0.9954	0.9954	0.9954
31	0.9953	0.9953	0.9953	0.9952	0.9952	0.9952	0.9952	0.9951	0.9951	0.9951
32	0.9950	0.9950	0.9950	0.9949	0.9949	0.9949	0.9948	0.9948	0.9948	0.9947
33	0.9947	0.9947	0.9946	0.9946	0.9946	0.9945	0.9945	0.9945	0.9944	0.9944
34	0.9944	0.9943	0.9943	0.9943	0.9942	0.9942	0.9942	0.9941	0.9941	0.9941

注:该纯水的密度表采用国际温标(ITS－90)的纯水密度表。